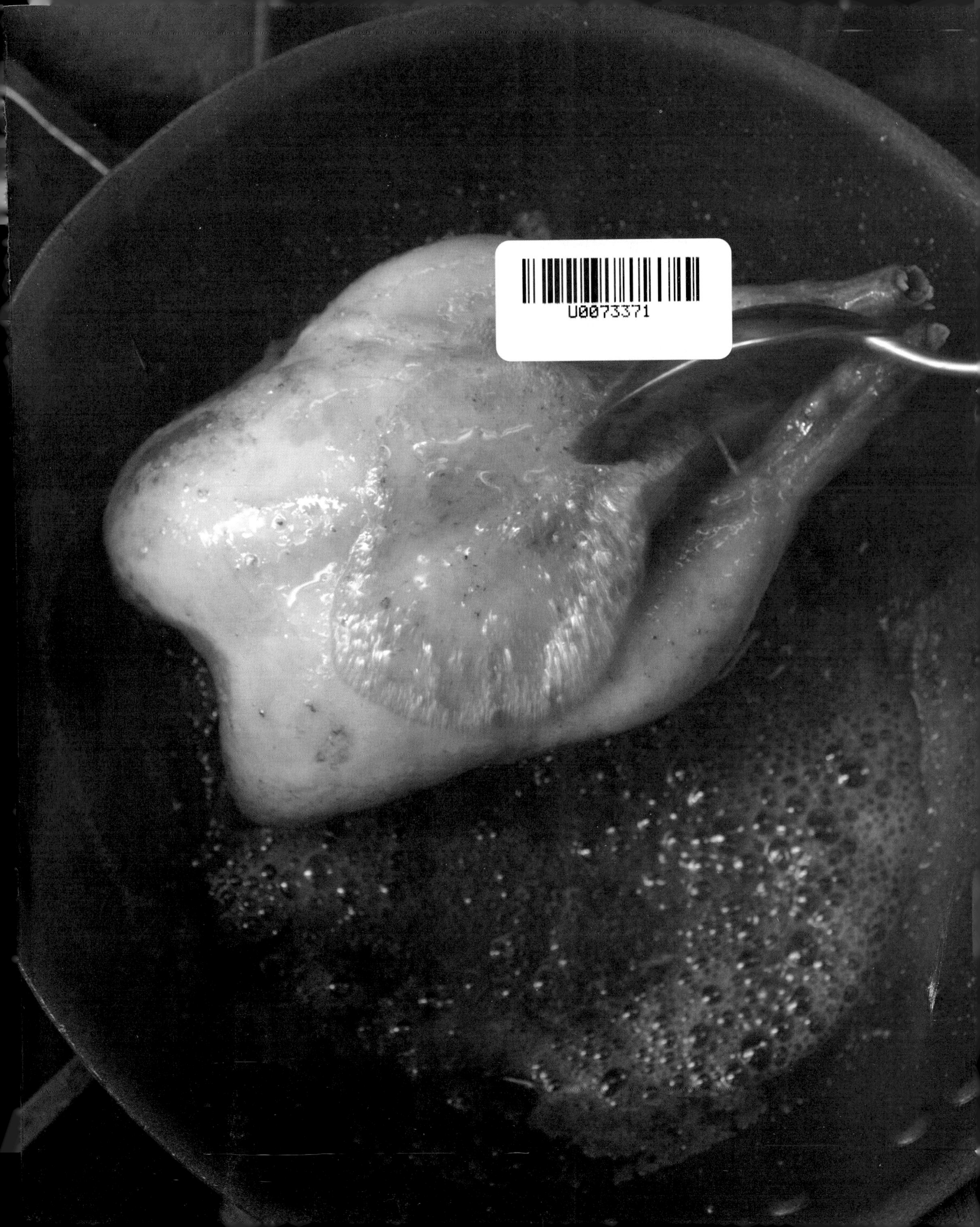

從處理到烹調一次搞定
法・義・日・中式名廚親自指導

全世界最好吃
雞料理
大全

new Chicken cooking

法國料理	義大利料理	日本料理	中式料理
銀座 L' écrin	Convivio	Ifuu	麻布長江 香福筵
高良康之	**辻　大輔**	**龜田雅彥**	**田村亮介**

瑞昇文化

雞肉的魅力在於不論中、日、西式料理都能運用，烹調方式也很多樣化，用途極廣泛，而且價格實惠。在肉類中屬於比較容易消化、食用的食材，這點也不容忽略。去除雞皮烹調的話，比起豬、牛肉的熱量都低，而且蛋白質又高，因此深受大眾歡迎。

最近已證實雞肉中，尤其是胸肉裡，含有大量能防止疲勞的成分。雞肉不僅能預防疲勞，還兼具有助抗老化的抗氧化作用、免疫調節作用，對預防糖尿病也有很大的效果，這些優點都備受期待。

本書經重新企劃，以10年前出版的長銷書《雞肉料理》的新版本（全書重新採訪）全新推出。書中的各種雞肉處理法、高湯熬煮法、經典料理等的基本篇，與前書一樣佐以大量圖片詳實解說，以利讀者輕鬆了解。舊版內容只介紹法式、日式、烤雞和中式料理，但本書中還新加入義式料理。

本書介紹的經典料理，雖然和《雞肉料理》也有相同的菜色，不過，在這10年間，烹調方法和觀念似乎有極大的轉變。

例如，蒸烤箱的普及、低溫加熱烹調的滲透，以及從過去偏愛腿肉轉為重新評估胸肉的優點等等。

烹調科學的研究日新月異，至今的烹調法仍會不斷地演變。期盼讀者未來能確實掌握雞肉烹調的基本技術與認識。若能充分了解作業的意圖，就能確實掌握技術。

本書若能對你有所助益，將至感萬幸。

柴田書店書籍編輯部

目錄

第 4 章　日本料理的高湯和經典料理

第 5 章　中式料理的高湯和經典料理

第 6 章　部位別創意料理

雞胸

雞柳

雞腿

凡例

文中標示橄欖油時，除非有特別說明，否則都是使用第一道特級橄欖油（Extra virgin olive）。此外，標示使用奶油時，是指使用無鹽奶油。
文中附註（→○頁）時，請參考在○頁的詳細解說。
表示數量的數字未附單位符號時，是表示比例。
材料的分量。基本上是圖中1盤份（1人份）料理的分量，不過例外情況，材料欄中是標示人數份或盤數。

設計 中村善郎（yen）
攝影 天方晴子
編輯 佐藤順子

雞肉料理的技巧 1

[軟嫩多汁]

加熱時中心溫度不超過65℃

蛋白質經高溫加熱會凝固變硬。不論是雞胸肉或腿肉等任何部位的肌肉，外圍都包覆著膠原蛋白（collagen）構成的筋膜。膠原蛋白也是蛋白質之一。肌肉加熱超過65℃後開始收縮，裡面的肉汁如同「擰毛巾」般開始流出（→162頁專題）。

利用餘溫

烹調雞肉時，為了不超過讓膠原蛋白收縮的65℃溫度帶，適時取出肉，繼續利用肉的餘溫加熱也很重要。將肉放在溫暖的地方，蓋上鋁箔紙等較不易降溫，才能長時間利用餘溫加熱。

雞肉料理的技巧 2

[脆皮口感]

全雞脫水、乾燥，再淋油

全雞抹鹽使其脫水後，淋熱水使雞皮收縮，再以炸雞醬汁（用水飴、醋和砂糖製成）掛漿，待其變乾。最後以低溫油澆淋加熱，再用高溫油炸至酥脆。這是中式料理的獨特烹調手法。先去除雞皮裡的水分，再透過加熱，使皮的主要成分膠原蛋白收縮緊繃，最後焦糖化讓皮變得焦脆。

雞肉料理的技巧 3

[上色]

如壓平般一面壓肉，一面煎烤

以穩定的火候，從脂肪多的皮側開始加熱。雞肉剖成一片煎烤時，因雞翅或雞腿等部位的肉凹凸不平，為了均勻受熱需設法將肉壓平。透過梅納反應（Maillard reaction），雞皮產生令人垂涎的黃褐色和誘人的香味，水分散失、變乾後所形成的焦脆口感，也是雞皮的另一種魅力。

雞肉料理的技巧 4

[均勻受熱]

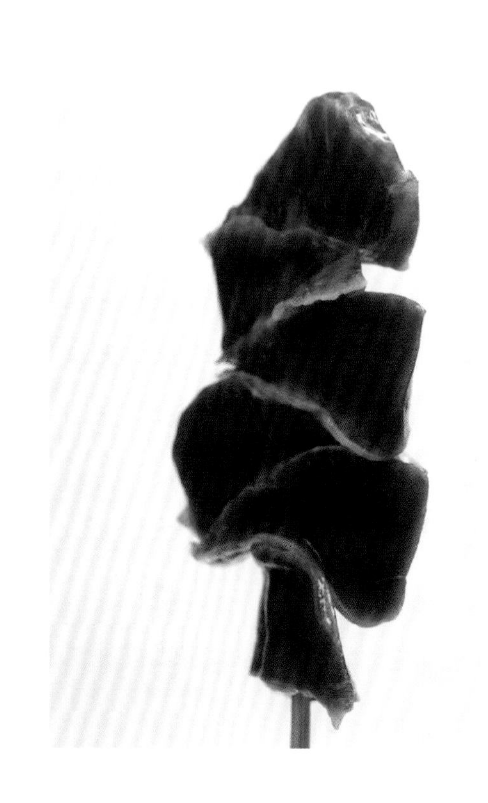

統一雞肉的外形

如串燒般串起數塊生肉時，組合肉塊的過程要留意讓肉串好時的厚度保持一致。另外，如烤雞等直接烹調全雞時也一樣。為了讓整體均勻受熱，需將全雞修整成四角的箱型。

切開使加熱時厚度一致

切開腿肉或胸肉，讓肉的厚度保持一致。這樣肉塊才能在最佳狀態下均勻受熱。肉塊若厚薄不均，某部分一定會過度加熱。

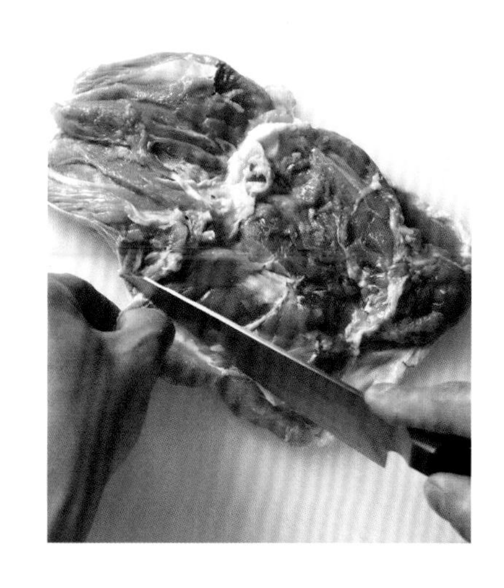

雞的骨骼圖

這裡將介紹鳥類的骨骼名稱。為方便讀者閱讀，僅解說半身的各部位名稱。名稱後附加的括弧內名稱，在本書中是作為通稱使用。

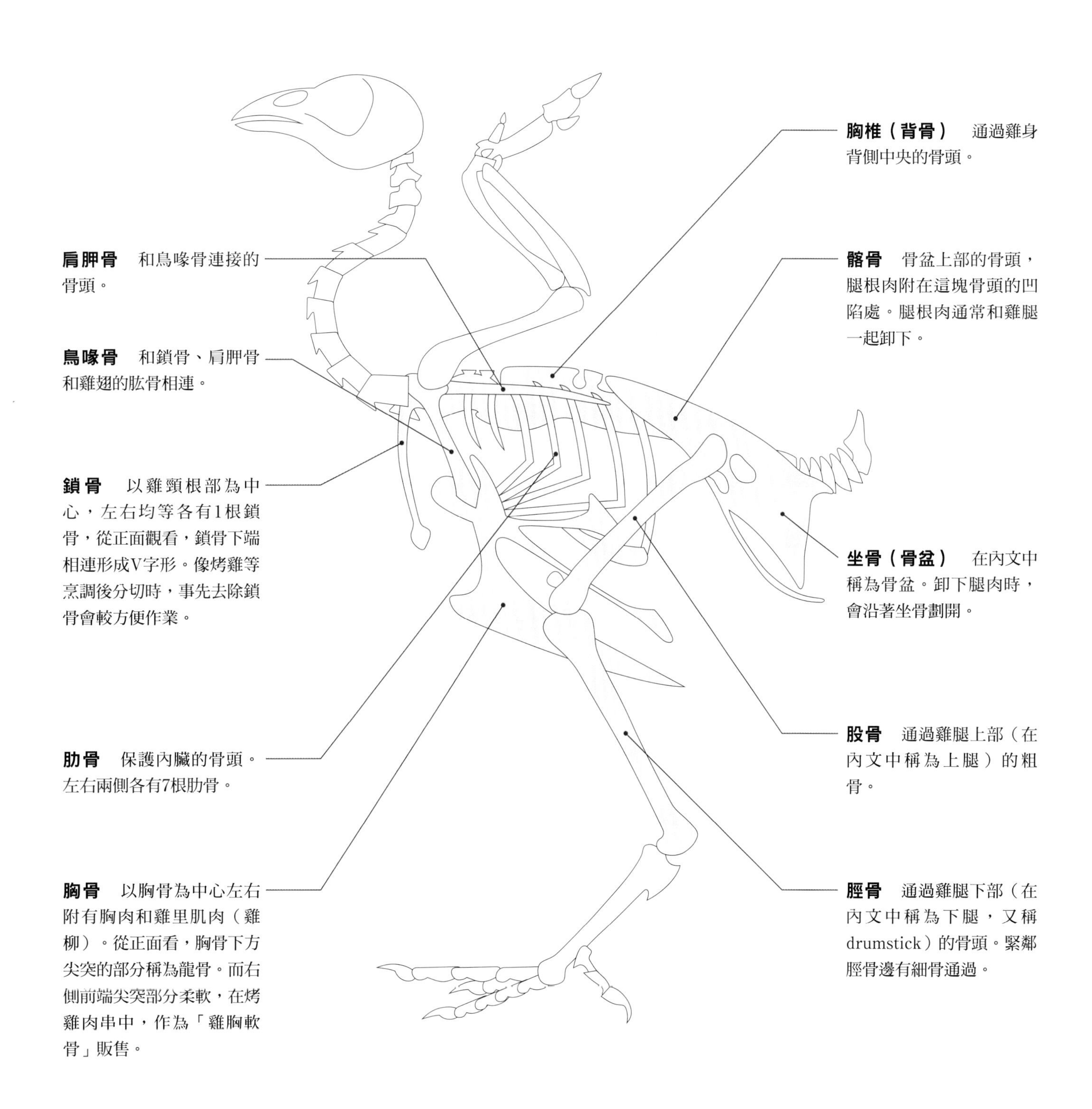

雞肉各部位的成分構成和營養價值

「請說明雞肉的成分組成、營養價值等，以及各部位的特徵」

不同部位的雞肉，所含的營養素的量也不同。整體來說，內臟（肝、胗、心）比肉等（翅、胸肉、腿肉、皮、軟骨）的維生素和礦物質更豐富。

腿肉：多塊肌肉（闊筋膜張肌、股二頭肌等）集合成的「雞腿」部分。這部位的肌肉運動量大，包覆肌肉的膠原膜較厚，所以比胸肉硬。腿肉的肌肉之間因含有脂肪，味道較濃厚。這裡的鐵質含量多，肉色深，還富含鋅和維生素B2。腿肉1/2片份（150g），就能攝取一天建議量約三成的鋅，以及二成多的維生素B2。鋅能促進新陳代謝和提升免疫力，維生素B2有助維持皮膚、頭髮和指甲等的健康。

胸肉：除去骨頭的胸部肌肉（大胸筋（淺胸肌））。胸肉因有皮下脂肪，所以帶皮的話脂肪量出乎意料的多，不過若是去皮的話，胸肉中幾乎沒有脂肪。「無皮」的熱量是「帶皮」的約1/2。胸肉的美味成分肌苷酸（inosinic acid）含量最多，是美味濃厚的部位。在營養方面，胸肉富含菸鹼酸（niacin），僅次於雞柳，胸肉1/2片份（130g），就能攝取一天建議量的1.2倍量的菸鹼酸。菸鹼酸對於促進血液循環和分解宿醉成因的乙醛（acetaldehyde）都有幫助。

雞柳：位於胸肉後的肌肉（小胸肌（深胸肌）），狀如竹葉，因此日文稱「Sasami（笹身）」。雞柳幾乎無脂肪，是高蛋白質、低卡路里的部位。美味成分的肌苷酸的含量次於胸肉，約為腿肉的1.5倍。比起其他的部位，有助預防高血壓的鉀，有利維持皮膚、黏膜健康的維生素B6，能促進血液循環、預防宿醉效果令人期待的菸鹼酸，以及有關燃燒體脂肪的泛酸（pantothenic acid）等都含量相當豐富。

雞翅：指雞翼部分，分為翅腿（相當於人的肩部到肘部）和翅尾（相當於人的肘部到指尖）。「翅腿」部位肉多、皮少，相反地「翅尾」部分卻肉少、皮多。皮的主成分為膠原蛋白，所以雞翅富含膠原蛋白。雞翅肉質柔軟，富脂肪和膠原蛋白，味道濃厚。脂肪含量多，脂溶性維生素A因此相當豐富，這些營養素都有助維持皮膚、喉嚨等黏膜的健康。

皮：主成分為膠原蛋白，是脂肪含量極多的部位。富含有助維持皮膚、喉嚨等黏膜健康的維生素A，以及及有助預防骨質疏鬆的維生素K。

雞心（心臟）：雖然被分類成內臟，但雞心屬於肌肉。雞心肌肉組織細，除了有獨特的口感，還具有肉一般的嚼感。它是僅次於雞肝的高營養內臟。

雞肝（肝臟）：口感類似鰻魚肝，無豬、牛的肝臟般的腥味，特色是容易食用。營養價值極高，鐵、鋅、維生素A、維生素B群也比鰻魚的肉和肝豐富。

雞胗（砂囊）：鳥類特有的（肌胃），也稱為「砂囊」。沒牙齒的鳥類，是以砂囊取代牙齒嚼碎食物，砂囊中利用砂粒磨碎食物。因胃壁的肌肉厚又強健，嚼感堅韌有彈性、無腥味。和雞肉比較起來，也是營養價值高的部位。

軟骨：雞的軟骨包括膝的部分的膝軟骨，以及胸的龍骨部分的雞胸軟骨2種。軟骨的主成分為膠原蛋白，特徵是具有脆硬的口感。軟骨有別於骨頭不同，組織中沒積存鈣質，所以鈣的含量沒有想像得多。

（佐藤秀美）

1

第 1 章

全雞的處理法和基本烹調

全雞的處理法

本章將詳細解說，帶內臟全雞如何分切腿部、胸部及去除內臟等，中、西式共通的基本處理法。順帶一提，事先去除內臟的全雞，在日本稱為「中拔」，已去內臟的全雞分切腿部和胸部時，也以此分切法為基準。

法／高良康之（銀座L'écrin）

帶內臟的全雞

準備

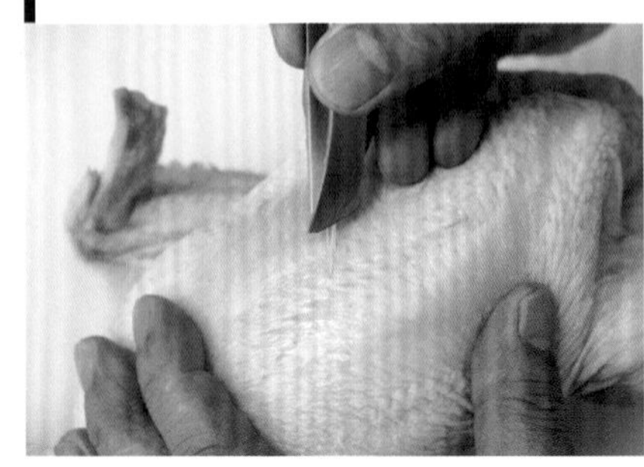

1

用拔毛夾仔細拔除殘留的羽毛。

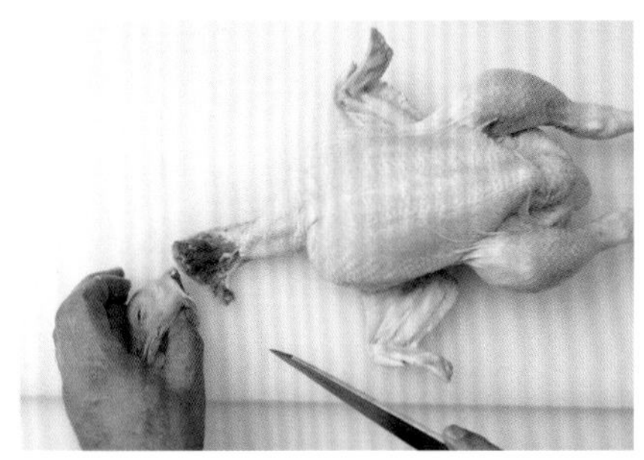

2

切下頭部。

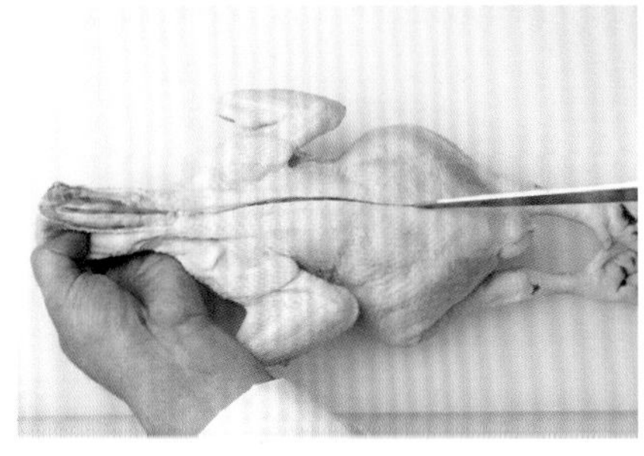

3

背側朝上，刀子沿著背骨，從頸部上方筆直地切至臀部。

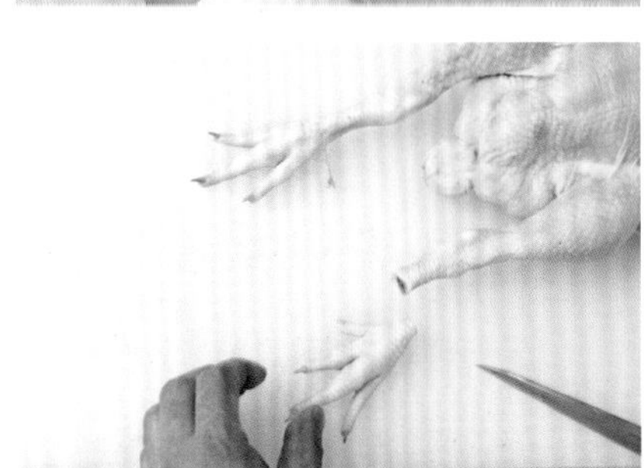

4

胸側朝上，切下雞爪。

卸下腿肉

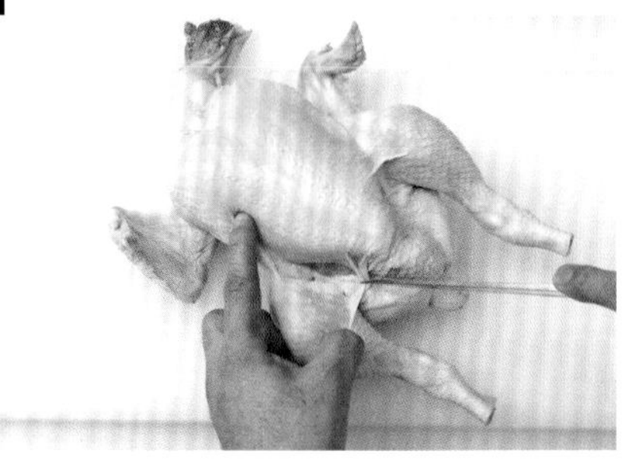

5

胸側朝上，如儘量保留雞皮般用食指撐開雞身上的皮，從腿部內側下刀劃開皮。

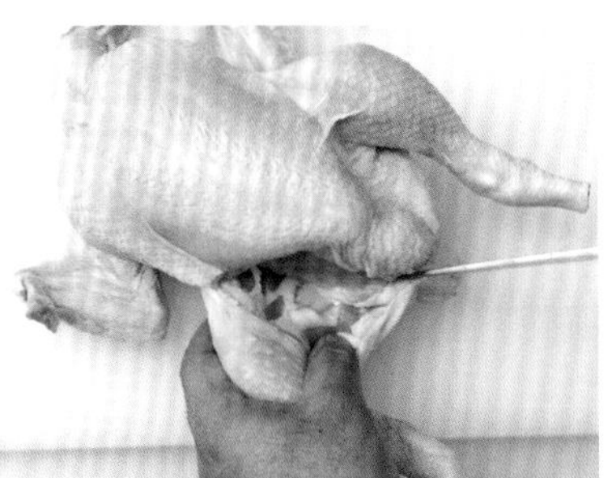

6

刀子切開皮，一直切到尾椎。

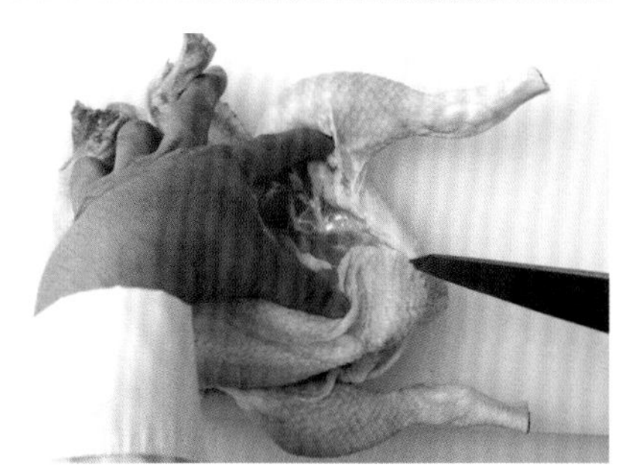

7

另一側的腿部內側，也同樣用刀切開。

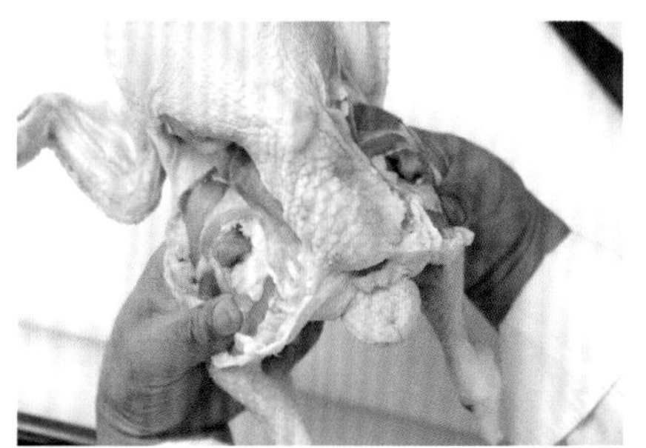

8

拿著兩支腿朝外側掰開，卸下腿根部的關節。

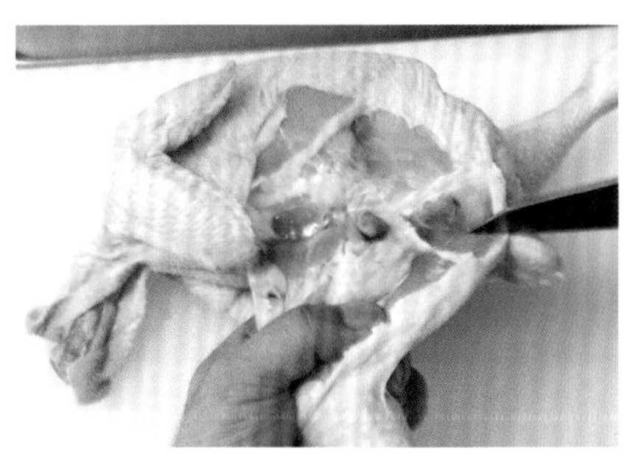

9

沿著骨盆（坐骨）下刀劃開肉，一直切到步驟3的切口附近。

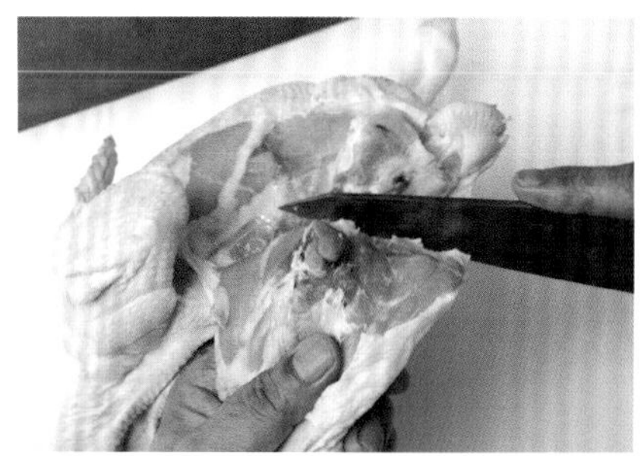

10

如打開般展開腿部，切斷關節的筋。

11

腿根肉*附在腿部上，拉開腿部卸下。

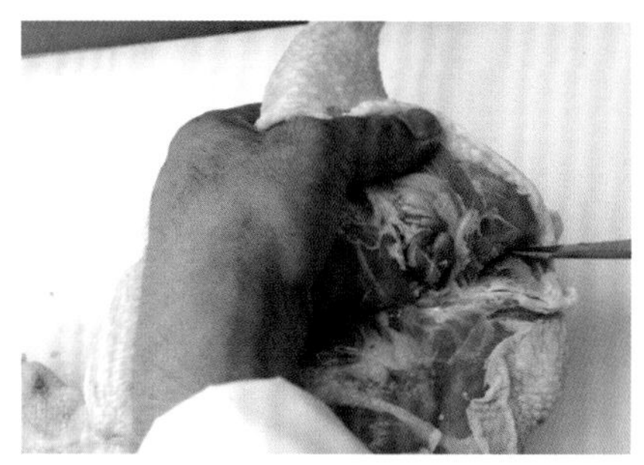

12

另一側的腿部，也同樣劃開皮一直切到尾椎。

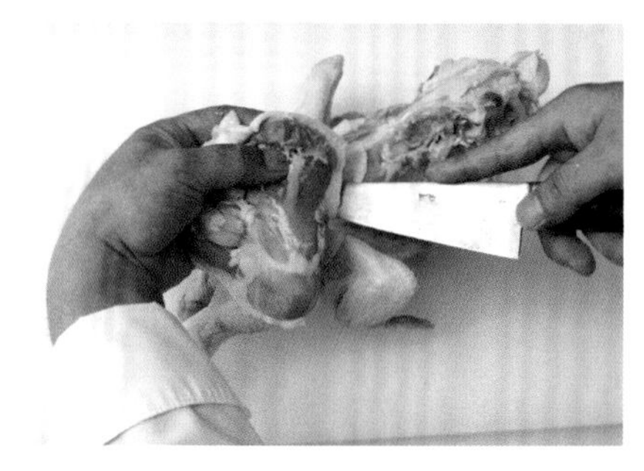

13

切下附有腿根肉的腿部。

*腿根肉（sot l'y laisse）：在法語中，有「愚者才留下之物」的意思。它是位於腿部上部的髂骨凹陷處的圓狀肌肉，味道佳、富彈性，具有獨特的口感。

卸下胸肉和翅膀

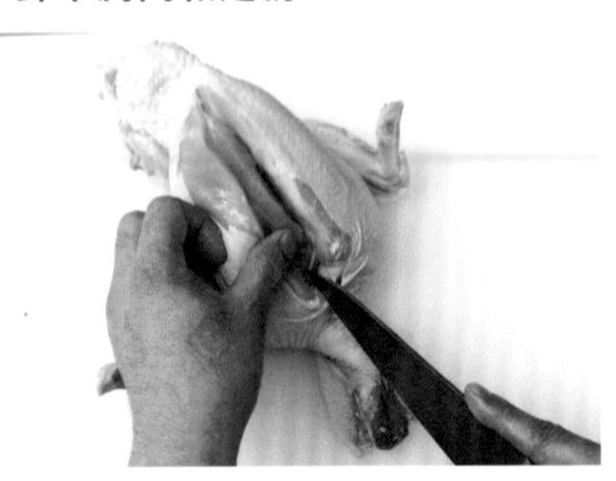

14

胸側朝上，刀尖沿著胸骨一直劃到頸部。

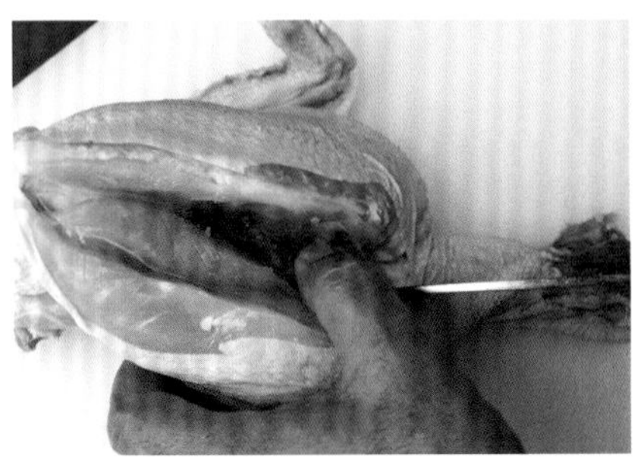

15

從尾椎端刀順著切口切下，用手指一面掰開肉，一面卸下胸肉。這時雞柳附在胸肉上。

16

切開鎖骨周圍的肉。

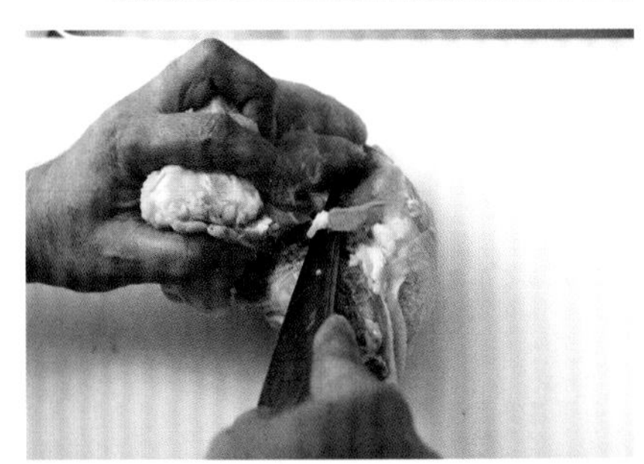

17

將雞身側放，刀尖從背側肩胛骨下方下刀，切開翅膀的關節。

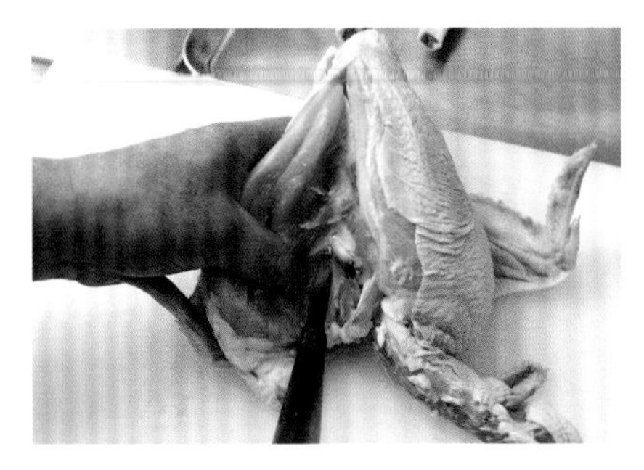

18

從肋骨如削取般卸下胸肉。

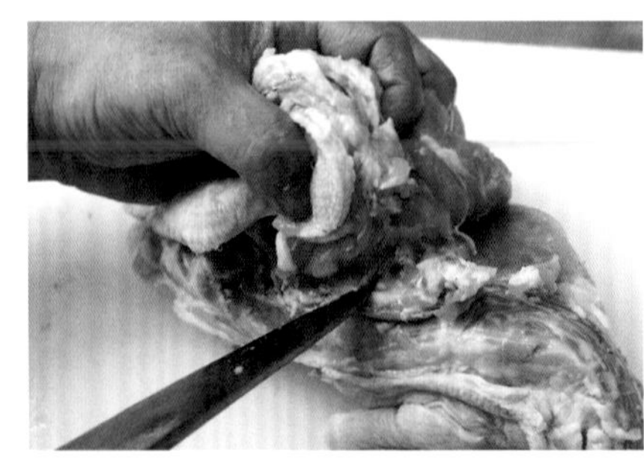

19

用刃尖一面切斷筋和膜，一面卸下胸肉。

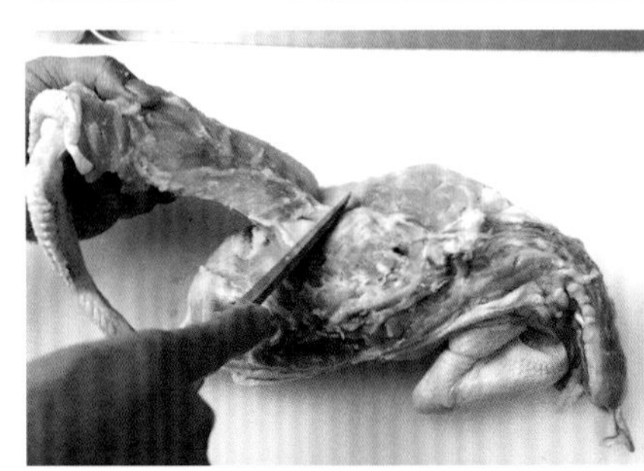

20

用刀壓住肋骨，緊抓住胸肉向後拉扯卸下。

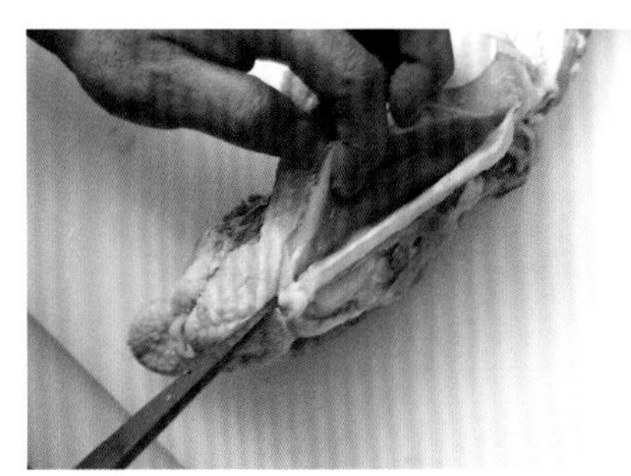

21

卸下另一側的胸肉。從頭側沿著胸骨朝尾椎切開。

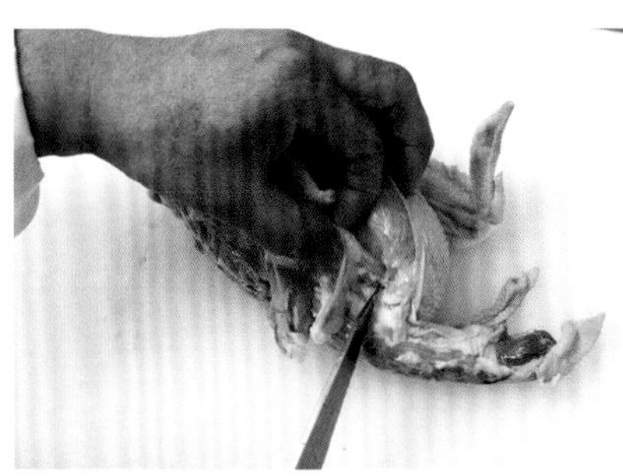

22

變換方向從鎖骨卸下肉。

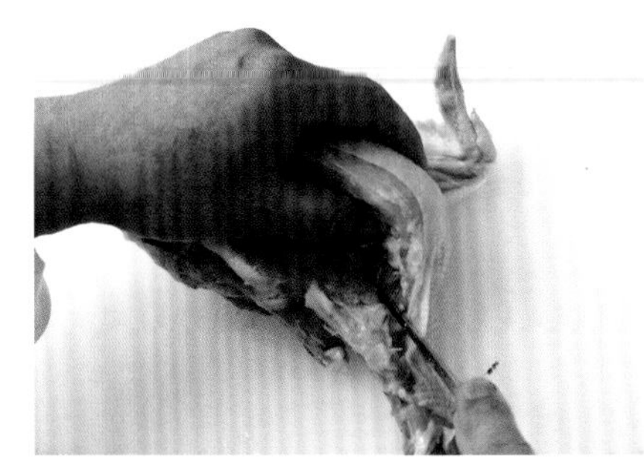

23

剔除鎖骨，繼續切開。

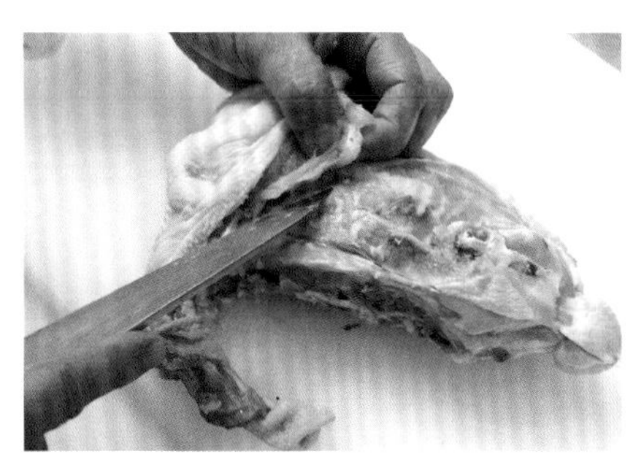

24

刀尖從肩胛骨內側下刀，拉起肩胛骨。

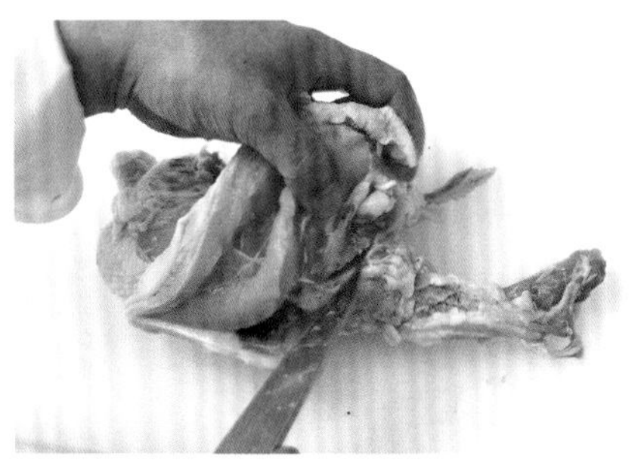

25

切開翅腿根部的關節，沿肋骨剝下肉。

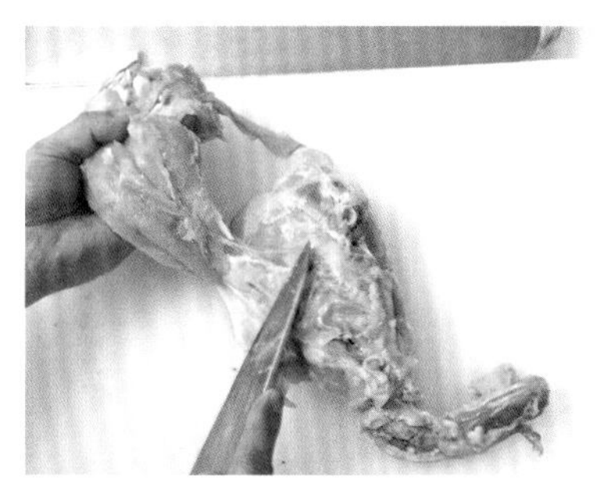

26

用刀壓住肋骨，用手拉扯卸下胸肉和翅膀。

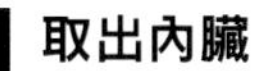

取出內臟

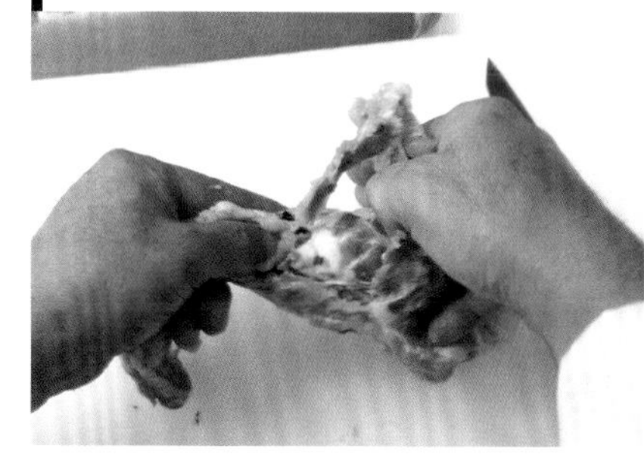

27

拉起肩胛骨，拉扯背骨卸下。

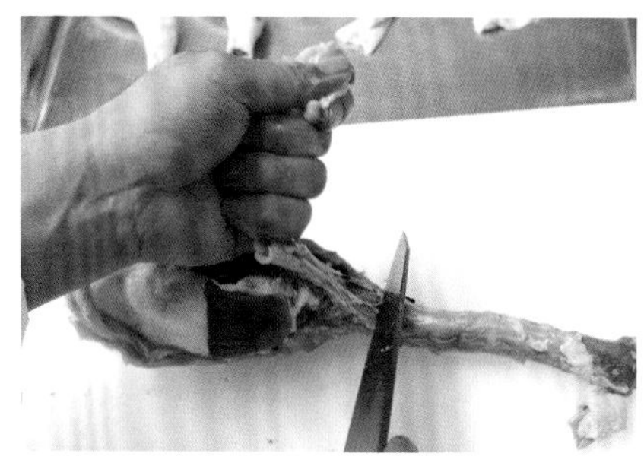

28

用刀壓住連接背骨的頸部，拿起食道和氣管用力拉出。

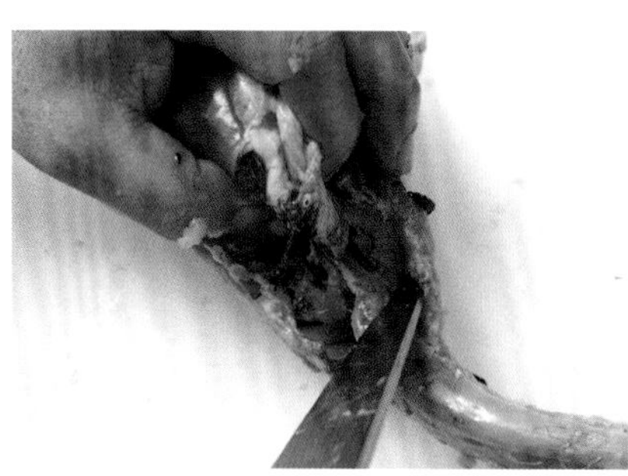

29

看到鮮紅色的肺之後，將刀抵住肺的下方再切開。

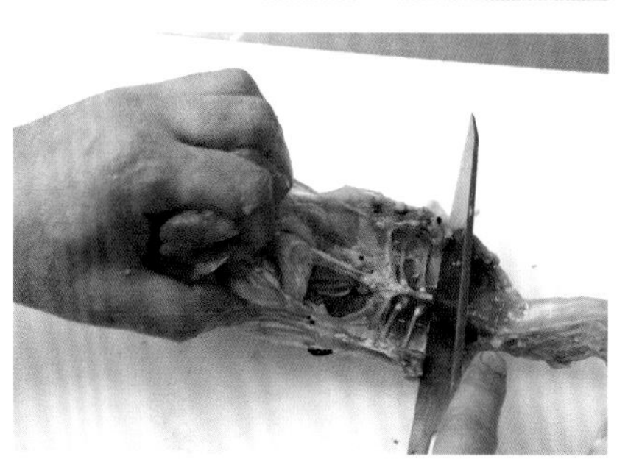

30

用刀壓住骨頭，拿起肺拉出，一面切開薄膜，一面剝除內臟。

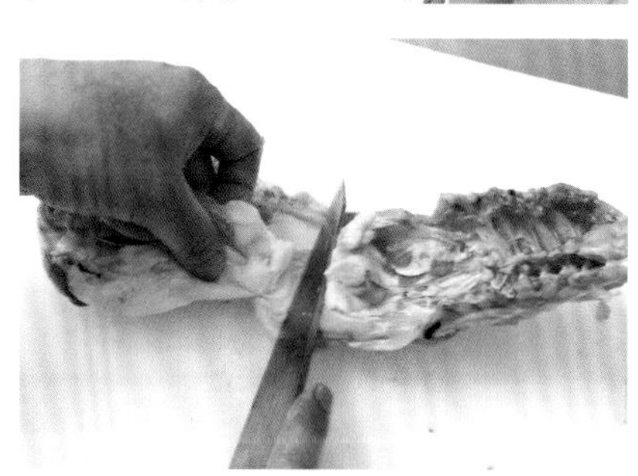

31

切開薄膜，卸下內臟。

32

分開內臟。小心別弄破黑色的膽囊，切下肺。

33

取出雞心切下。

34

切開附雞肝周圍的薄膜。

35

切下雞肝（大葉和小葉）。

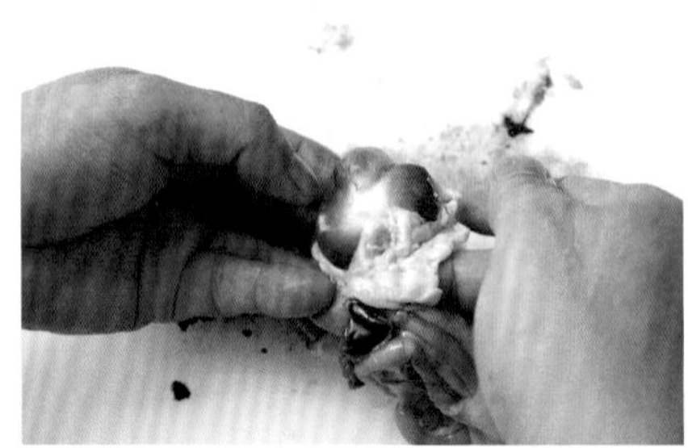

36

小心別弄破膽囊，剝除周圍的油脂，取出雞胗。

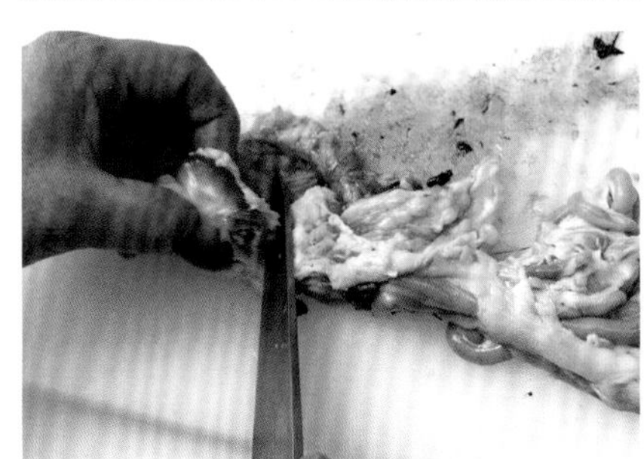

37

從雞胗和腸的連結處切開。

處理好的雞的可食用部分。下方右起為：帶雞翅胸肉2片、腿肉2根。上方右起為：肺、心、肝、雞爪、雞胗、頸部和雞骨。

分切各部位

這裡將解說第18頁處理好的腿肉和胸肉（帶翅）的分切法，以及去內臟全雞分切成雞原胸（coffre）的作業。雞原胸是從已卸下腿的全雞狀態，再切成2片胸部相連的狀態。 法／高良康之（銀座L'écrin）

[胸肉和雞翅]

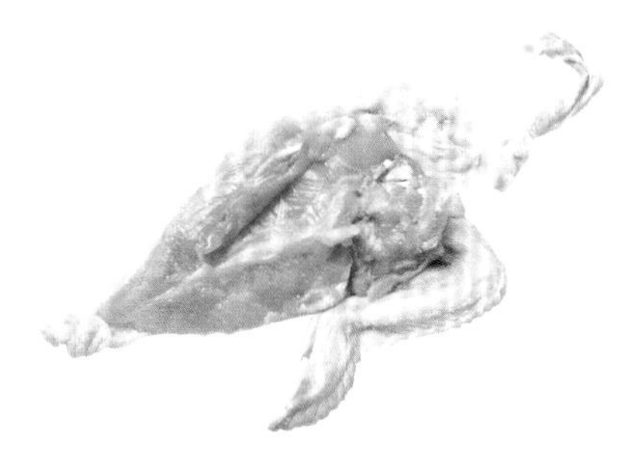

分切順序是先從胸肉上切下雞柳，接著卸下翅中和翅尾。最後從胸肉上切下翅腿，再修整外形。

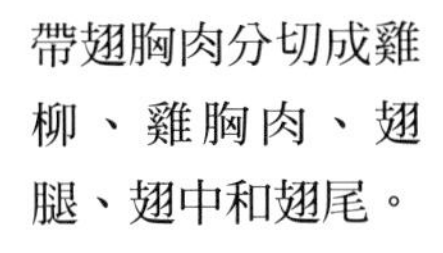

帶翅胸肉分切成雞柳、雞胸肉、翅腿、翅中和翅尾。

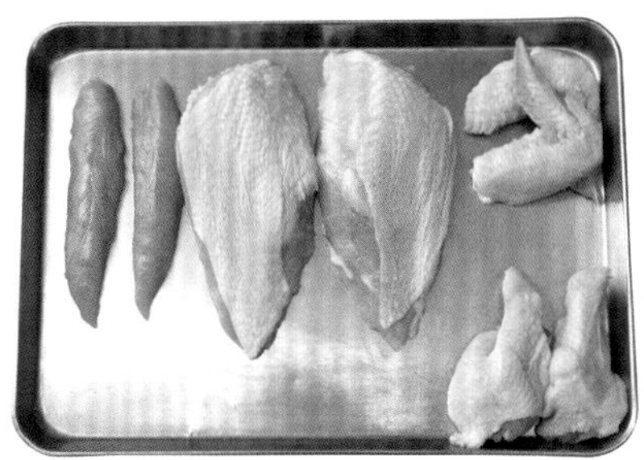

清理雞柳

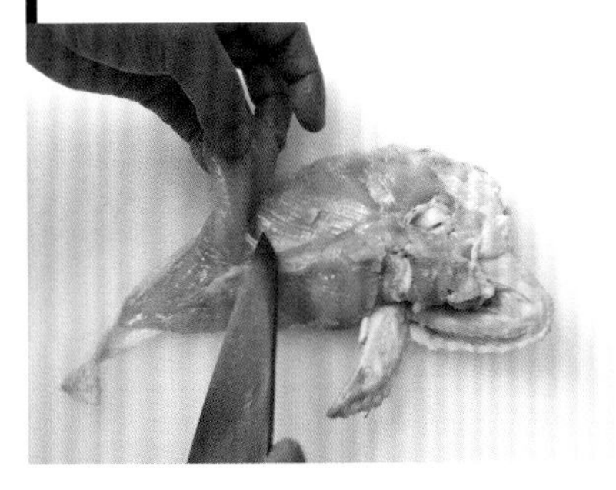

1

用刀鋒抵住雞柳根部的薄膜，一面切開薄膜，一面取出雞柳。

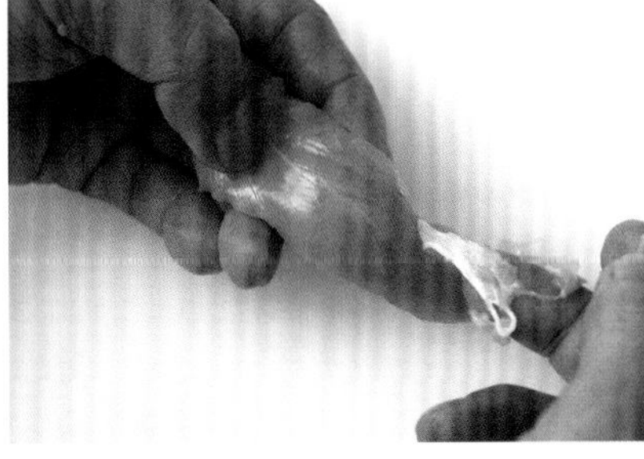

2

雞柳周圍若殘留薄膜，用手撕除。

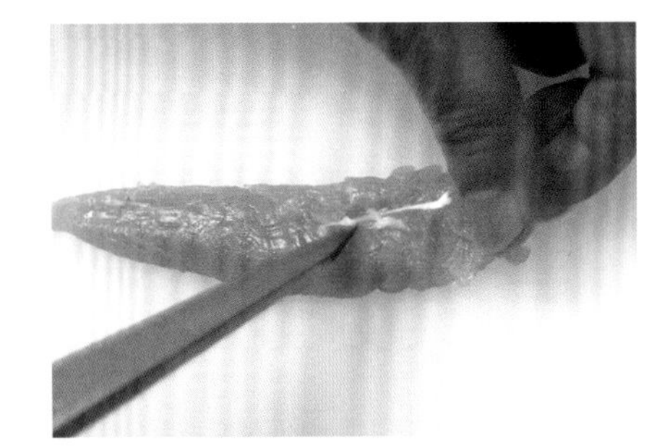

3

刀鋒沿著粗筋劃切口，讓筋露出。

4

筋露出後，用刀背挑起筋的邊端。

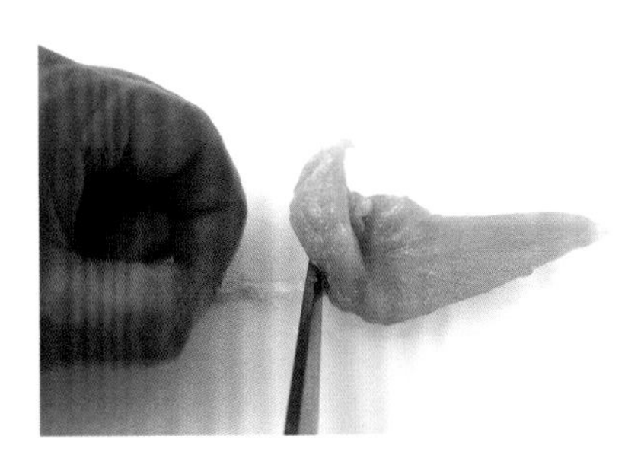

5

將肉翻面，緊壓住筋，用刀如刮取般拉除硬筋。

卸下翅膀

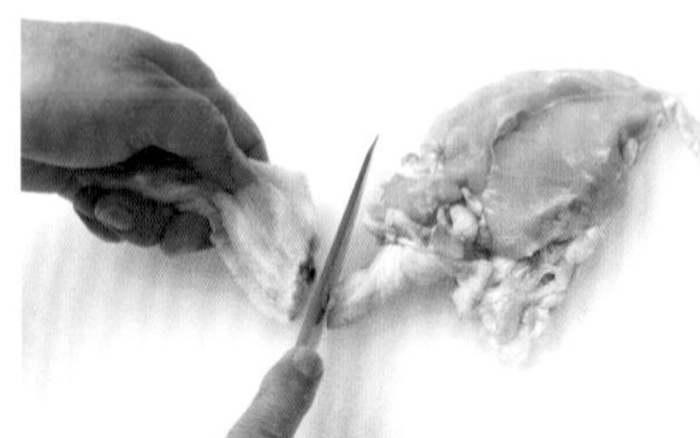
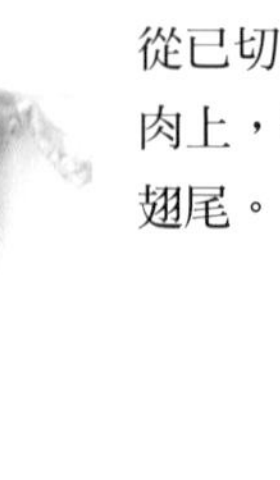

6

從已切下雞柳的胸肉上，切下翅中和翅尾。

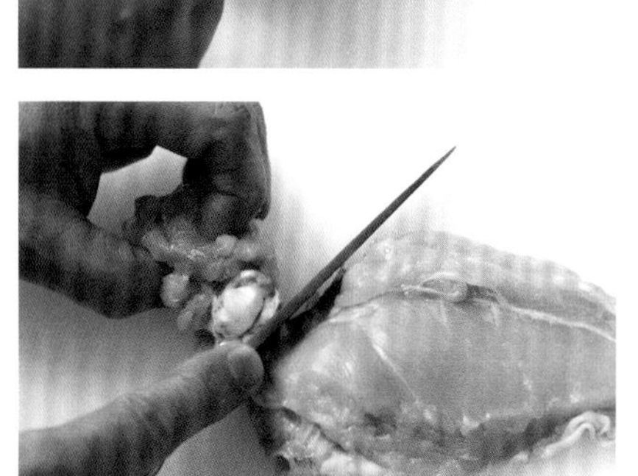

7

切斷翅腿關節周圍的筋

8

切下翅腿。切除突出胸肉的皮和脂肪，修整外形。

［腿肉］

從腿部內側下刀，從脛骨沿著股骨切開，讓骨頭露出，切開關節，剔除股骨和脛骨。

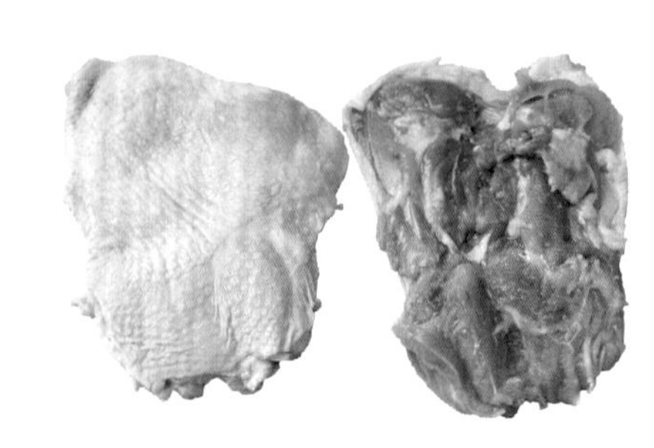

已去骨的腿肉。

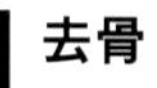

去骨

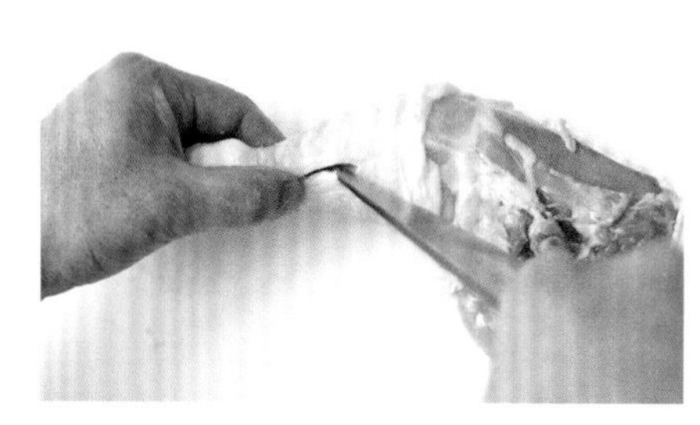

1

刀從下腿內側的2根骨頭之間切開，露出骨頭後展開下腿肉。

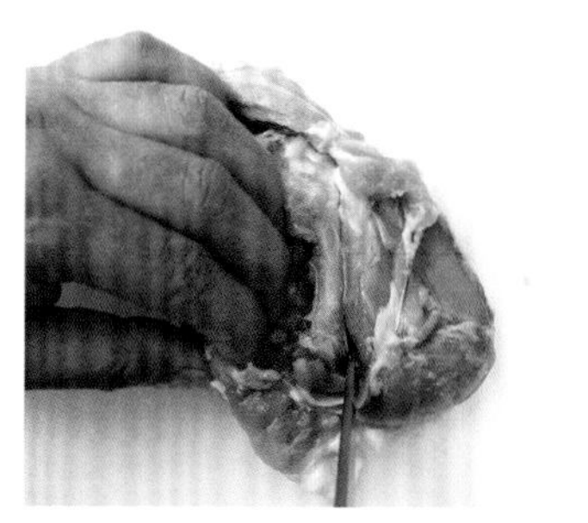

2

越過關節，沿著上腿骨頭（股骨），將刀傾斜從骨上削下肉至腿根部，露出骨頭後展開腿肉。

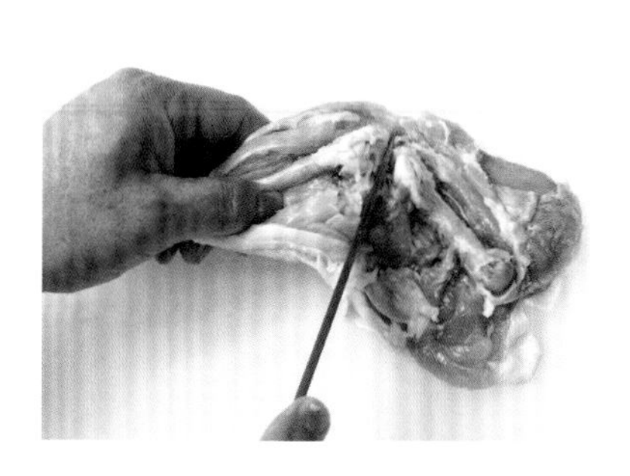

3

從上腿和下腿的關節下刀切開。注意別切到皮。

清理肉

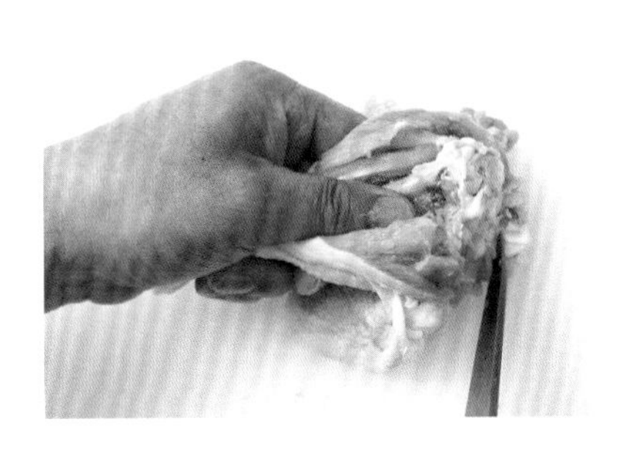

4

彎折關節，抓住肉，用刀按住股骨。

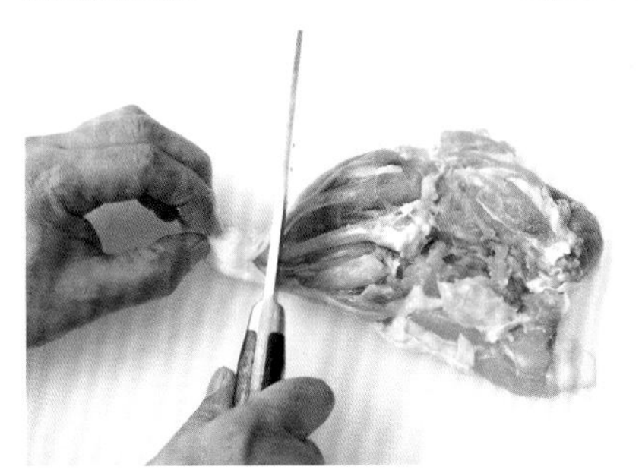

5

拉扯下腿，卸下股骨。

6

用刀刃尾端剁切脛骨。

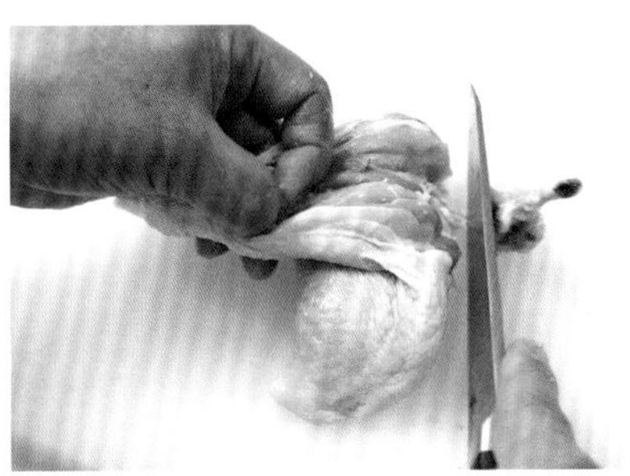

7

用刀按住脛骨，拉離下腿肉。

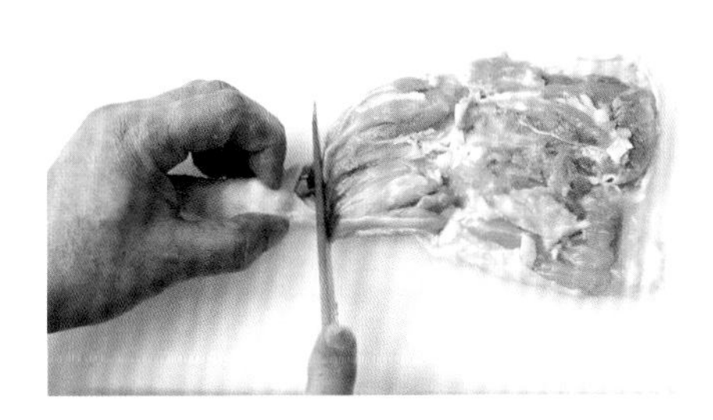

8

切斷關節周邊的筋，和細骨一起卸下，切掉腿的前端。

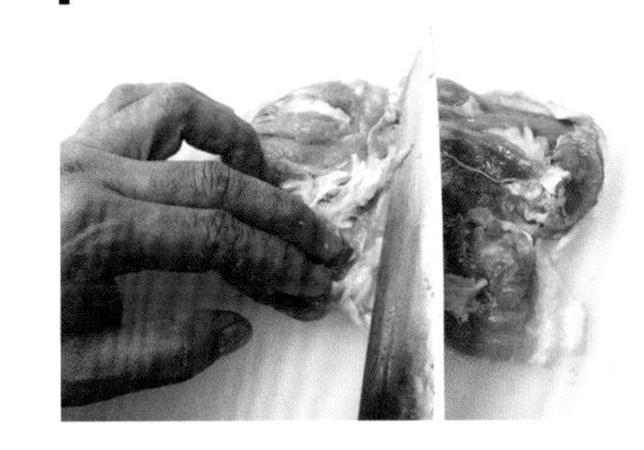

9

從上腿和下腿關節處切開粗筋。

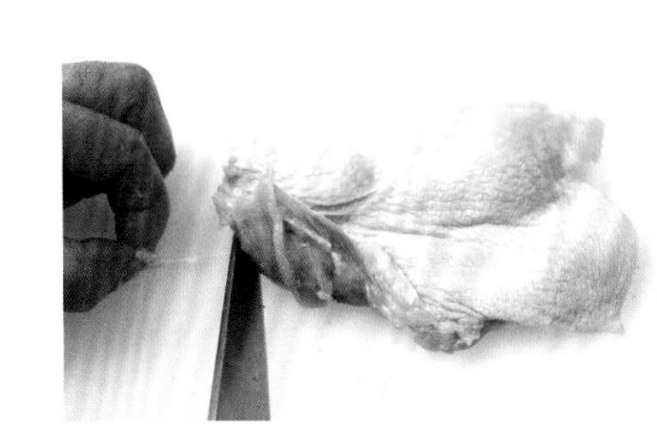

10

皮側朝上，按住阿基里斯腱如刮取般用刀刮下。肉翻面，剔除薄膜。

［雞原胸］

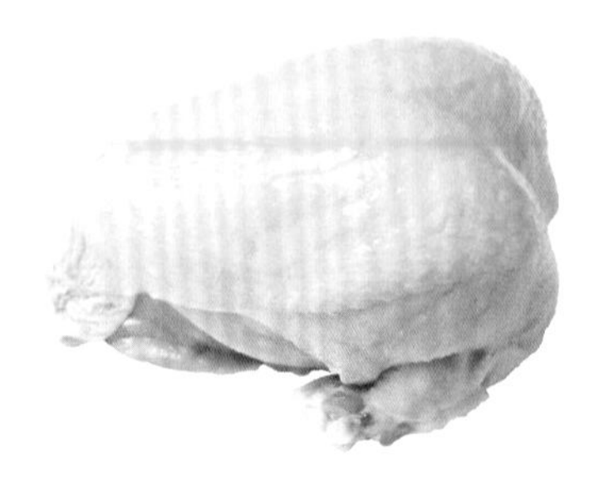

胸肉帶骨、兩側相連的狀態稱為雞原胸（coffre）。在法語中，coffre是箱、盒的意思，此部位因其外形被稱為coffre。雞原胸若保留肩胛骨可作為墊子，這樣烤肉時肉不會直接接觸烤箱的烤盤，能溫和地間接加熱。以下將解說去內臟全雞處理成雞原胸的作業。

切下頸部

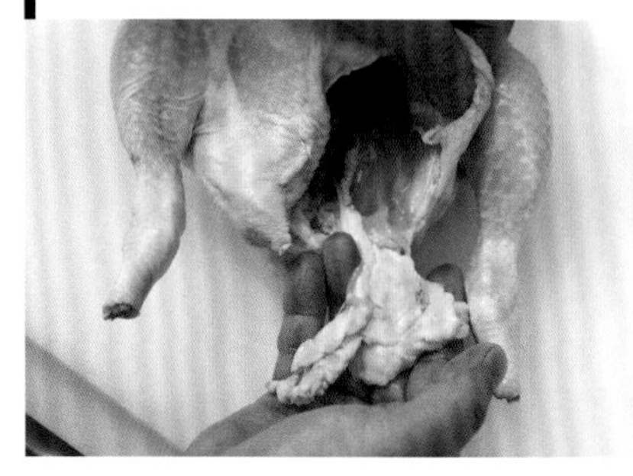

1

剔除附在尾椎內側的油脂。

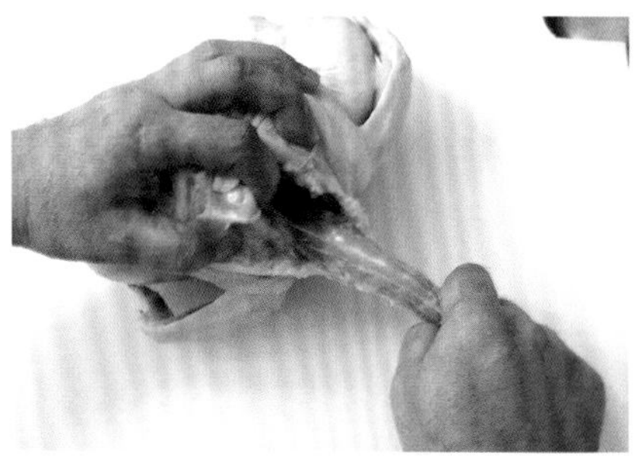

2

背側朝上，沿著頸部切開皮，拉出頸部，剔除皮內側的油脂和薄膜。

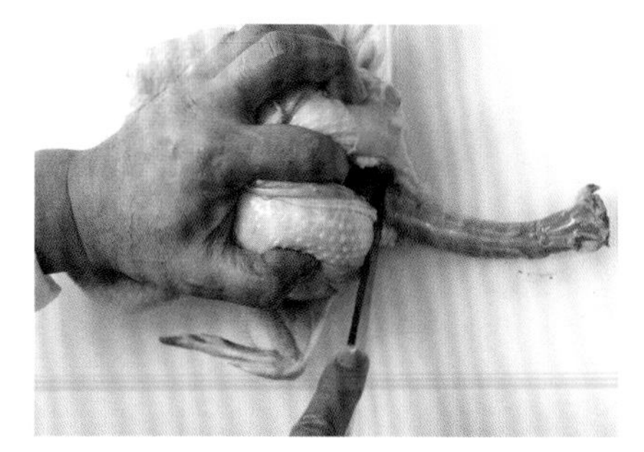

3

從頸根部切下。

卸下翅膀和腿部

4

從翅中處切下前端。另一側也同樣切下。

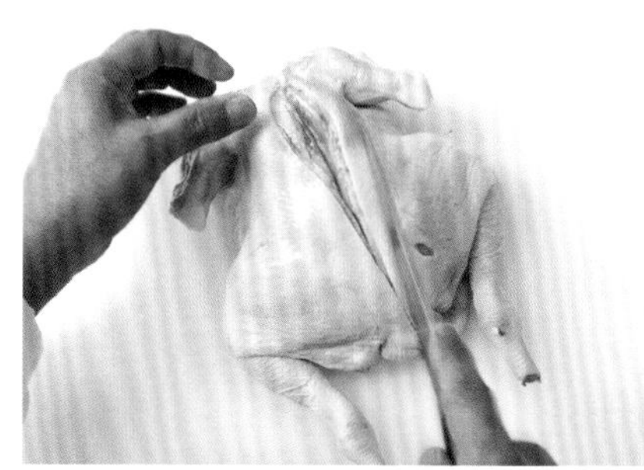

5

背側朝上，沿背骨劃開。

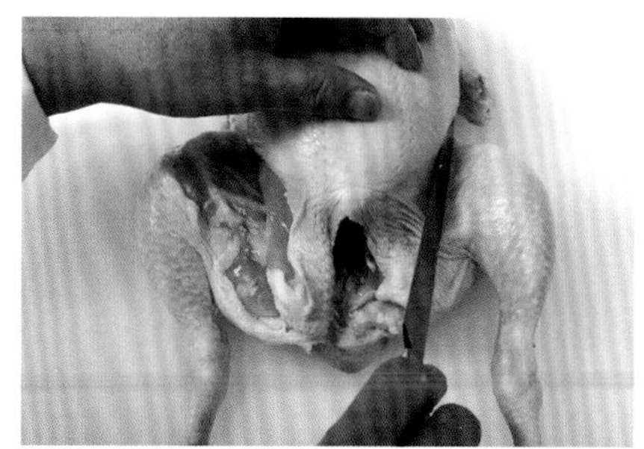

6

胸側朝上，如同儘量保留雞身上的皮般，切開腿根部內側的皮，一直切到尾椎。

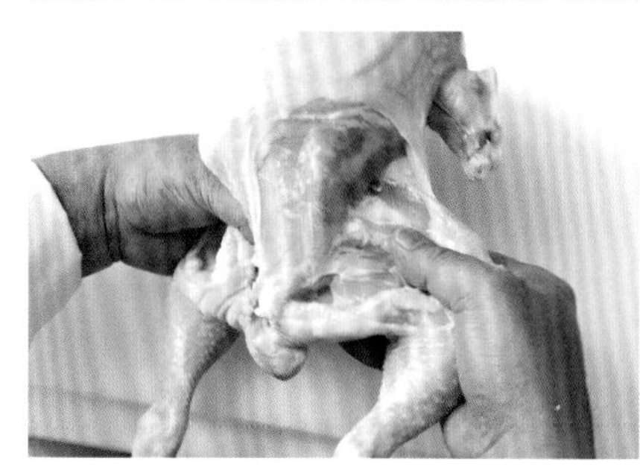

7

拿著兩支腿朝外側掰開，折斷根部的關節。

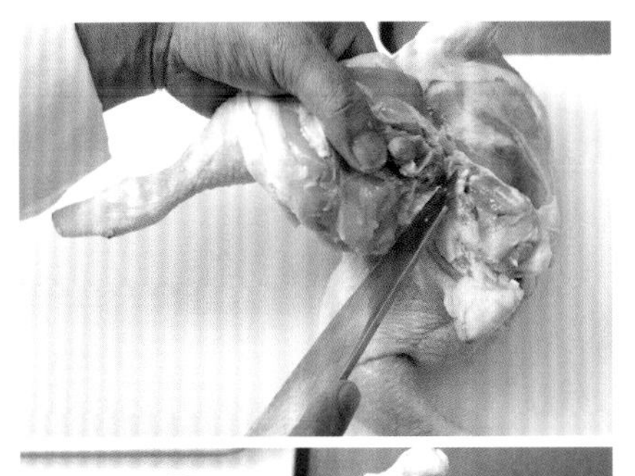

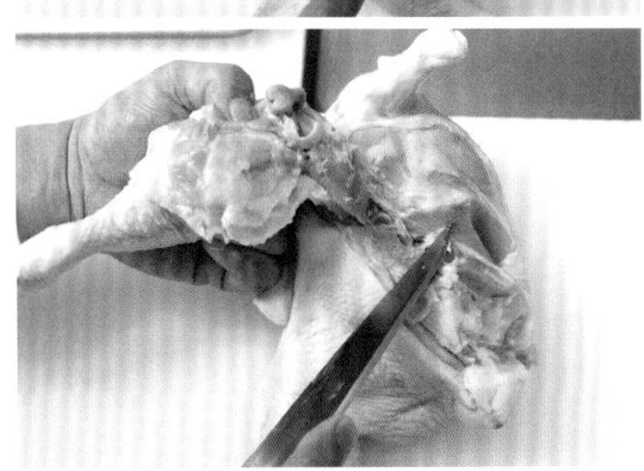

8

避開尾椎前端劃開皮，切開骨盆（坐骨）上方的肉，一面從上方拉起腿部，一面切斷周圍的筋。這時腿根肉附在腿上。

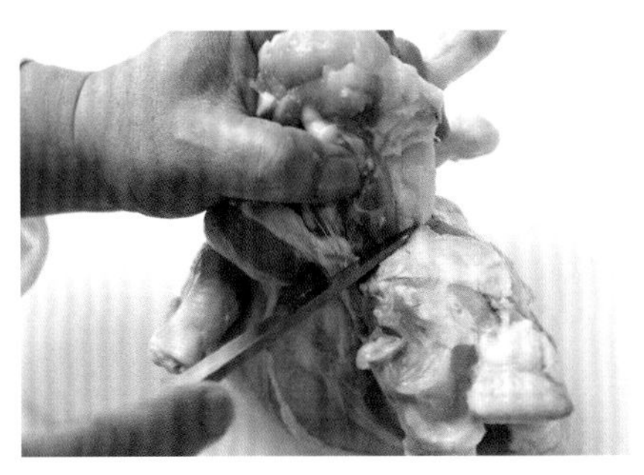

9

也同樣卸下另一側的腿部。

切成雞原胸

10

胸側朝上，從肩胛骨上方下刀切開。下側也反方向切開。

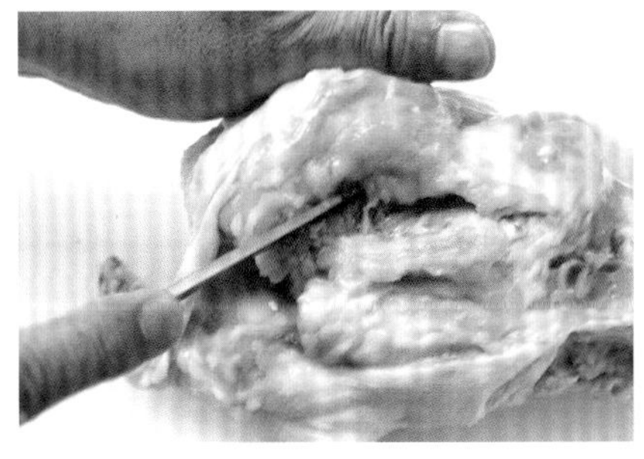

11

肩胛骨根部的關節露出後，切斷周圍的筋，卸下關節。

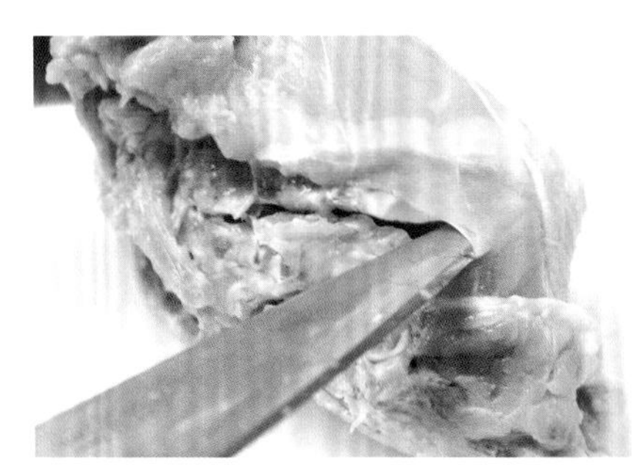

12

從肋骨一半處下刀，朝尾椎方向切開肋骨。

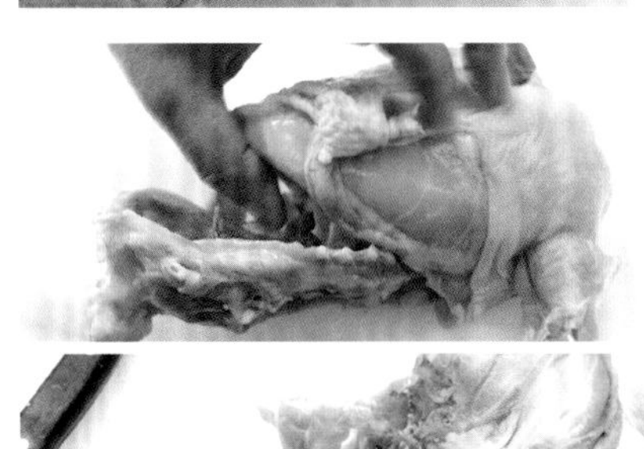

13

另一側也同樣切開。

14

如掀起胸肉般卸下背骨。

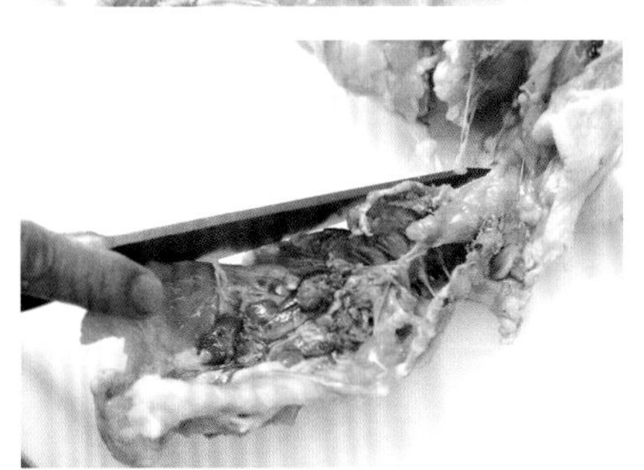

15

切開雞頸根部。

16

雞原胸和已卸下的背骨。

去骨全雞

從全雞（去內臟）上卸下雞骨和雞柳，使雞腹呈中空的處理法，這是在雞腹中填入餡料，使雞身恢復原形再加熱的料理所採取的處理方式。也可以用從雞骨上卸下的雞柳作為填塞餡料等。 法／高良康之（銀座L'écrin）

已去骨的雞、雞柳和雞骨。

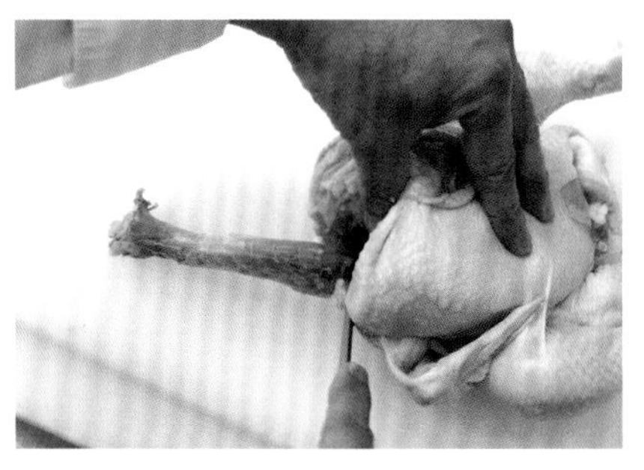

1

背側朝上，沿著背骨劃開，拉出頸部從根部切斷，剔除多餘的油脂。

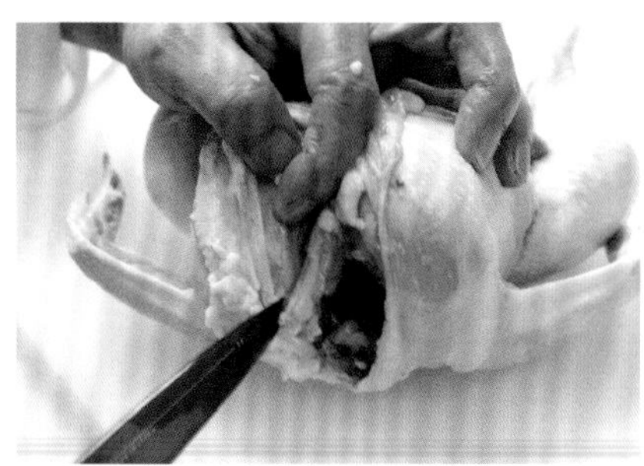

2

胸側朝上，沿著V字形鎖骨劃開，讓骨頭露出。

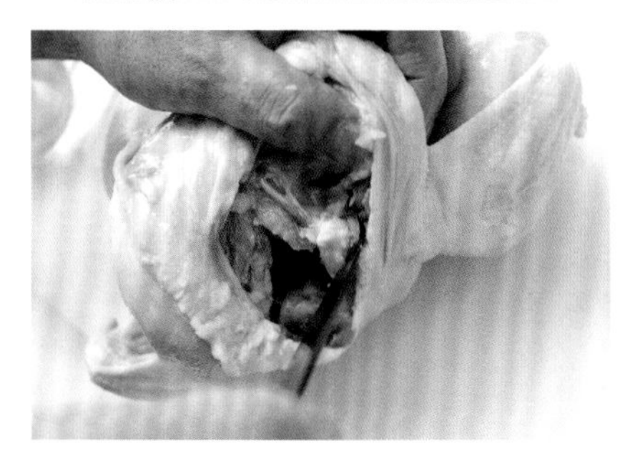

3

用刀切開V字形鎖骨頂點的根部，切開下方的雞翅關節和鎖骨2個地方。

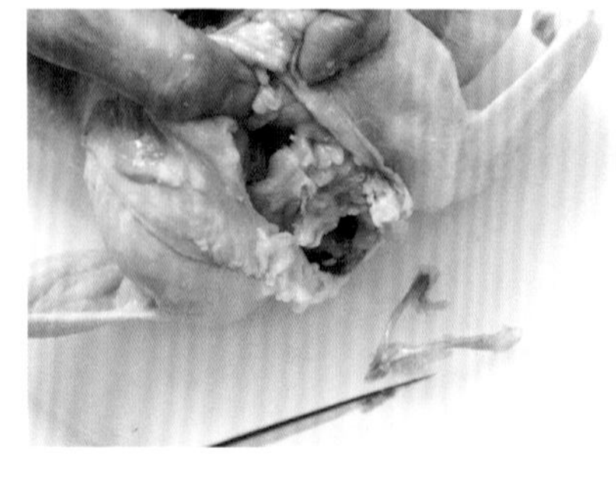

4

如翻倒鎖骨般卸下。

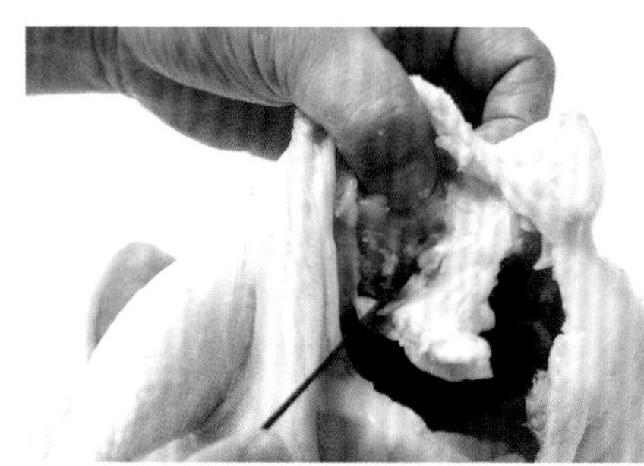

5

背側朝上，從尾椎切開，如削開般從骨盆上卸下肉，兩側都要卸下。

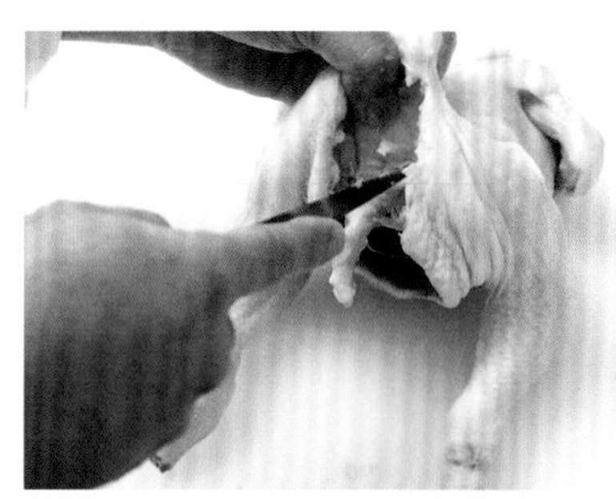

6

從背骨上下刀劃開，從背骨上卸下肉。

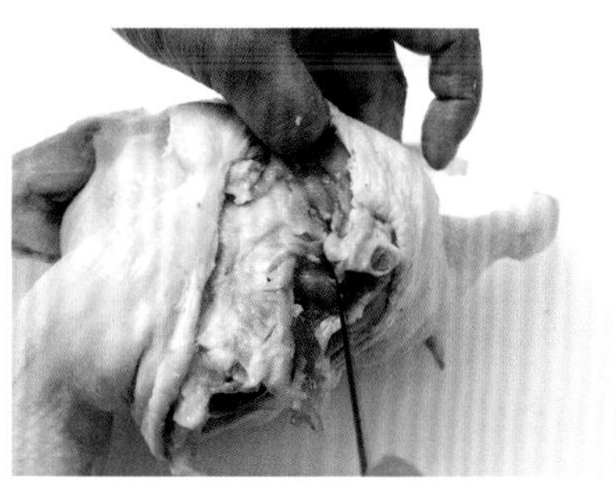

7

切至腿根部後，切開根部的關節。

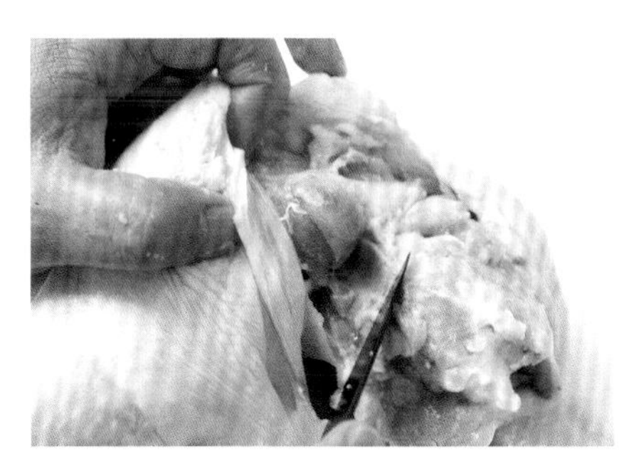

8

一面切斷骨頭周圍的筋，一面從腿部後側的腿根肉和雞骨之間劃開，卸下腿根肉，讓它附在腿部。

9

胸側朝上，從尾椎側提起肉，這樣能看到內側的胸骨（軟骨），從此處的上方下刀削開肉。

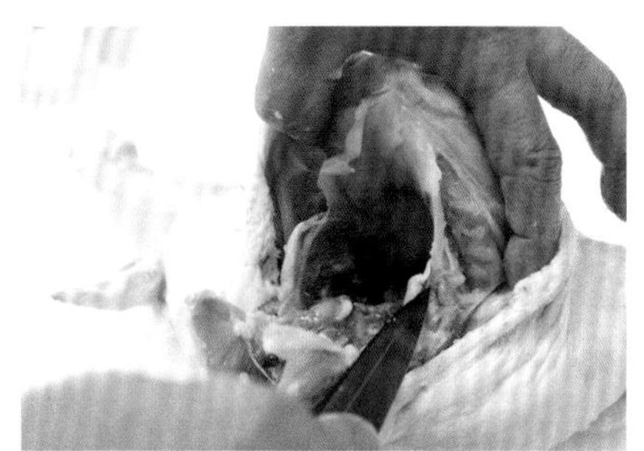

10

沿著肋骨劃開卸下肉。

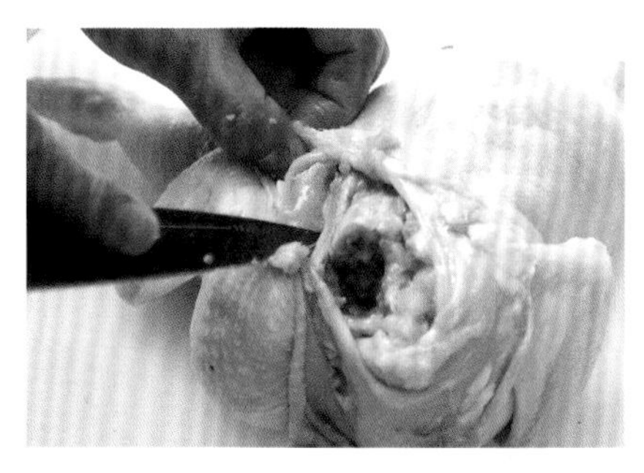

11

背側朝上，從頸側下切。從肩胛骨的上方切開卸下。

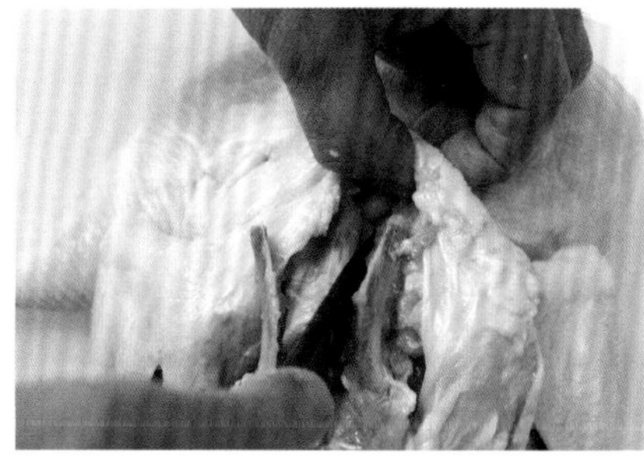

12

也卸下另一側的肩胛骨。

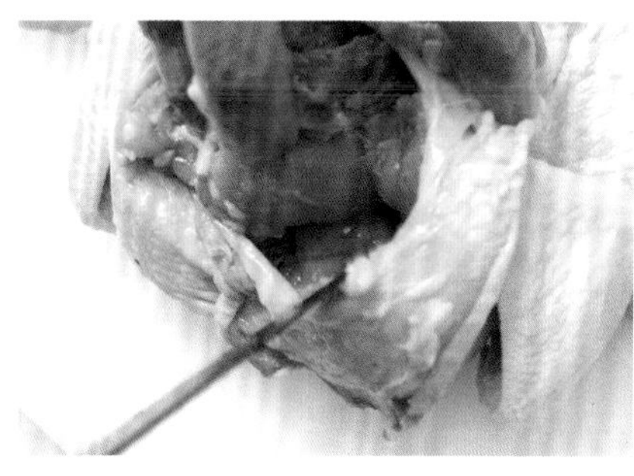

13

雞柳根部的筋不切開，讓它附在雞骨上備用。

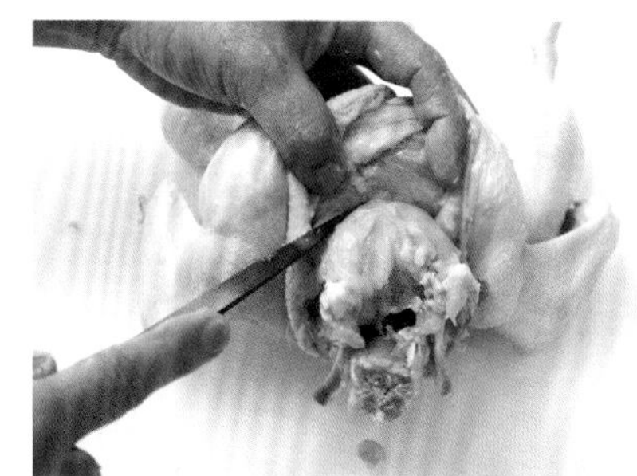

14

胸側朝上，沿著位於雞柳上方的胸骨的軟骨下刀，一直切到腿根肉處。

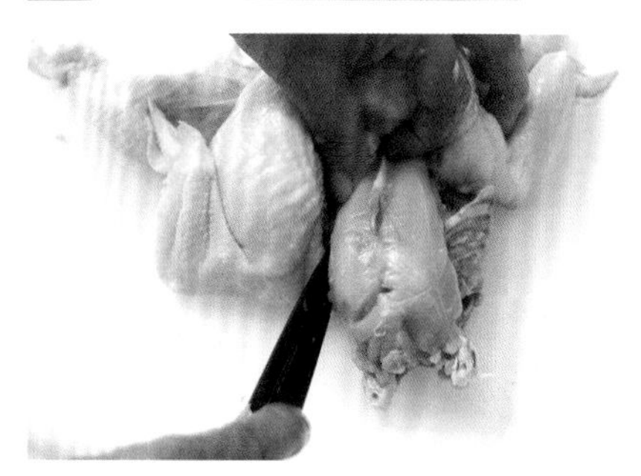

15

切到這裡為止。

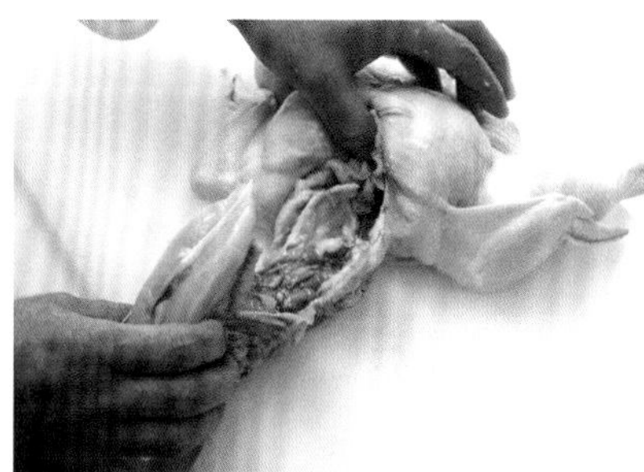

16

拉出雞柳和雞骨。

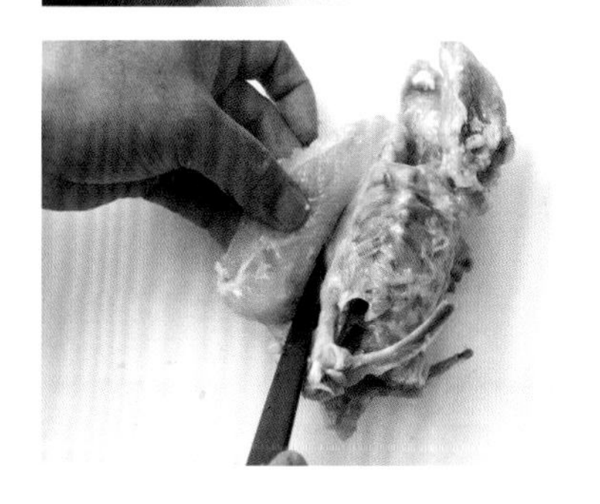

17

從雞骨上切開雞柳的筋，取出雞柳。

全雞剖開成一片

這種處理法適合全雞（去內臟）剖成片再直接烘烤的「惡魔烤雞」，以及用展開的肉片捲包餡料的「雞肉捲」或「雞捲」等料理使用。先從全雞背部縱向劃開，由此如削切般分切開和雞骨相連的周邊肉，取出雞骨。接著雞翅和雞腿保持相連直接展開雞身，視不同用途再適當分切使用。

義／辻　大輔（Convivio）

全雞（去內臟）展開成為一片。

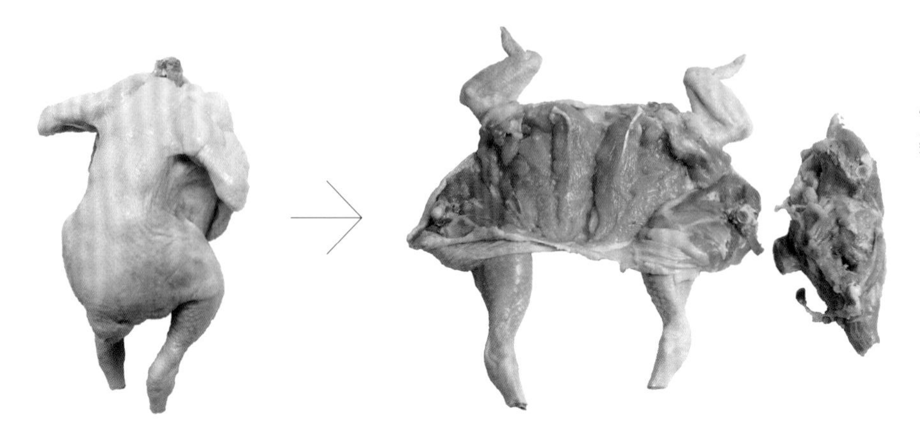

展開的雞和卸下的雞骨

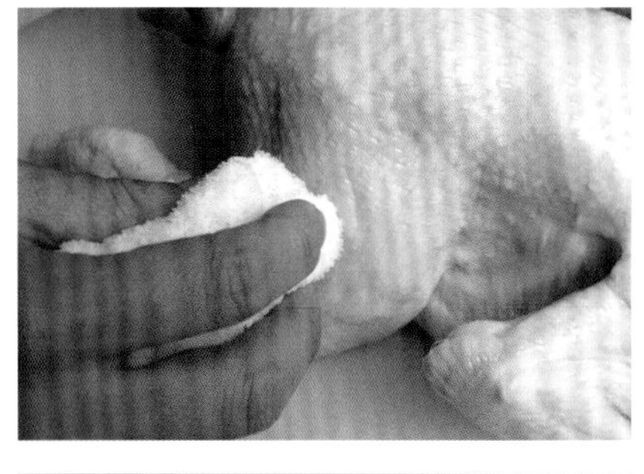

1

仔細清除殘留的羽毛。製作烤物時若殘留羽毛，烤好有焦臭味。

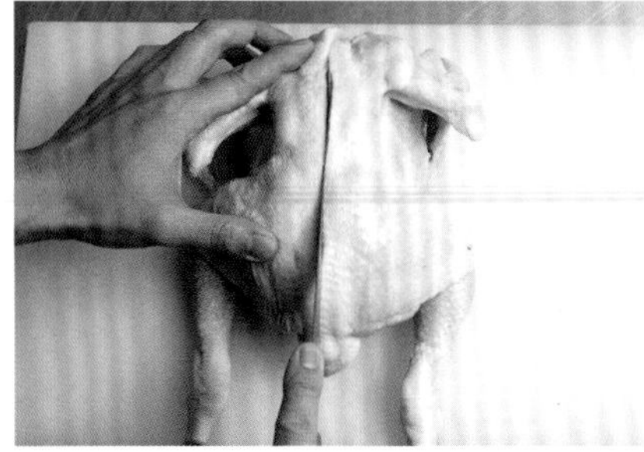

2

背側朝上，從背骨上方縱向下刀。

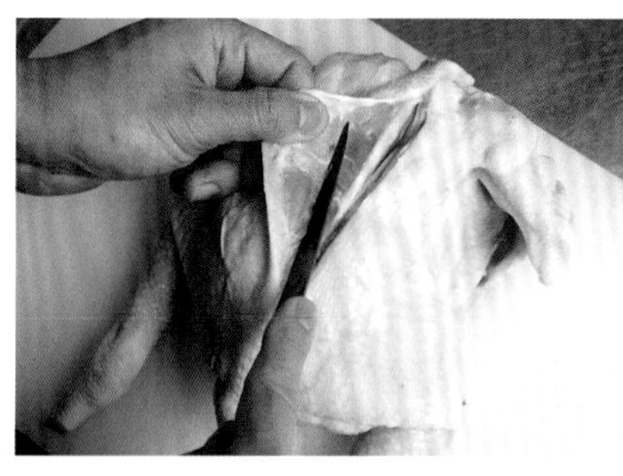

3

從切口沿著骨頭削切開來。

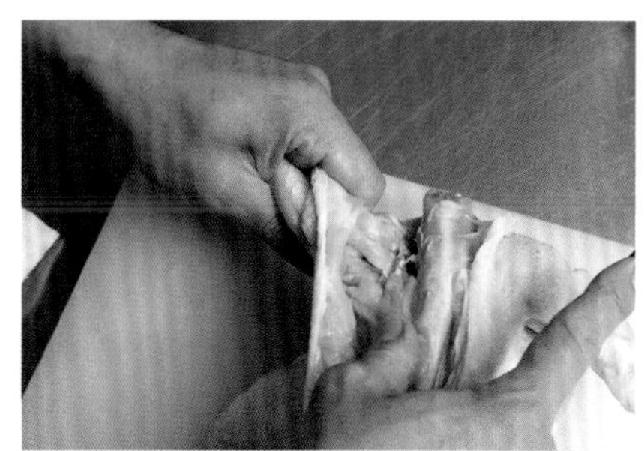

4

用手折斷雞翅根部的關節卸下。

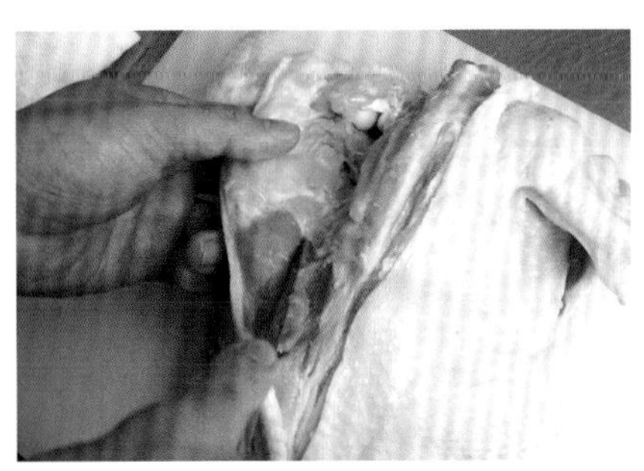

5

沿著骨頭朝雞腿根部繼續削切，從雞骨上卸下肉。

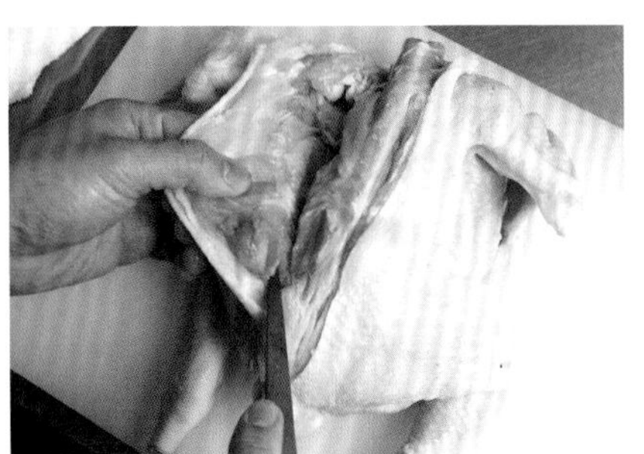

6

讓腿根肉和腿部相連，從骨盆上方的凹陷（髂骨）處切開。

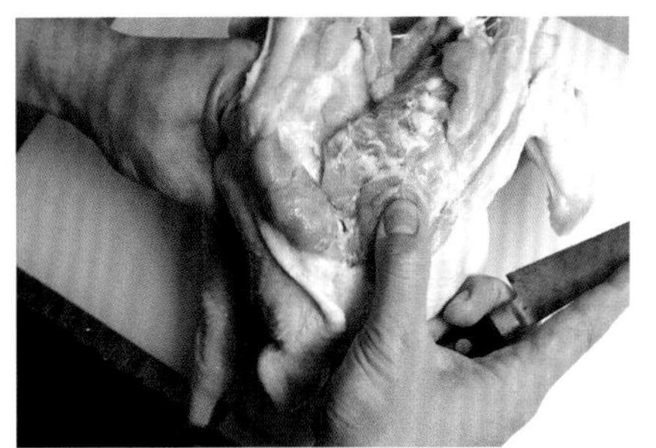

7

如同展開雞腿根部的關節般，用手向外翻折。

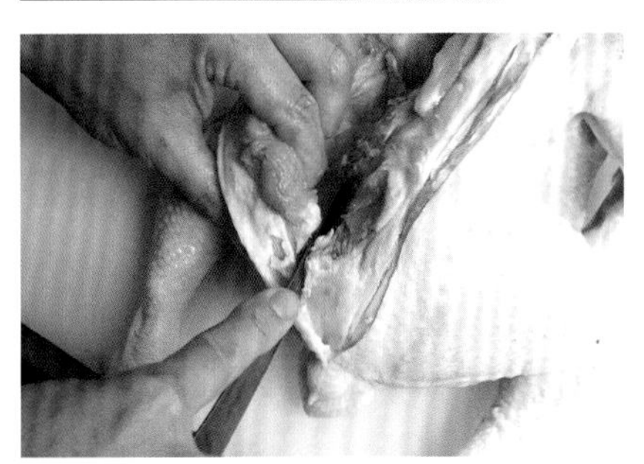

8

繼續切開至尾椎。

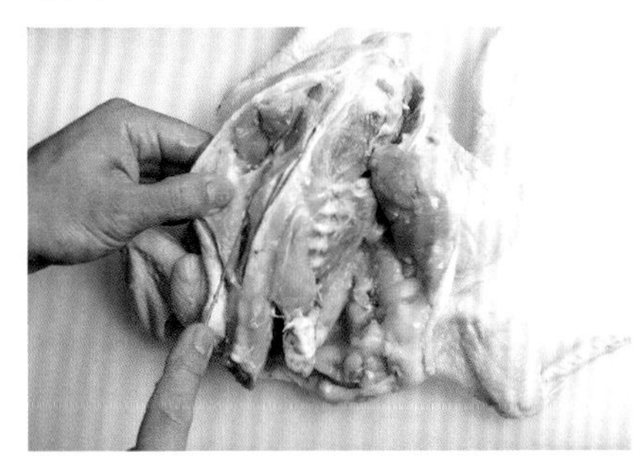

9

雞身前後方向交換，用和步驟3相同的要領，從背骨切口沿著雞骨朝翅根部卸下另一側的肉。

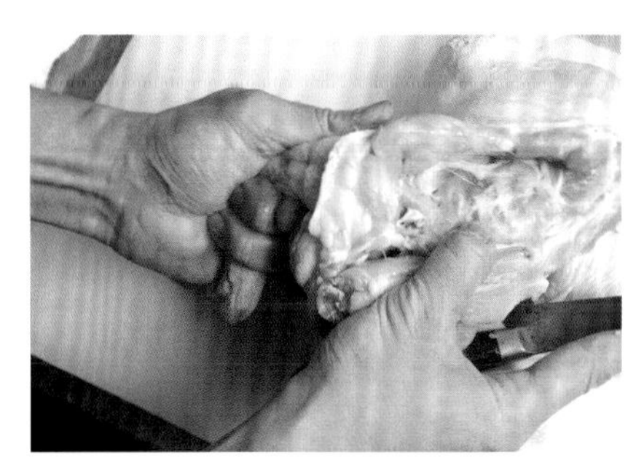

10

若切至雞翅根部，如同用手掰開般卸下雞翅的關節。

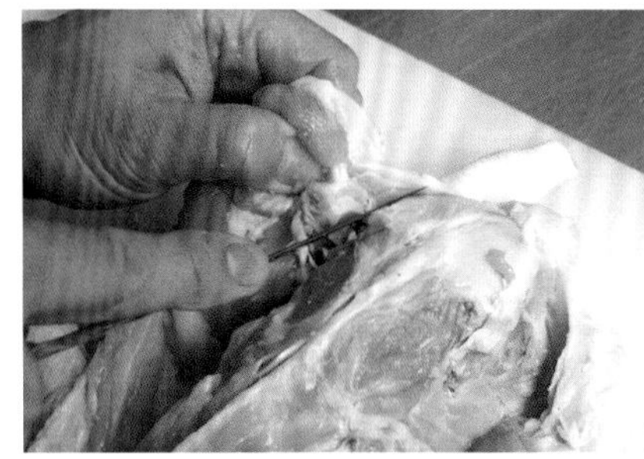

11

朝著腿部削切開肉，削開腿根肉，再切開腿根部的關節。

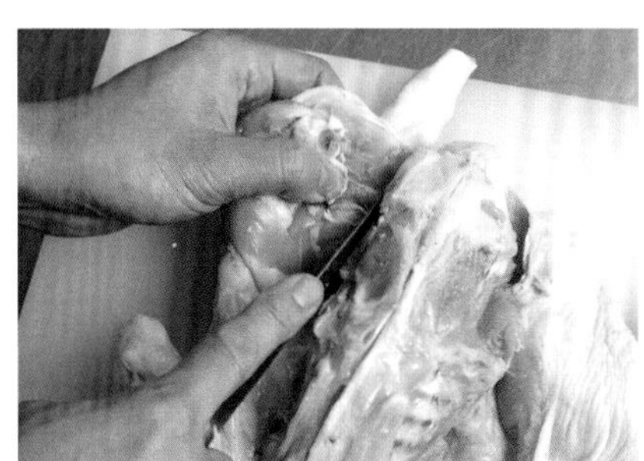

12

沿著骨頭卸下腿肉。

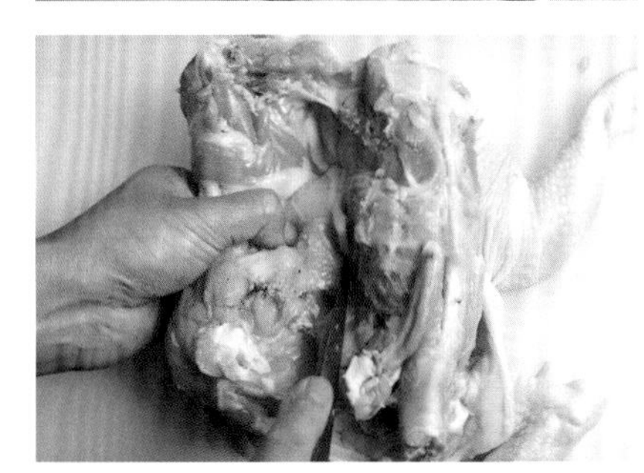

13

沿著骨頭繼續切開腹側的肉，卸下胸肉。

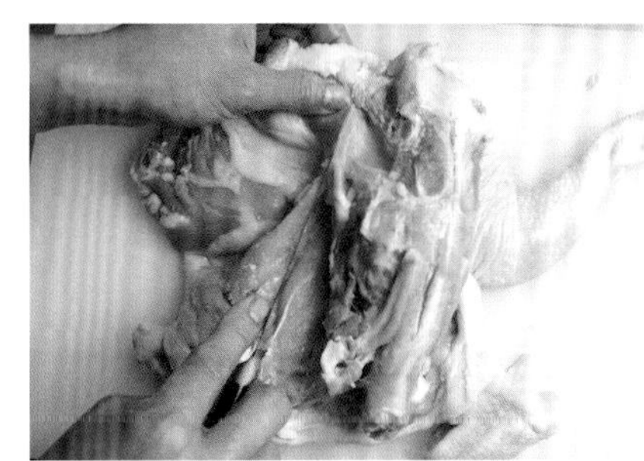

14

切至腹側，漂亮地卸下半個雞身。

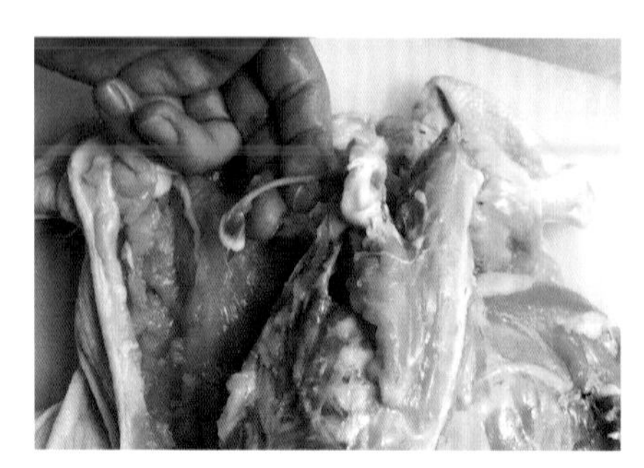

15

鎖骨可以直接附在雞骨上。

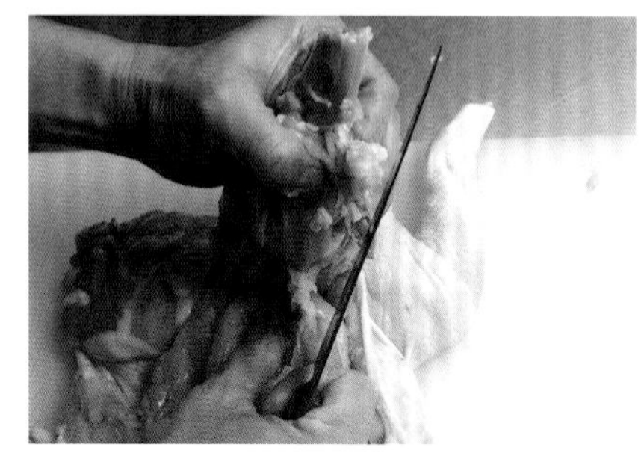

16

豎拿起雞骨。

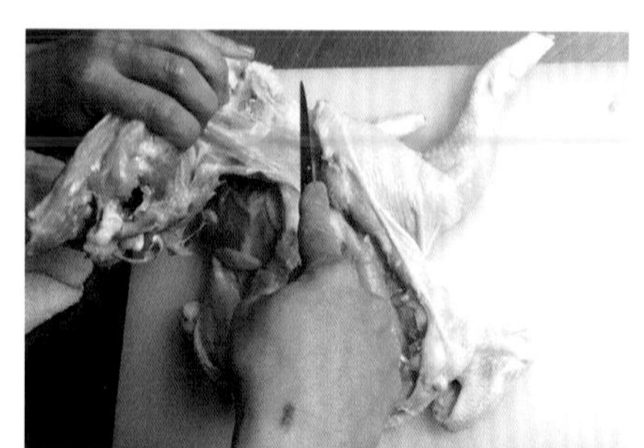

17

一面用刀削切肉，一面完整地卸下雞骨。

全雞的捆線（烤雞用）

全雞的外形有凹凸，很難均勻加熱。為了讓全雞整體均勻受熱，可進行捆線作業（用針將棉線穿過雞腿或雞翅加以固定的作業），捆線的重點是將雞整理成四角的箱型。準備工作時先切除雞頸和鎖骨，剔除頸部和尾椎周圍的油脂，左右對稱地穿線。為了將雞身捆成箱型，穿線的要訣是：①讓雞翅和雞腿的高度保持一致，②讓胸徹底地繃緊。雞捆成箱型後，即使放在平底鍋中也很平穩不會晃動，這樣就能均勻地受熱。

法／高良康之（銀座L'écrin）

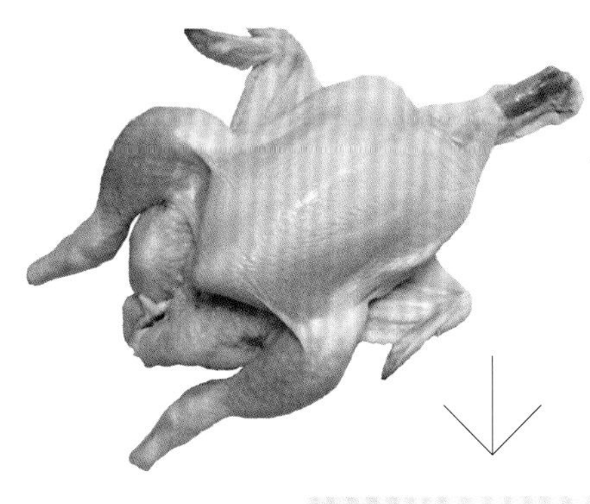

去內臟的全雞。

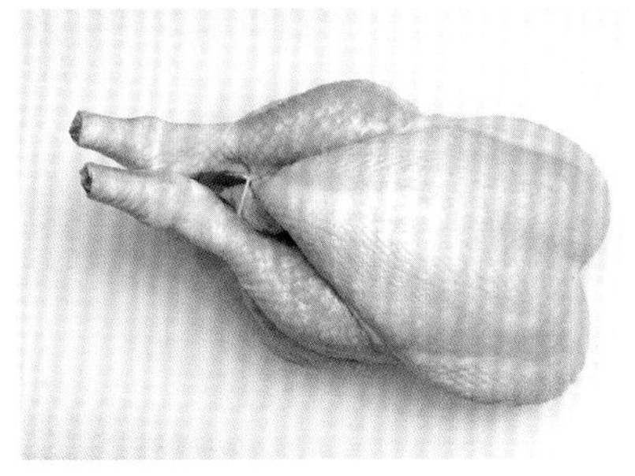

已捆線的全雞（胸部朝上圖）。

已捆線全雞的側看圖。

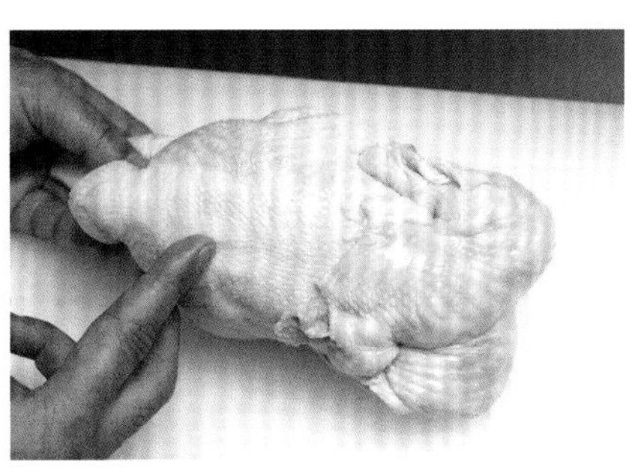

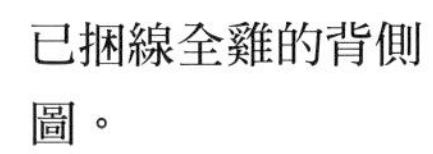

已捆線全雞的背側圖。

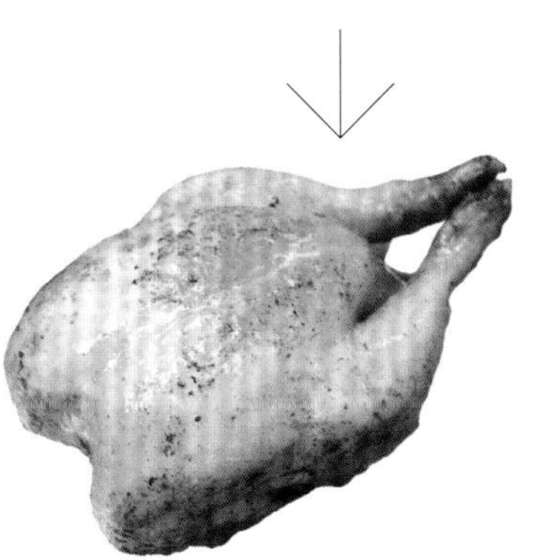

捆線後才能均勻受熱。

切下頸部，剔除油脂

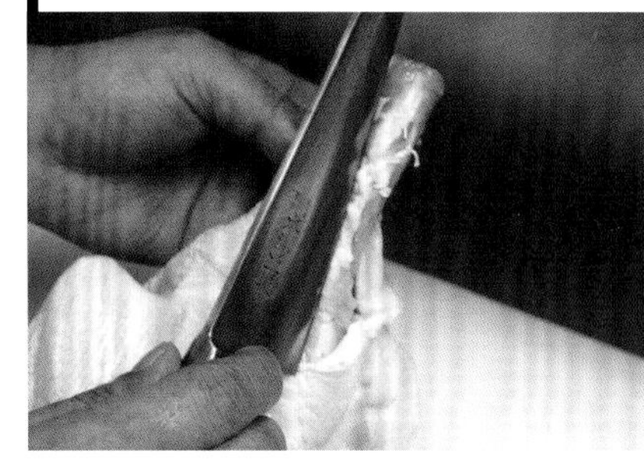

1

從頸部上縱向下刀切開皮。

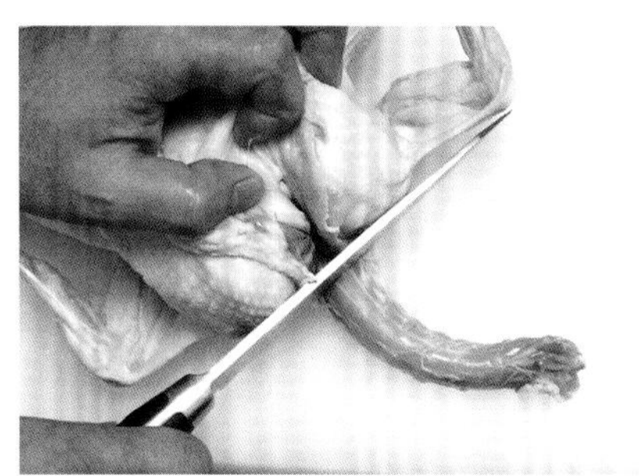

2

去皮，從頸根部切斷。

3

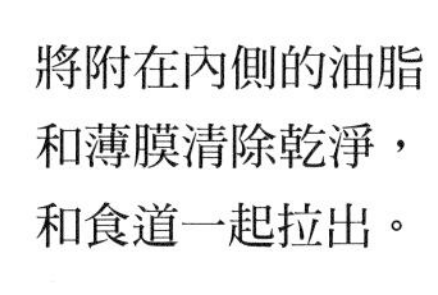

將附在內側的油脂和薄膜清除乾淨，和食道一起拉出。

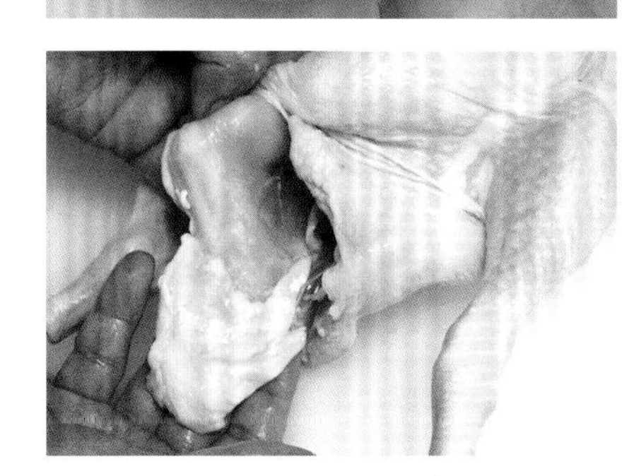

4

尾椎處也黏附大量油脂，所以這也要剔除乾淨。

卸下鎖骨

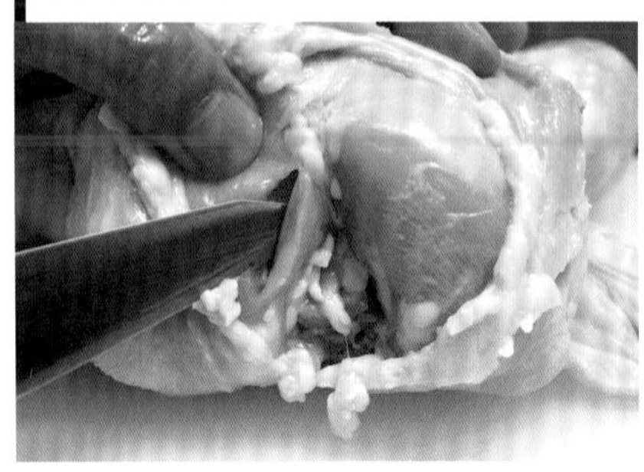

5

胸側朝上，刀沿著連接頸根部的V字形鎖骨外側和內側切開。

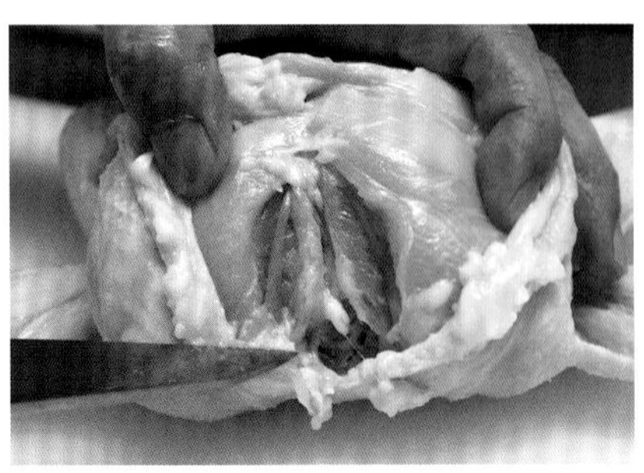

6

讓鎖骨露出。

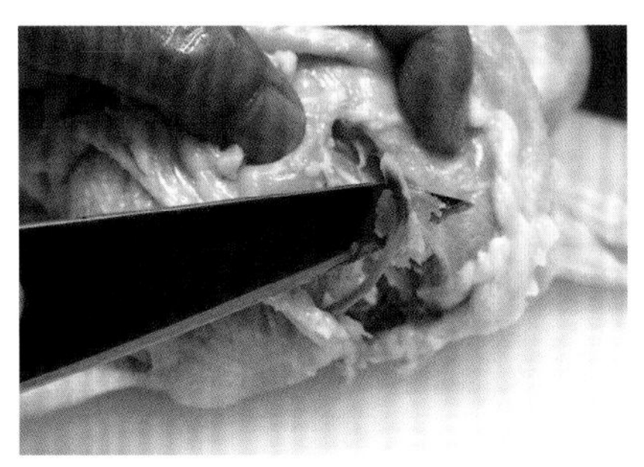

7

切開鎖骨的根部（V字形的頂點）。

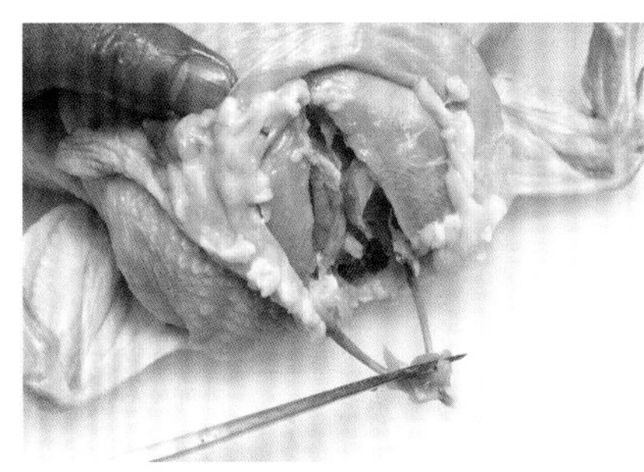

8

刀子翻倒般卸下鎖骨，剔除。

穿入棉線

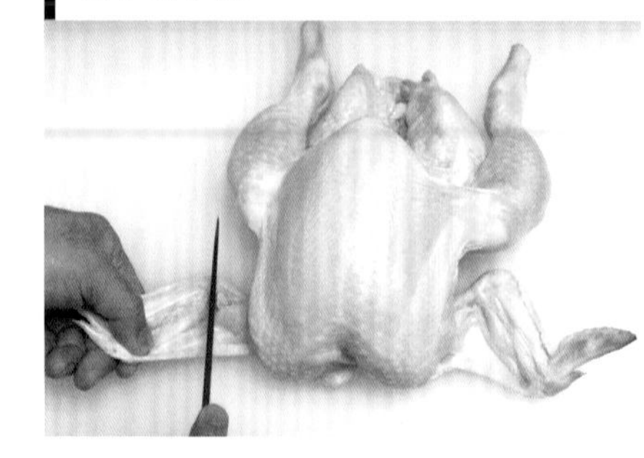

9

為了穩定地盛盤，捆線前先切下翅中和翅尾。

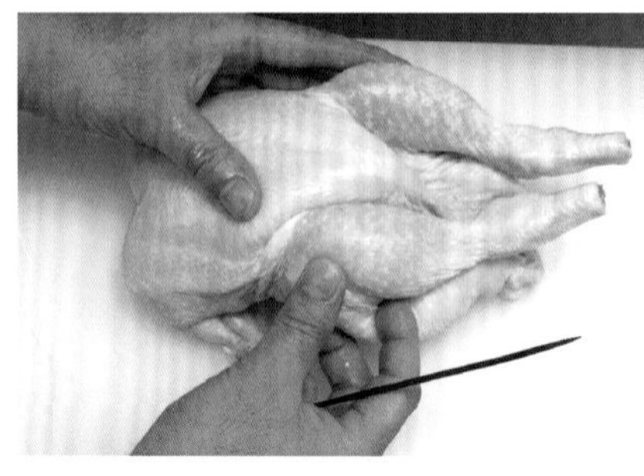

10

修整雞的外形。如同捆成長方形的箱型般。

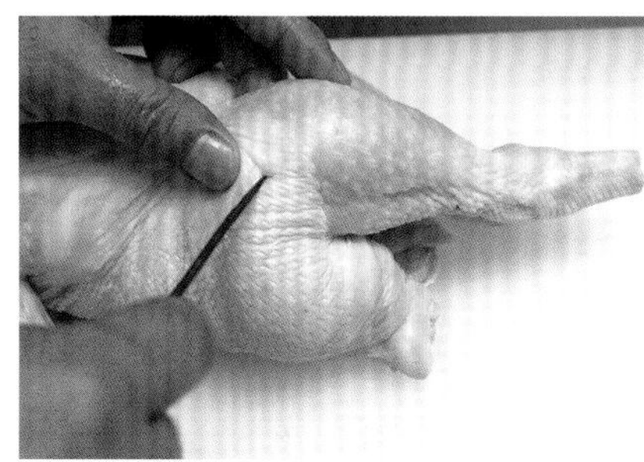

11

胸側朝上，從腿部外側刺入捆線用針。下針位置在膝關節內側。棉線的線頭留長一點備用。

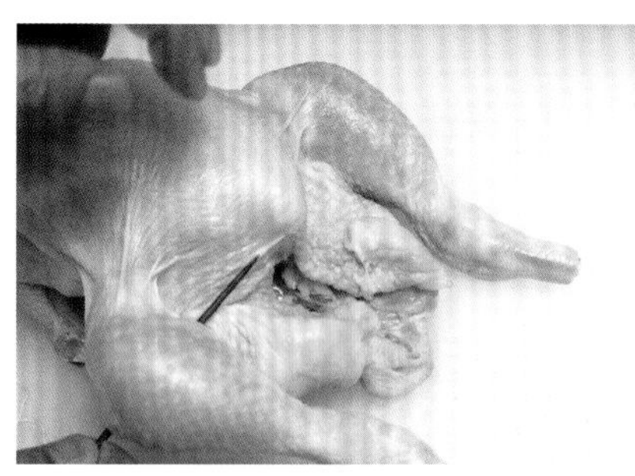

12

針刺入腿部內側後拔出。

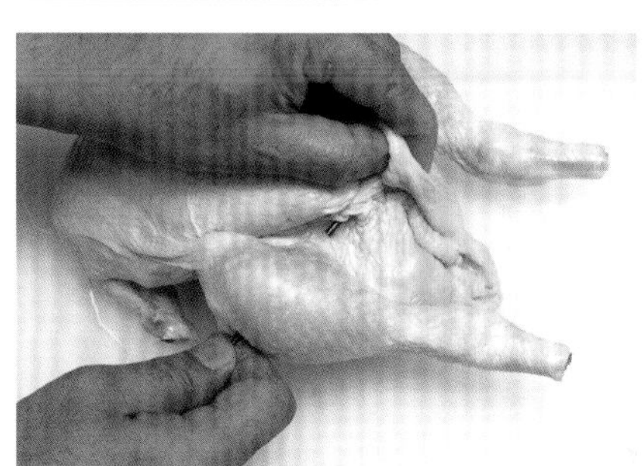

13

針再從尾椎皮的前側刺入，如縫合般從後側拉出穿過線。

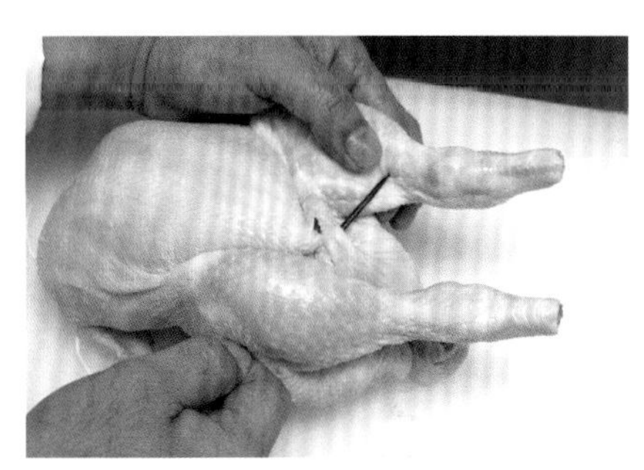

14

針再從另一側的腿脛骨（下腿骨頭）的關節上方刺入。

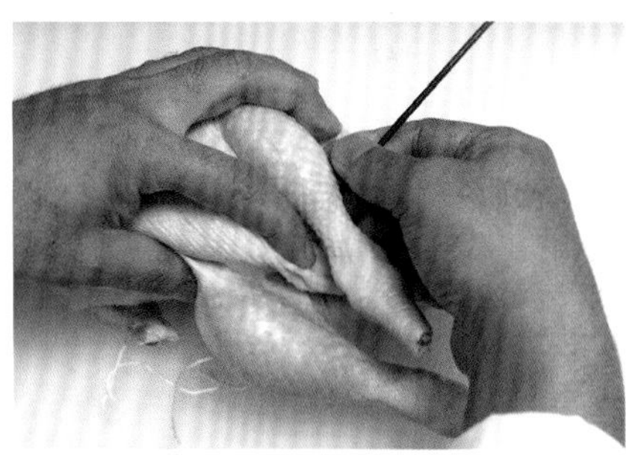

15

將針拔出，讓線穿過。

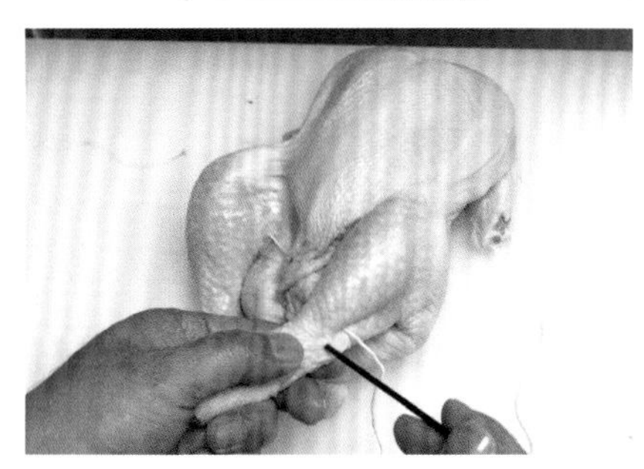

16

接著針從脛骨關節下方刺入。

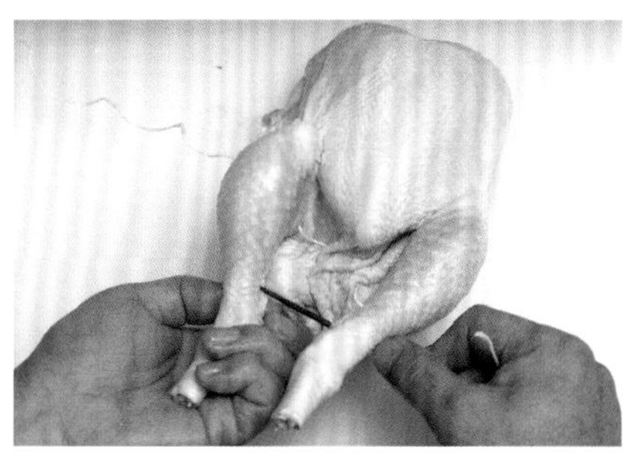

17

針再從另一側腿的相同位置刺入再拔出。

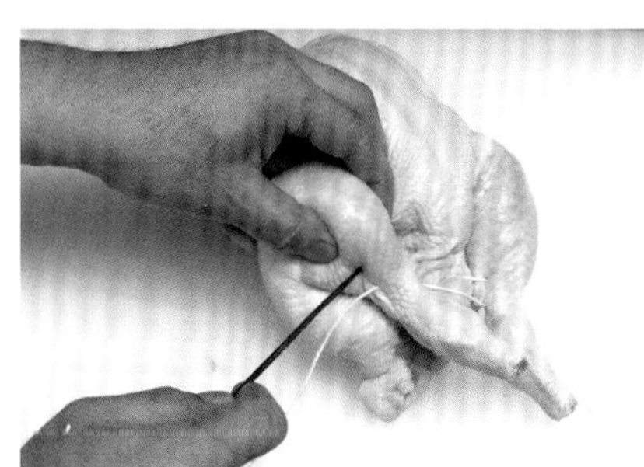

18

接著針從拔出側的腿部脛骨關節上方刺入，讓線穿過。

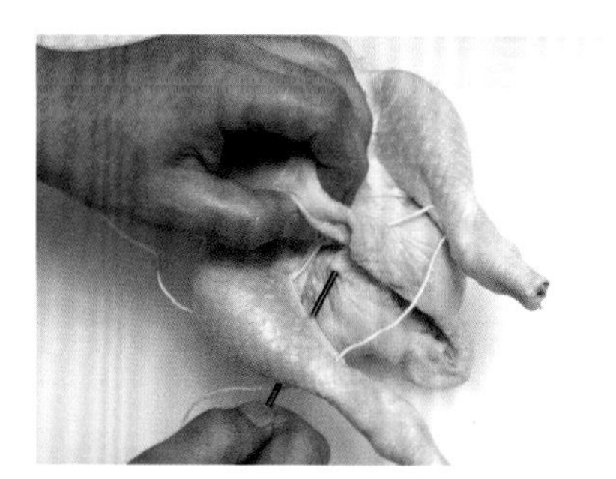

19

針再從尾椎皮的前側刺入，從另一側的皮中拔出。

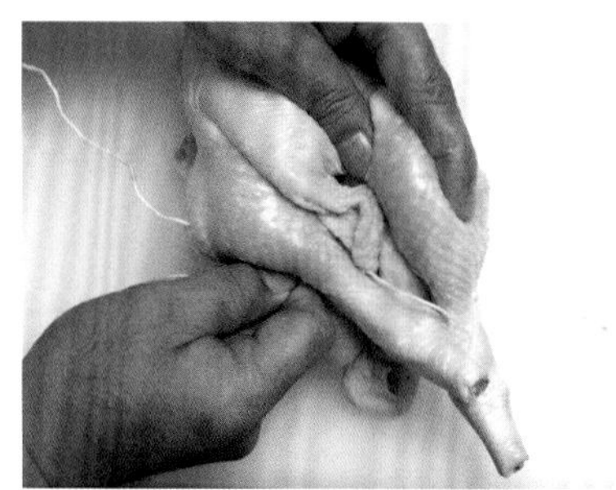

20

接著刺入另一側腿部的膝關節內側。

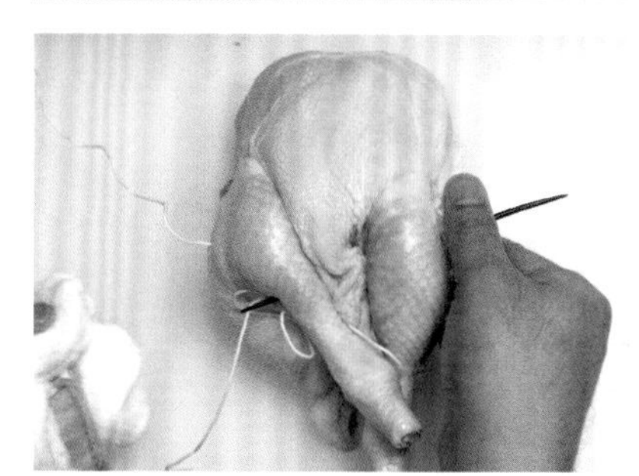

21

從另一側拔出針，讓線穿過。

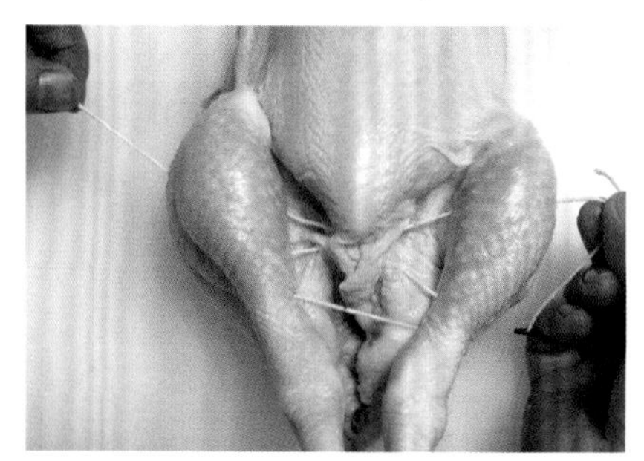

22

腿部的穿線狀態。接著固定雞翅。

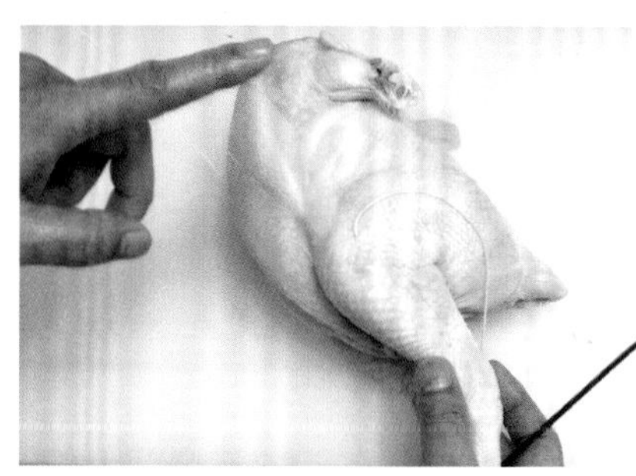

23

雞身改為側放，拔出線側朝上。為了消弭雞身的凹凸不勻，讓翅腿和雞腿的高度保持一致，。

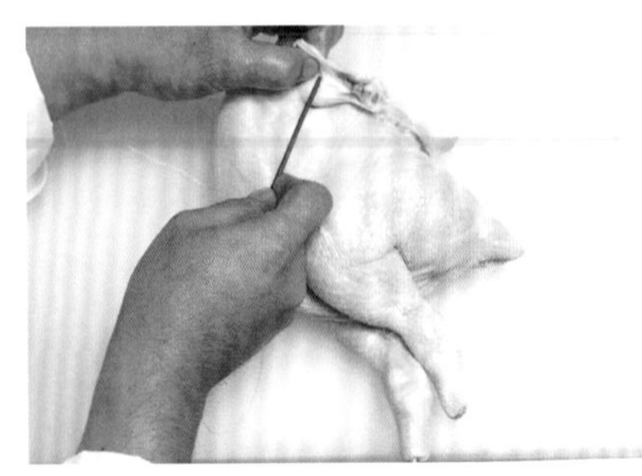

24

將針刺入翅腿中穿過去。

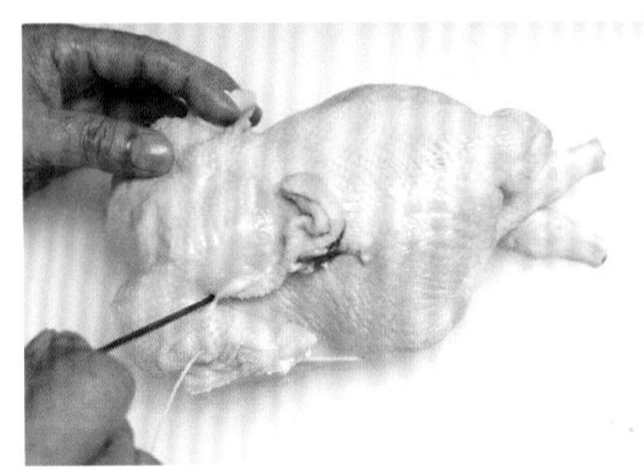

25

背側朝上，拉起頸部的皮蓋上，針從皮上刺入。

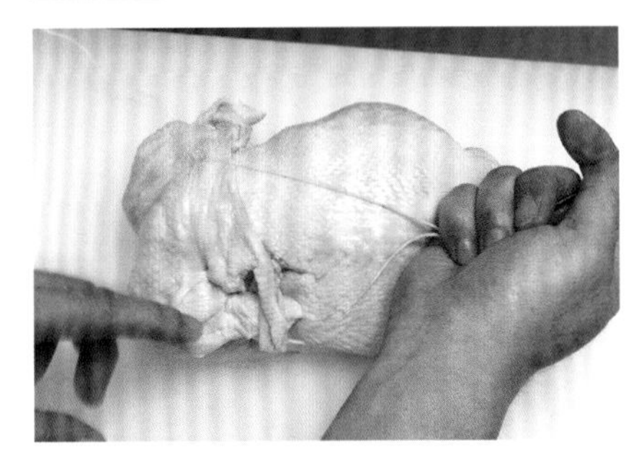

26

為了讓胸緊繃，從頸部皮的另一側拔出針，讓線穿過。

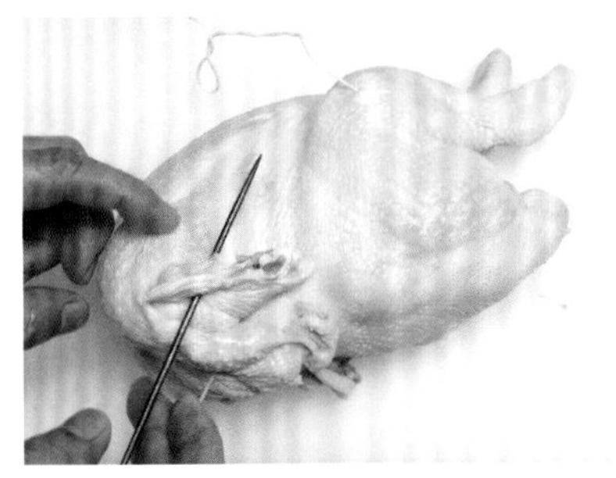

27

雞身改為另一側朝上，針刺入翅腿中再拔出，穿入線。

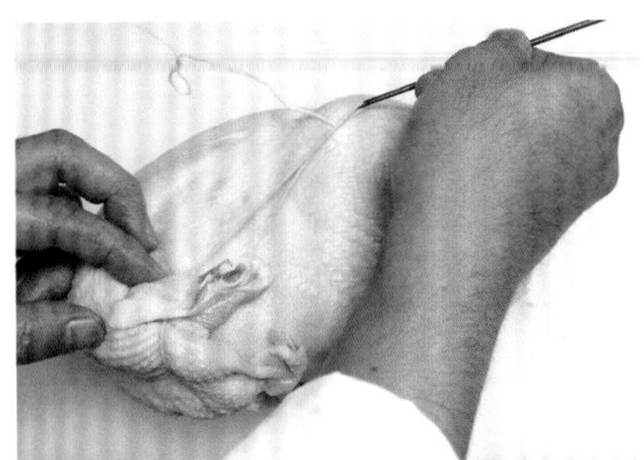

28

拉緊線修整外形，讓翅膀和腿部的高度保持一致。

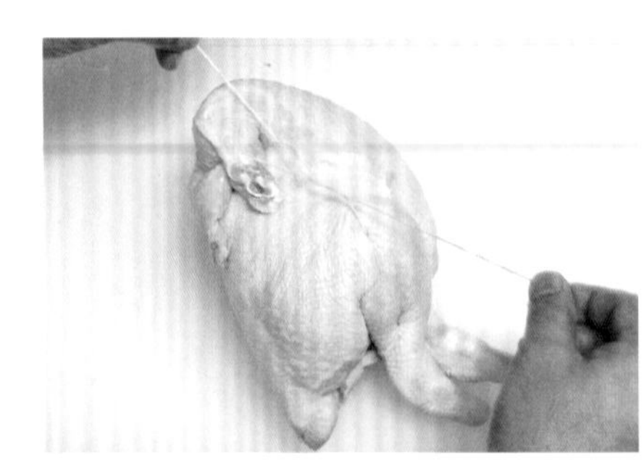

29

和步驟**11**最初保留的線打結。

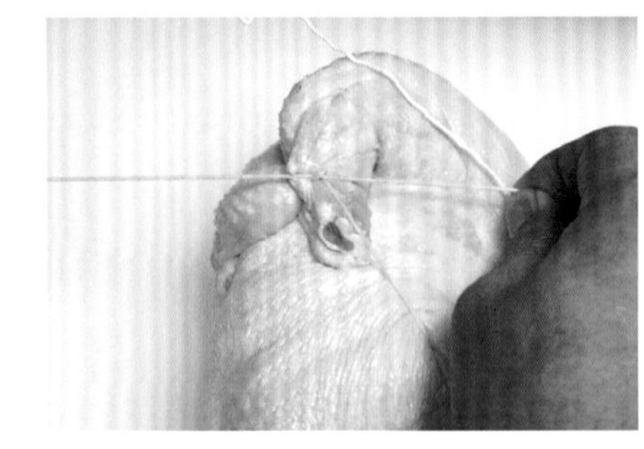

30

線頭互纏2圈後，在肉的邊角牢牢地打結固定，剪斷線。

清理內臟和雞骨

以下將解說如何清理全雞中取出的內臟。料理中使用內臟時，雖然也能用全雞中取出的內臟，但一般都是從肉店分別購買。

法／高良康之（銀座L'écrin）

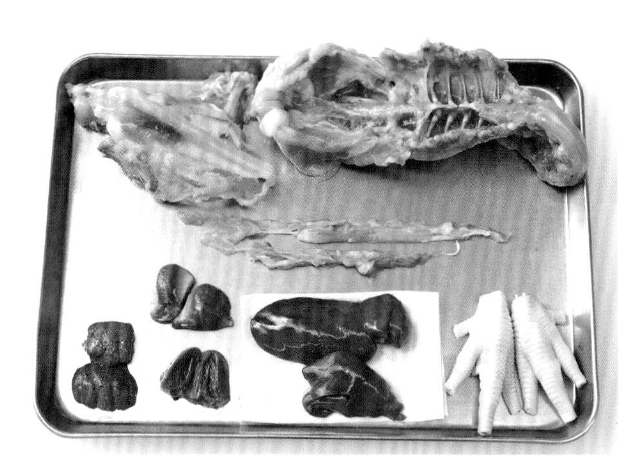

［雞胗］

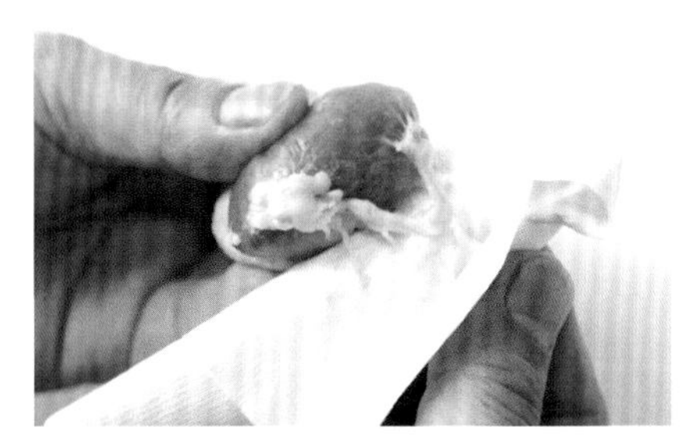

1

用紙巾等剔除黏附在周圍的油脂。

2

切半後，露出裡面殘留的餌食。

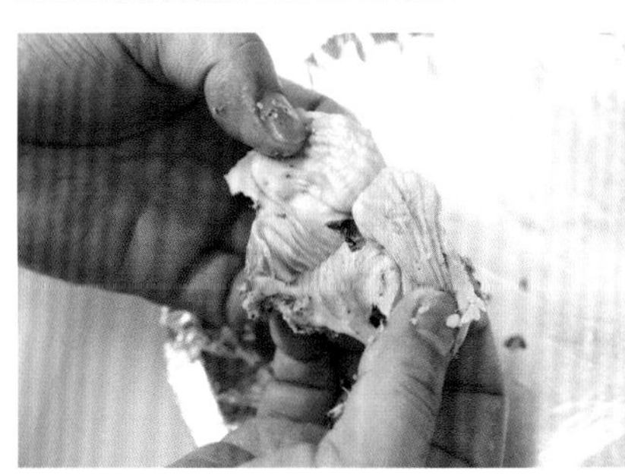

3

撕除內側的薄膜，剔除餌食，用水洗淨。

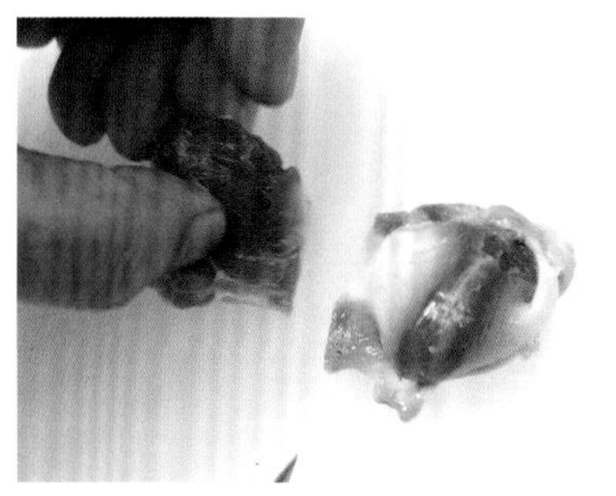

4

將雞胗切半。依不同用途，有時也會直接使用。

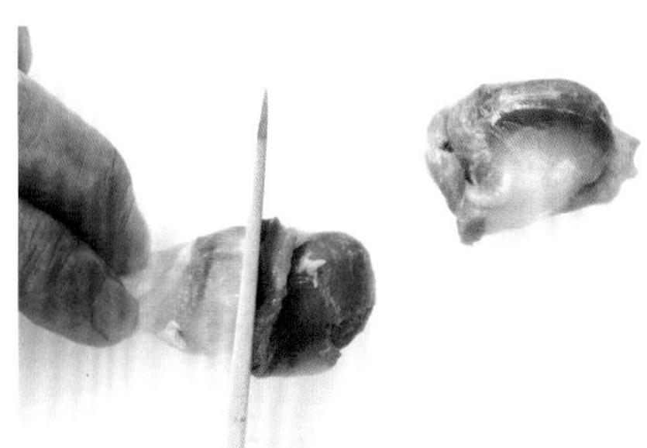

5

削除白色的銀皮。

[雞心]

縱切一半，去除裡面殘留的血塊。

[雞肺]

直接用於血醬汁中增加濃稠度。

[雞肝]

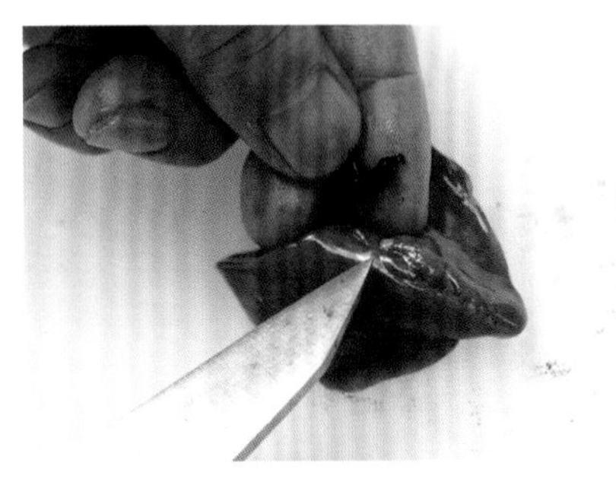

1

若有殘留的血塊即剔除。

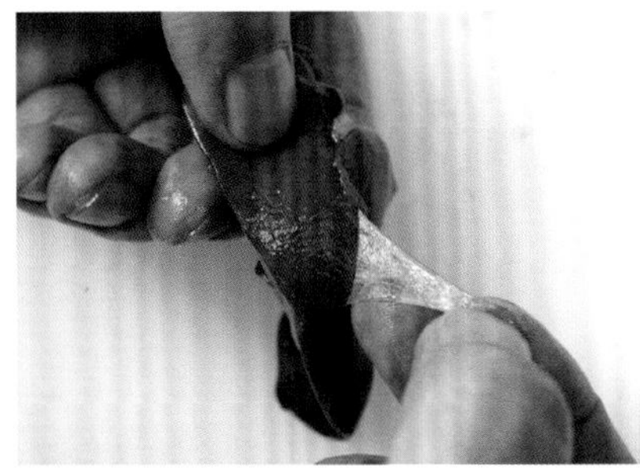

2

剝除周圍的薄膜。因周圍可能被污染，所以剝除薄膜較衛生。

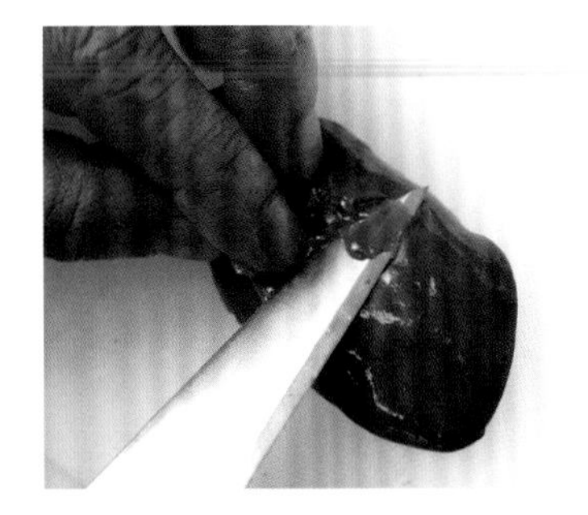

3

剔除連接膽囊的變色部分，用水沖洗掉餘血。

[雞骨]

仔細剔除頸骨上殘留的腎臟和油脂等，骨頭可用於各種料理的高湯中。雞骨是否清理乾淨，是能否煮出清澄高湯的關鍵。

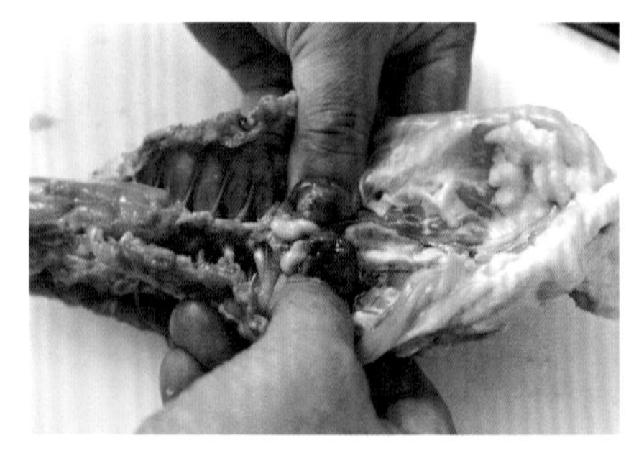

仔細剔除殘留在背骨上的腎臟及尾椎周邊的油脂。

[雞頸]

從雞頸剔下的頸肉稱為雞頸肉（seseri）。在法國料理中，它也是清湯（consomm）的碎料等，烤雞串中具有口感的頸肉串深受歡迎。

1

從雞骨根部劃開。

2

從根部切口如拉緊頸肉般削切下肉。

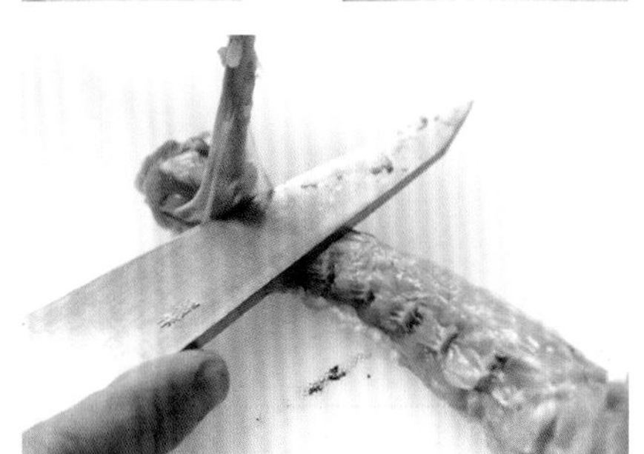

3

一直削切到頸根部。也同樣削切下另一側的頸肉。

雞爪的烹調前處理

雞爪是雞的腳爪，因外形猶如楓葉（momizi）般，因此日文稱雞爪為momizi。雞爪富含膠質，獨特的口感深受大眾喜愛。仔細剔除表面的薄皮及腳底等的褐色硬皮等後再使用。

中／田村亮介（麻布長江）

雞爪

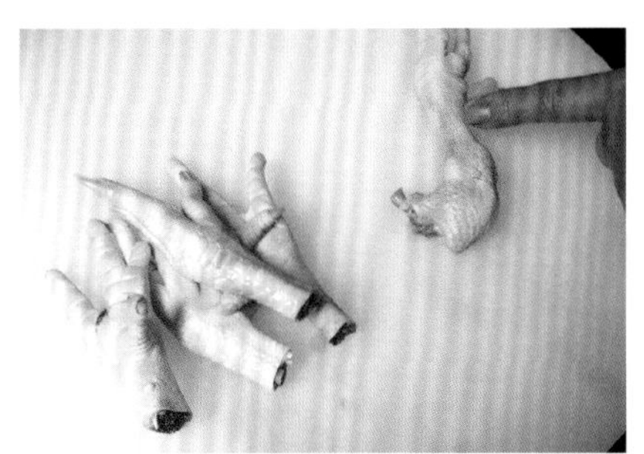

1

從關節下方細的部分（手指指示處）下刀整齊切斷。

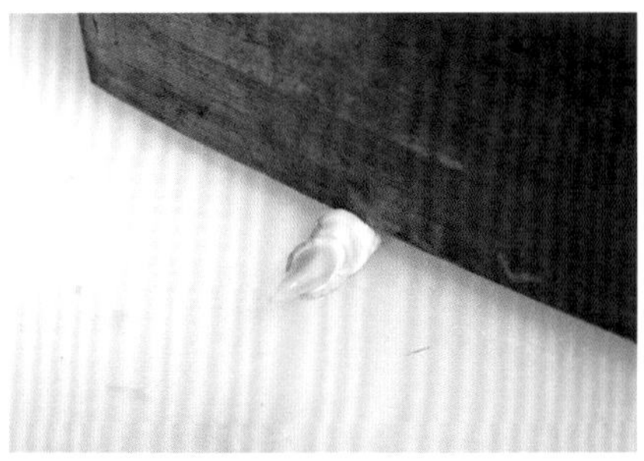

2

切下所有的趾甲。

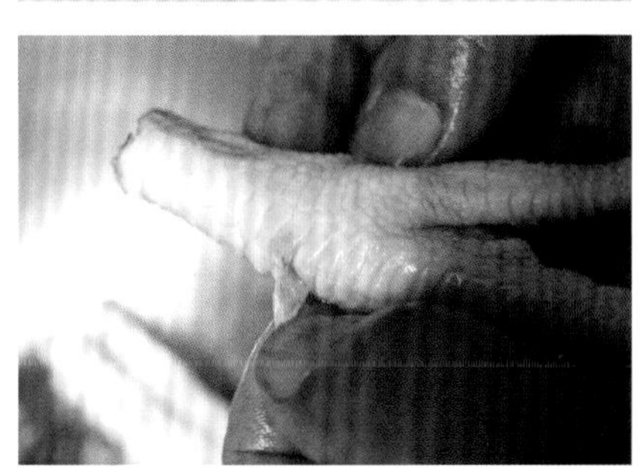

3

放入鋼盆中，一面用鹽揉搓，一面剔除殘留的皮。搓揉時表皮會自然剝落。

4

腳底有變硬呈褐色的部分，也用刀切除。

5

一面換水數次，一面清洗乾淨，取出放在濾網上瀝除水分。

熬煮美味高湯的訣竅

「和牛及豬肉比起來，為什麼鍋料理和濃湯大多用雞肉熬煮呢？」

形成高湯鮮味的基本成分，主要是麩胺酸（glutamate）和肌苷酸（核酸類物質）。用肉熬煮高湯，是因為肉中含有大量麩胺酸和肌苷酸。

現今已證實，牛、豬和雞三者相較，以雞肉含有最多的麩胺酸，肌苷酸則是豬肉和雞肉中含量極多。換句話說，美味成分的含量多寡依序是雞≧豬>牛，其中以雞肉含有量最多。

因為雞肉能煮出鮮味濃厚的高湯，所以比起牛和豬肉，也是鍋料理和濃湯中更常使用雞肉的原因之一。

順帶一提，同樣是雞肉，胸肉和雞柳中雖含有大量的肌苷酸，但腿肉中卻只含有大約六成的量。

熬煮高湯時，一般肉都是從涼水煮起，再慢慢地加熱。這是因為肉直接放入沸水中煮，表面的蛋白質受熱凝固後，內部的鮮味成分會很難釋出。釋入熱水中的麩胺酸含量，加熱越久含量會越多。但另一方面，肌苷酸在90～100℃下，經長時間過度加熱又會被分解，使高湯中的含量減少。

在以牛肉調整高湯的研究報告中指出，從肉中釋入濃湯中的肌苷酸含量，在加熱3～4小時的時候變得最大，之後逐漸減少。

高湯的美味度，與胜肽（2個到數十個氨基酸結合之物）的成分也有關。胜肽本身雖然無味，但它能增強鮮味，也有加強濃郁度的效果。目前研究結果發現，肉的溫度達60℃時，胜肽的含量增加。

另外，膠原蛋白量也會影響高湯的美味度。高湯中所含的膠原蛋白量越多，鮮味和圓潤感越濃厚，湯汁也越顯濃稠。加熱溫度越高，從肉中溶出的膠原蛋白量也越多。但是，以近100℃的溫度長時間持續加熱，從肉中溶出的膠原蛋白量雖然增加，但已經溶於高湯中的肌苷酸卻會受熱分解，若高湯一直咕嘟地沸煮，從肉中釋出的脂肪會成為小油滴散開，使高湯變得混濁。熬煮高湯時最好用85℃～90℃的溫度，換言之，以液面微微滾沸程度的溫度來加熱即可。

（佐藤秀美）

2

第 2 章

法國料理的
高湯和經典料理

法國料理

銀啤L'écrin 高良康之

白色雞高湯

Fond blanc de volaille

白色雞高湯為西式雞高湯。考慮到它的泛用性，且能夠直接飲用，完成後湯汁清澄。這種散發純淨鮮味、無雜味的雞高湯，能運用在各式料理中，可依據要使用的料理，來決定濃郁度。

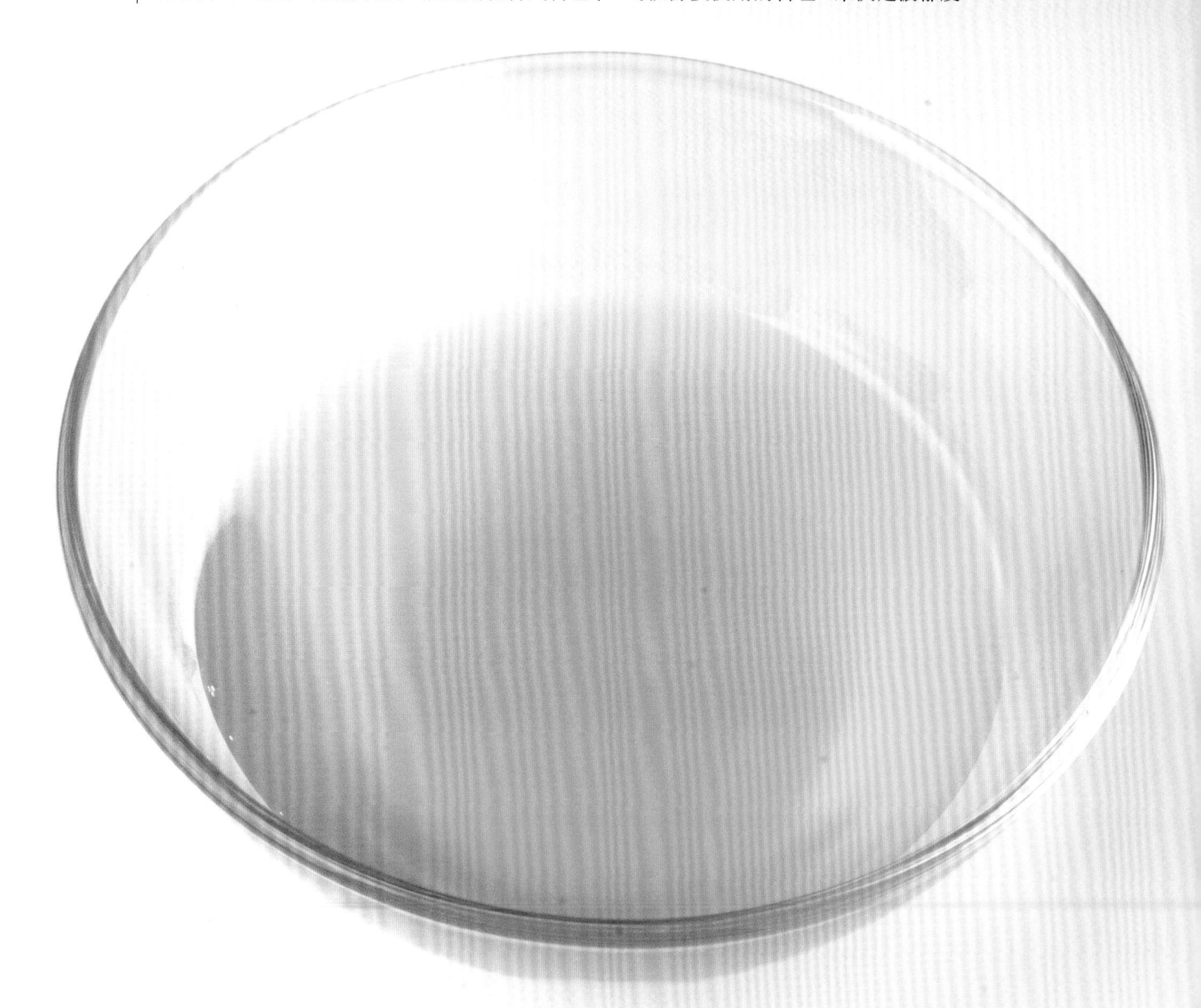

為消除高湯的雜味，重點是先仔細剔除附在雞骨上的內臟和脂肪等。此外，希望調味蔬菜（mirepoix）長時間加熱，也不會碎爛溶於高湯中，要先預測最後的完成時間，以決定蔬菜分切的大小，然後切得大小一致，這是完成澄淨高湯的必備條件。另外，熬煮高湯時經常保持一定的水量，可避免萃取出不必要的膠質，這樣完成高湯才不會混濁。因此，為了維持鍋裡有一定的水量，得邊熬煮，邊加入適量的水。感覺就像高湯的香味和味道並非熬煮出來的，而是萃取出來的。這種高湯的主要用途多拿來煮濃湯或雞肉白醬等。

材料：直徑36cm的矮湯桶1個份・成品／約10公升
雞骨（幼雞） 4kg
雞翅（翅中和翅尾） 1.2kg
香味蔬菜
- 洋蔥　3個
- 胡蘿蔔　3根
- 芹菜　2根
- 韭蔥　0.7株
- 大蒜　1/2球

香料束（bouquet garni） 1束

◎雞骨

清理前的雞骨。帶有肺和腎臟。尾部附近也殘留著脂肪。

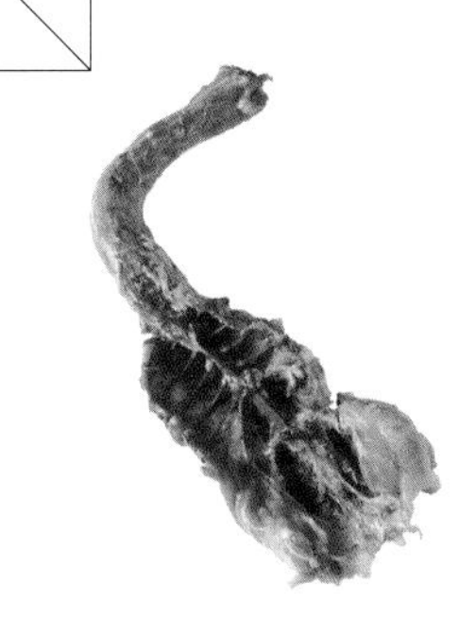

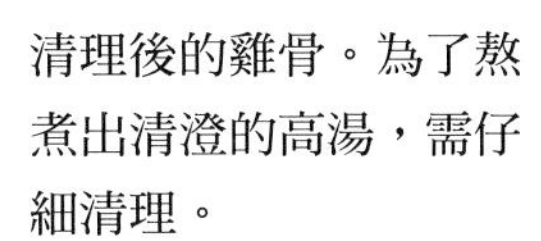

清理後的雞骨。為了熬煮出清澄的高湯，需仔細清理。

◎雞翅

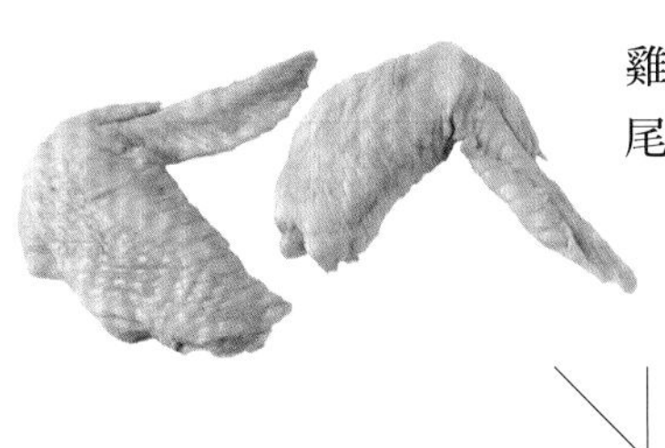

雞翅。使用翅中和翅尾。

雞翅上劃切口的狀態。在翅中和翅尾的關節上，以及翅中中間，用刀刃尾端剁切骨頭，以利骨髓釋出鮮味。

◎香味蔬菜

香味蔬菜能增加高湯的香味和甜味，消除雞肉的腥味。各種蔬菜投入高湯時並無時間差，而是根據加熱時間往回推算，來決定切塊的大小。為了讓蔬菜均勻受熱，而且即使煮到變軟最後仍保有外形、不致於碎爛，各種蔬菜會變換不同的大小和切法。

洋蔥：去皮，縱切一半。

胡蘿蔔：去皮，縱切一半，再各縱切切口至一半。

芹菜：不去皮直接縱切切口。

韭蔥：縱向切開，剔除裡面的泥土。

大蒜：帶皮，直接橫切一半。

◎香料束

將香草和香料綁成一束加入高湯中，可增添香味，消除雞的肉腥味。作法是用韭蔥包住巴西里莖、月桂葉、百里香和白胡椒，用棉線捆綁好。香料束散發香味後為方便取出，棉線打結後留長一點，綁在矮湯桶的把手上。高湯需加熱3～4小時，最後才放入香料束，香味會太濃。但是香料束若煮得太久，又會產生不必要的苦味，所以必須在中途取出，將線綁在把手上就很方便取出。

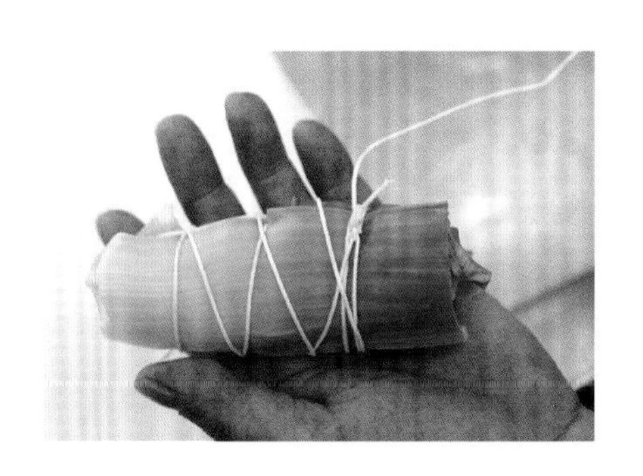

準備雞骨和翅膀

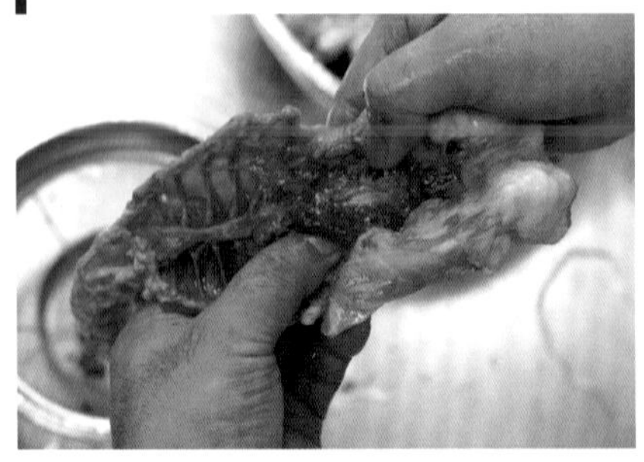

1

在背骨內側，用拇指挑出剩餘的肺和腎臟剔除。

2

接著剔除附在雞骨上的油脂和皮。

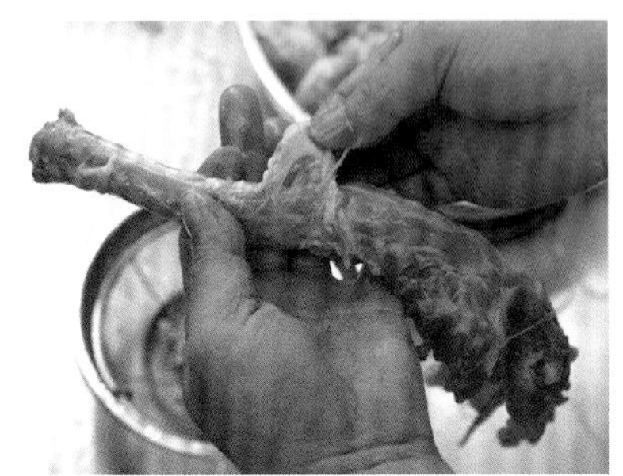

3

再剔除附在頸部的薄膜和油脂。

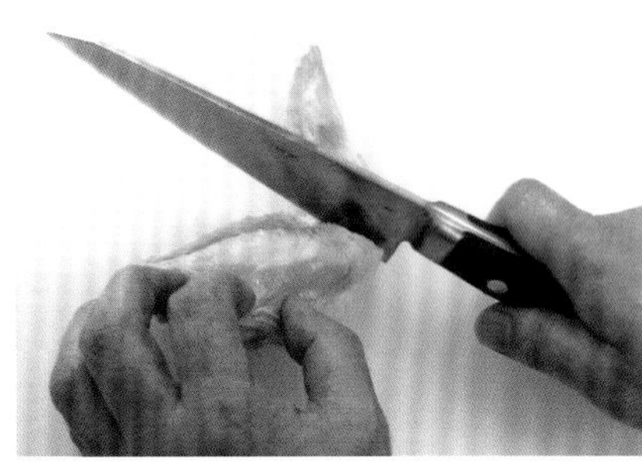

4

為了讓雞翅中的鮮味和膠質釋出，用刀刃尾端剁切翅尾和翅中的關節。

5

刀子不是從容易切開的關節間剁切，而是剁切拳骨部分。

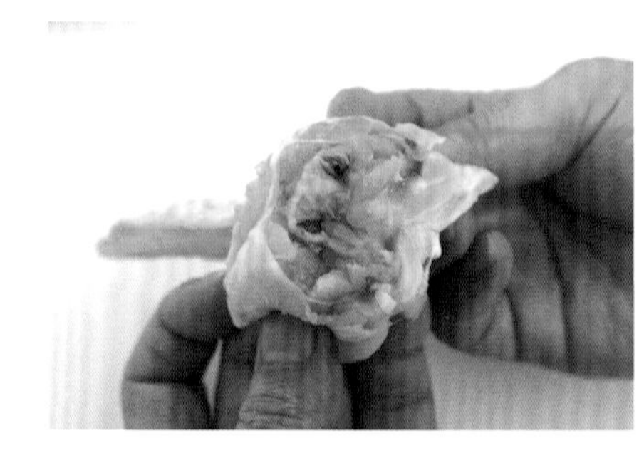

6

再剁切翅中，切開骨頭。

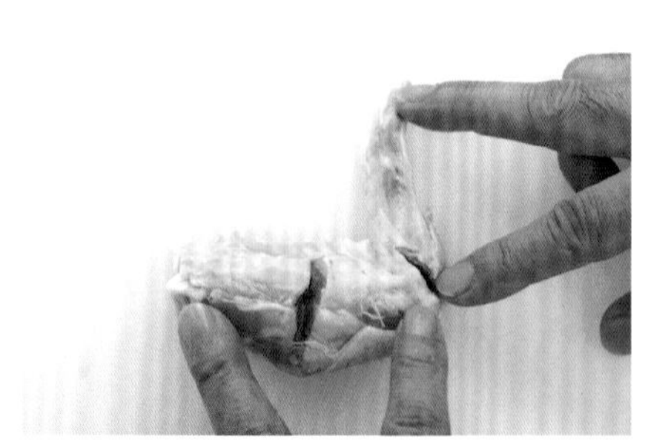

7

雞翅剁切3等份，是為了均勻加熱。事先剁切好，能讓鮮味均勻釋出，而且雞翅不會煮碎。

撈除浮沫和油脂

8

在矮湯桶中放入處理好的雞骨和雞翅，倒入能蓋住材料的水，用大火加熱。

9

肉並不一定要水洗，但要仔細撈除浮沫。為了短時間就煮沸，大約加入圖中那樣的水量即可。

10

咕嘟嘟開始沸騰後轉微火，撈除浮沫。若讓水滾沸，浮出的油脂又會流回液體中。

11

從鍋底混拌一下，讓附在雞骨等的雜質和油脂浮出，再仔細撈除。

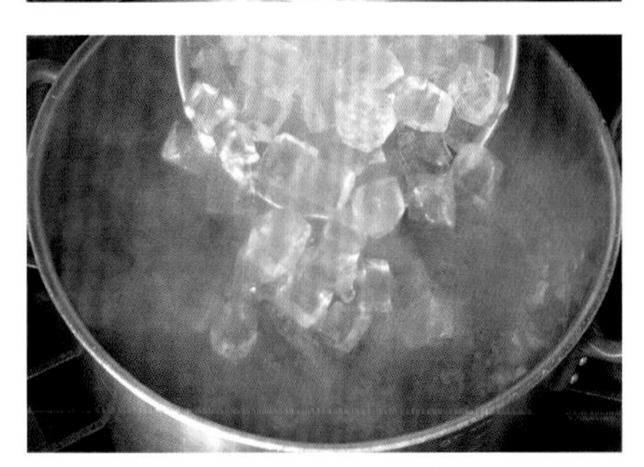

12

撈完浮沫後，加入冰塊。

13

讓水急速冷卻，殘餘的油脂和血液會凝結浮現，同時也會浮現泛白的浮沫，這些都要仔細撈除。

熬煮高湯

14

浮沫雜質撈淨後，加入備妥的香味蔬菜，開始進行熬煮高湯作業。

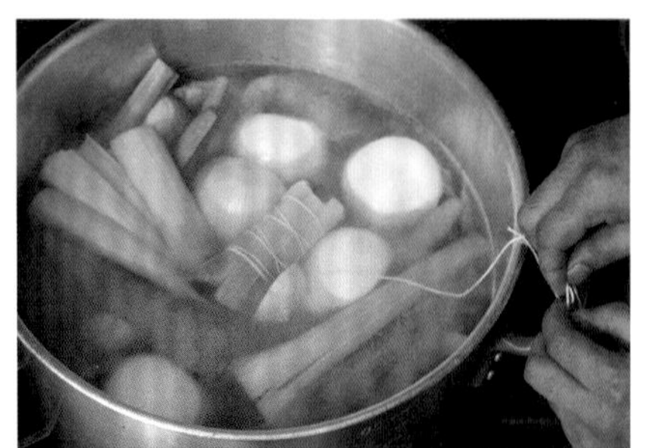

15

在鍋裡放入香料束，棉線綁在鍋耳上。

16

保持穩定的火候，一面撈除浮沫，一面熬煮3～4小時。為了讓鍋裡保有一定的水量，適時補充水。

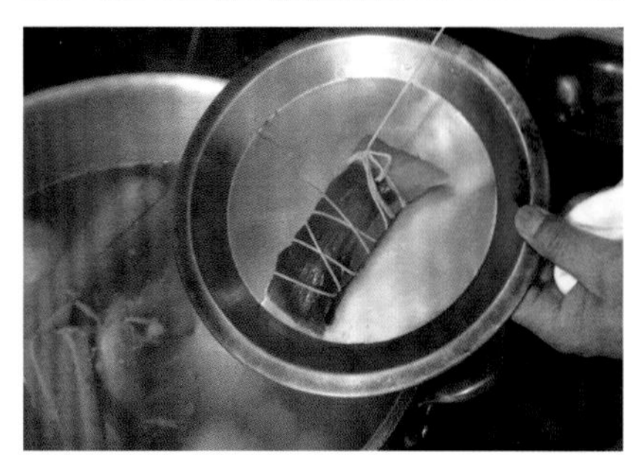

17

煮到充分散出香味後，中途取出香料束。

18

圖中是熬煮3小時的高湯。

19

為避免高湯混濁，用圓錐形網篩謹慎過濾到別的鍋裡。

20

若用湯杓用力壓香味蔬菜，蔬菜會變成糊狀，所以一面叩擊圓錐形網篩的柄，一面仔細過濾。

21

用湯匙舀取少量，加入少量鹽，確認高湯是否已夠味，至此即完成能飲用的高湯。

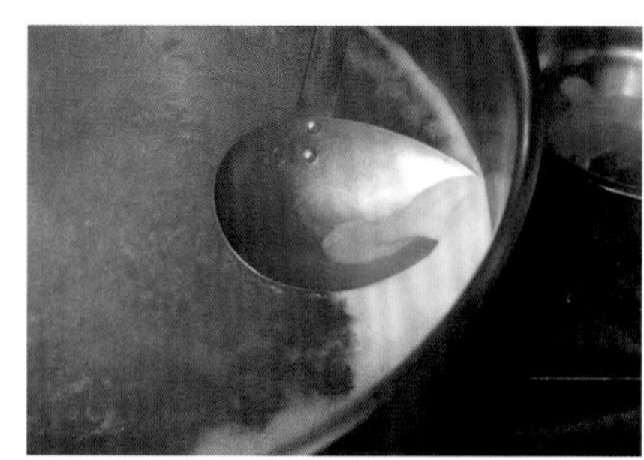

22

再度用小火煮沸高湯，撈除浮沫。用圓錐形網篩將高湯過濾到壺裡，放涼後放入冷藏庫保存。

雞醬汁

Jus de volaille

雞肉醬汁是用烤箱適度烤過的雞頸和雞翅，和蔬菜一起以高湯熬煮而成。它大多被當作醬汁（sauce）使用，用來增添料理的風味，味道比高湯濃郁，不過雞醬汁仍追求有純淨的美味。所以炒過雞肉的平底鍋，不進行去渣作業（déglacer，用液體溶煮出鍋底的精華）。另一方面，為加強鮮味還加入小牛高湯。

雞醬汁約熬煮1.5小時，蔬菜切成比高湯小的5～6mm的小丁。雞醬汁除了能用於雞肉料理中，還能當作精華汁用於海鮮、蛤、蝸牛料理等中。

材料：直徑28cm的雙柄鍋1個份・成品／約500cc

雞頸　1kg

雞翅（翅中和翅尾）　250g

香味蔬菜

- 洋蔥　1/2個
- 胡蘿蔔　1/4根
- 芹菜1根

純橄欖油　適量

番茄醬　10g

白葡萄酒　100cc

白色雞高湯（→38頁）　1.2公升

小牛高湯　100cc

番茄　1個

大蒜　1片

香料束　1束

◎雞頸

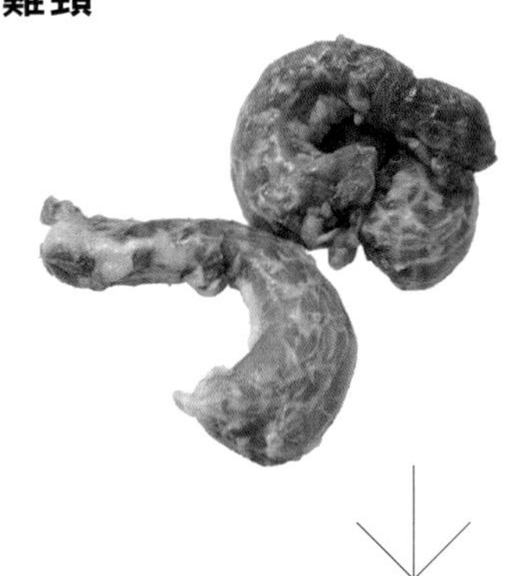

剔除多餘的油脂和薄膜備用。

為了均勻受熱，用刀刃尾端分切成2～3cm長的小截。

◎雞翅

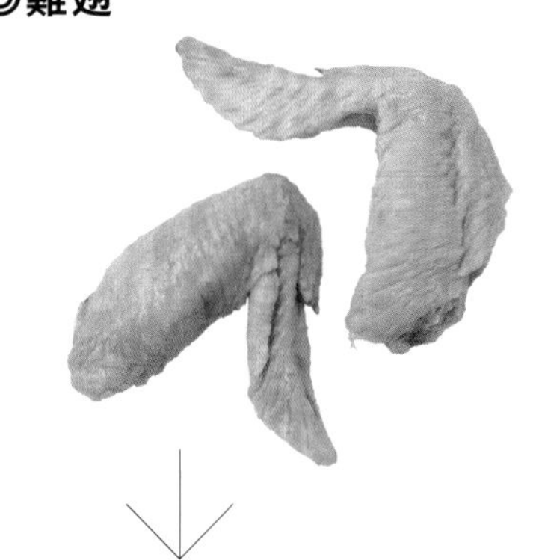

使用翅中和翅尾。

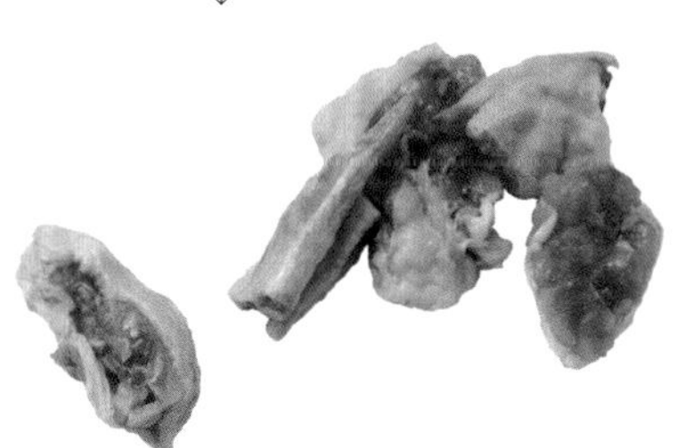

為了均勻受熱，和雞頸一樣，用刀刃尾端分切成2～3cm長的小截。

◎香味蔬菜和香料束等

在雞醬汁中加入香味蔬菜、香料束和番茄醬。

事前準備，以便材料容易釋出美味和香味。香味蔬菜統一切成5mm的小丁，大蒜帶皮直接橫向切半，番茄用手掰開。

右起分別為：白色雞高湯、小牛高湯和白葡萄酒。

3

勿過度烘烤到上色，否則味道會變濁。烤到骨頭徹底熟透再取出。

4

瀝除雞油。加水去渣雖能產生香味，卻會使雞肉喪失香味，並產生苦味等雜味，所以不進行去渣作業。

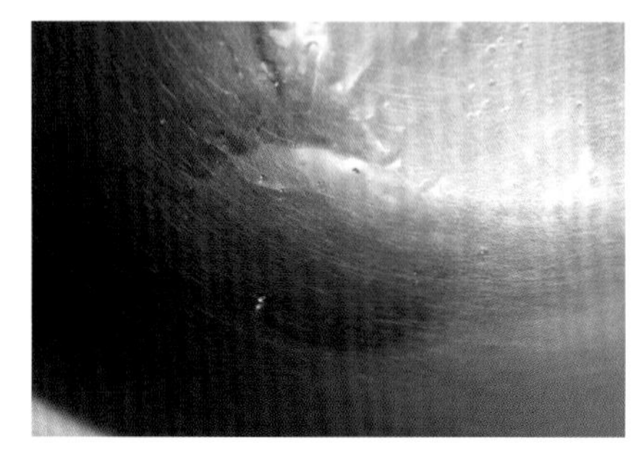

5

殘留的油脂最好和最初倒入鍋中的純橄欖油同色，同樣保持清澄狀態。

炒雞頸和雞翅

1

將頸部和翅尾分切成2～3cm長的小截，放入倒了許多純橄欖油的平底鍋裡拌炒。

2

炒成肉色變白後，放入180℃的烤箱中。烘烤途中，從烤箱中取出2～3次，混拌後再放回烤箱中，讓雞肉均勻受熱。

炒香味蔬菜

6

香味蔬菜倒入抹了純橄欖油的鍋裡，慢慢地炒出甜味，但勿炒至上色。

7

炒到蔬菜釋出水分的狀態。在此階段蔬菜還不必炒軟。

熬煮雞醬汁

8

在**7**的蔬菜中，加入番茄醬和大蒜。再加瀝除油的**4**的雞肉混合，整體再加熱。

9

倒入白葡萄酒，煮到酒精揮發。並非長時間熬煮，煮到酒精揮發即可。

10

倒入比蓋過材料再稍多一點的白色雞高湯。

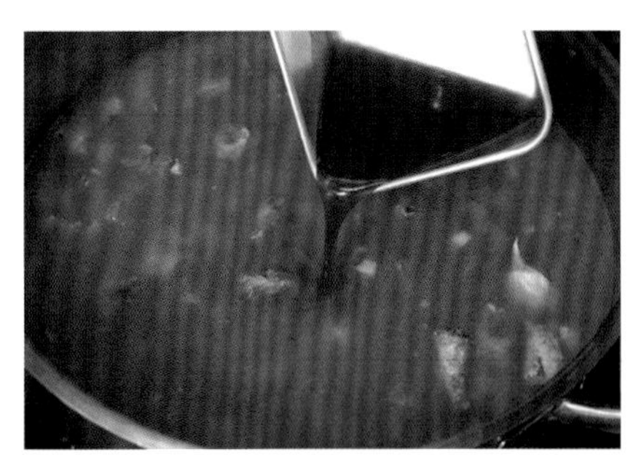

11

加入小牛高湯增加鮮味。用能滾沸的中火加熱。

12

浮現浮沫後，火轉小。

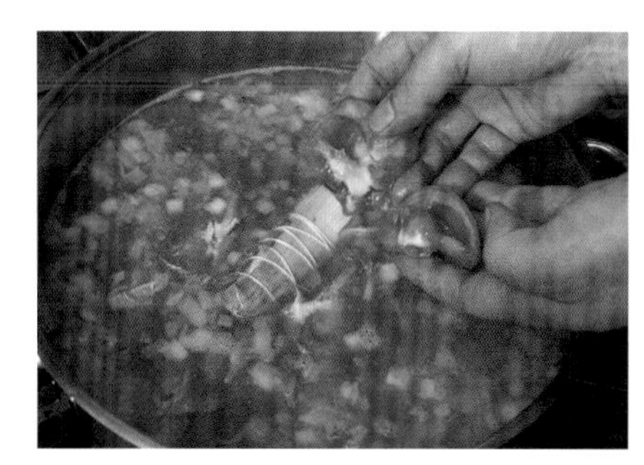

13

放入香料束和已去蒂頭、用手掰成4等份的番茄，熬煮1.5小時。保持中火程度的火候。

14

圖中是約煮1小時的情形。雞肉和香味蔬菜最好煮到最後都還保有外形，沒有碎爛。

15

若味道已充分釋出，用圓錐形網篩過濾到別的鍋裡。

16

勿弄碎蔬菜類，以免雞醬汁變混濁，所以拿著網篩柄輕敲過濾，最後用橡皮刮刀輕輕按壓。

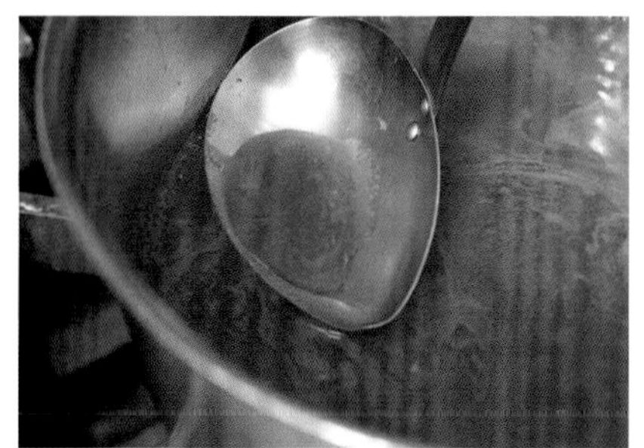

17

再開火加熱，撈除浮沫和油脂後調味。用圓錐形網篩過濾到壺裡，放涼後放入冷藏庫保存。

雞清湯

Consomme de volaille

比起用牛肉熬煮的清湯，雞清湯的特色是味道清淡、柔和，用途也很廣泛。因此必須具備不混濁的清純風味。為了讓湯汁澄淨，重點是充分混合備妥的材料。因此製作訣竅是，絞肉和香味蔬菜都均勻切碎，分多次充分混合。在絞肉變硬前為避免焦底，用木匙靜靜地刮取，若絞肉已變硬，保持火候儘量不翻動。這些材料讓湯汁清澄的同時，在鍋裡對流的清湯，還具有萃取雞肉和蔬菜甜味的作用。雞清湯從製作濃湯為首，雞肉料理、蔬菜料理凍、肉凍及皇家清湯等都能應用。

材料：直徑33cm的矮湯桶1個份
・成品／約8公升

清澄湯汁的材料
- 香味蔬菜
  - 洋蔥　500g
  - 胡蘿蔔　300g
  - 芹菜　100g
- 番茄醬　80g
- 蛋白　600g
- 雞絞肉（粗絞的胸肉和頸肉）　3kg

白色雞高湯（→38頁）　10公升
洋蔥　1/2個
番茄　1個
香料束　1束

◎雞絞肉

準備胸肉和頸肉粗絞成的雞絞肉。可向不加大量油脂的精肉店訂購。

◎高湯和蛋白

白色雞高湯（右）和蛋白。（左）

◎香味蔬菜和香料束

香味蔬菜滴當切碎，用食物調理機攪碎。香料束是用韭蔥包住巴西里莖、月桂葉、白胡椒和百里香，用棉線綁好。圖中還有番茄醬和番茄。

洋蔥去皮，切半的剖面用抵住鋁箔紙，放在鐵板上煎烤。放入洋蔥是為了增加清湯的香味和顏色，同時碳化的洋蔥還能吸收雜質，具有澄清液體的作用。

準備為澄清湯汁的材料

1

香味蔬菜的去皮，約切成2cm塊，分數次用食物調理機攪碎。

2

絞肉也攪成同樣的粗細度。

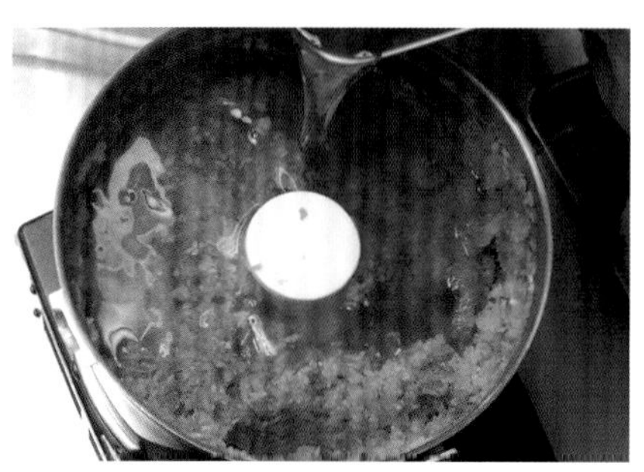

3

加入番茄醬和蛋白，使用瞬速按鍵，輕輕攪拌混合。

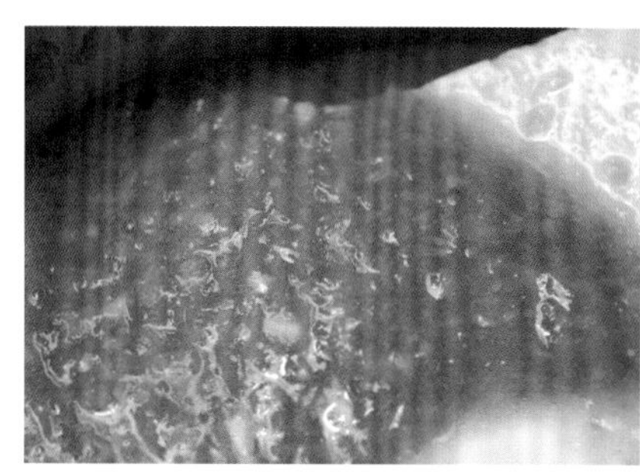

4

混合至這種程度。用食物調理機攪拌，能切斷蛋白的繫帶，起泡後整體較容易混勻。

5

將**4**分3次加入絞肉中，每次加1/3的量。分多次加入較容易混合均勻。

6

張開手指，如將材料混入絞肉間般充分抓捏混合。

7

充分混合的狀態。充分混合後，加熱時才能均勻吸收雜質。

熬煮清湯

8

煮沸高湯，嚐嚐味道以確認狀態，撈除浮沫。如果膠質變濃稠，用第二道清湯稀釋。高湯降溫至50℃後，分數次倒入**7**中混合。感覺像是讓高湯溶入肉和香味蔬菜裡般來混合。50℃是蛋白和雞肉快熟之前的溫度。

9

充分混合後，倒入所有剩餘的高湯混合，以中火加熱。

10

用木匙大幅度地混拌，以免焦底。若用打蛋器混拌，會打散蛋白使湯汁混濁，這點請留意。

11

加熱至60℃，絞肉黏結後，將木匙立在鍋底中央，以此為基點，如朝八方刮鍋底般移動木匙。若肉已結塊，為避開散掉，儘可能勿攪動全部的液體。自此保持微火即可。

12

材料變厚重後，大致開始變硬，肉色也會泛白。

13

若絞肉和木匙已會相互磨擦，這時已不必擔心會焦底，抽出木匙，關掉爐子的外火，只開內火，讓材料從鍋子中央往外側對流。

14

在正中央開個洞，撈除浮沫。若浮沫散於湯汁中，完成的清湯加熱時，會不斷地冒出蛋白，這點須注意。保持以微火加熱。

15

透過對流，高湯能穿過肉中萃取出美味。蔬菜的糖分碰觸鍋壁的焦糖化香味也很重要。

16

從空洞處放入香料束（繫繩綁在鍋耳上）、烤焦的洋蔥和用手撕開的番茄。

17

煮1.5小時後，取出香料束。再加熱3～4小時。

18

美味充分釋出後，用湯杓靜靜地舀取，以圓錐形網篩過濾到別的鍋裡。這項作業到最後都用湯杓進行。

19

肉變硬，但鍋底乾淨毫無焦底。和牛肉清湯比起來，雞絞肉較柔軟。

20

過濾後的清湯再煮沸，撈除浮沫和油脂。最後用紙巾過濾，放涼後放入冷藏庫保存。

熬煮第二道清湯

21

在19的鍋中靜靜地倒入水，加入和熬煮清湯時的高湯等量的水。

22

開火加熱。保持微火約煮4小時。和18一樣地過濾後使用。

烤雞

Poulet rôti

烤雞是將全雞的外形修整成箱型，在平底鍋中把表面煎出均勻的烤色後，再放入烤箱中加熱。我希望烤到肉裡還保有肉汁的濕潤度，所以只用和烤箱相同的烘烤時間，利用餘溫反複加熱多次。最後用融化油脂的平底鍋進行澆淋作業（一面淋熱油，一面加熱增添香味），將表皮煎至焦脆來增添香味。全雞用線捆成箱型的優點，不只能讓整體均勻受熱，在客席間分切時，也能穩定作業。

材料：4人份
全雞（去內臟） 1隻
（1.1kg）
鹽 適量
橄欖油 120cc＋90cc
奶油 30g
醬汁＊
配菜
├ 綜合沙拉
└ 炸薯條＊＊

＊以鹽、胡椒調味的雞醬汁（→43頁）。
＊＊馬鈴薯切絲，以160℃的炸油炸至酥脆，撒上鹽。

加熱整隻雞

1 捆好線的全雞。

2 在整隻雞上撒滿鹽揉搓。

3 尾椎裡面也要撒鹽揉搓。

4 在平底鍋中倒入橄欖油120cc，從背側開始以小火煎烤。煎烤背側時，頸部的皮會收縮，使胸部的皮緊繃，外形美觀。

5 接著煎烤側面。

6 煎烤另一邊的側面。

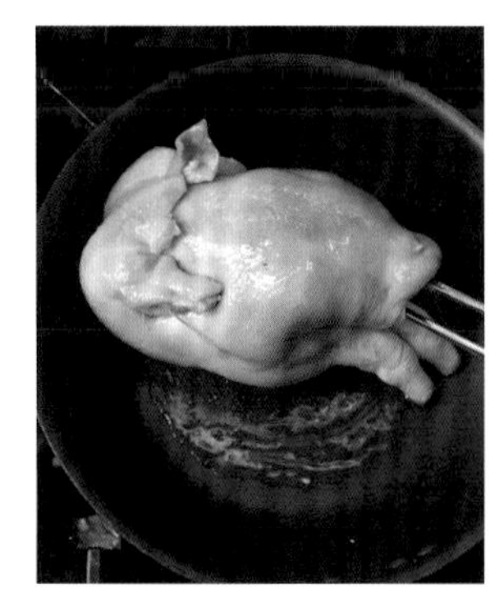

7 煎烤胸側。

8 在凹陷處和腿前端淋油。這時表皮還沒上色，只是讓肉整體均勻受熱的階段。

烘烤

9 如瀝油般將雞放在網盤上。

10 用旋風蒸烤箱（Fujimak製），以180℃、100%蒸氣的組合模式加熱15分鐘。

11 取出，用鋁箔紙包住較難熟透的雞腿部分，放在溫暖處15分鐘，利用餘溫加熱。

12 因胸肉不必再繼續加熱，所以將鋁箔紙移至胸部包住，再放入旋風蒸烤箱中烤5分鐘。

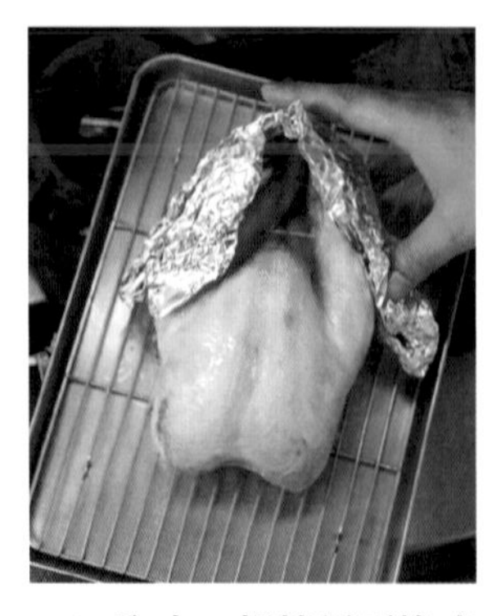

13 取出，鋁箔紙再換成覆蓋雞腿部分，放在溫暖處5分鐘，利用餘溫加熱。

14 鋁箔紙再覆蓋胸部，放入旋風蒸烤箱中加熱5分鐘。

15 取出，整體蓋上鋁箔紙，放在溫暖處3分鐘讓肉鬆弛。

增加烤色

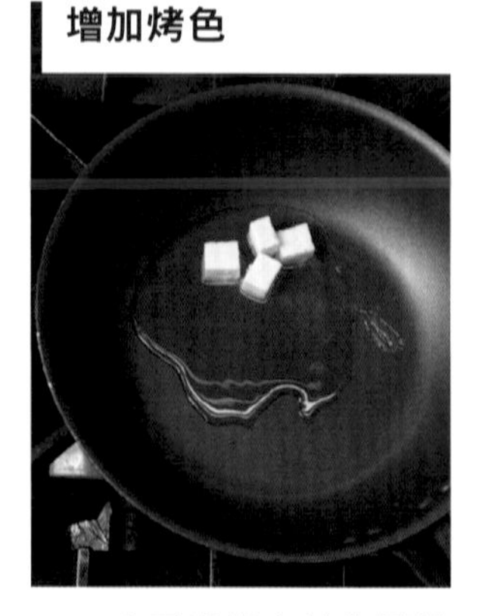

16 在平底鍋中放入奶油30g和橄欖油90cc加熱。橄欖油能防止奶油煮焦。

17 先在胸側澆淋熱油，增加香味和烤色。一面改變肉的方向，一面在整體淋油增加烤色。

18 煎烤到外皮呈榛木色，從雞腹釋出的肉汁已變透明後即完成。

分切

19 烤好的雞可以不必靜置鬆弛。剪斷線結旁的線，拉著線結抽出線。

20 將雞背側朝上，從尾椎側沿著背骨（胸椎）縱向劃開。

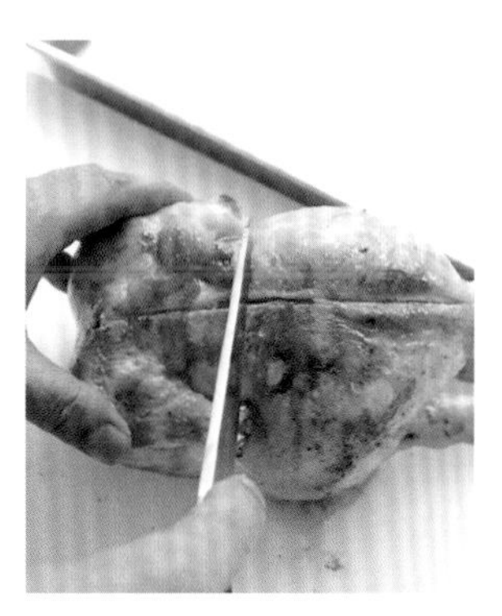

21 接著從附在腿部的腿根肉上方劃開，切十字切口。

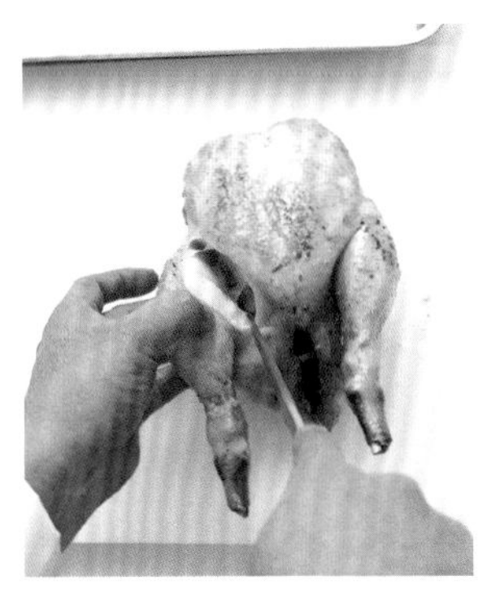

22 將胸側朝上，從腿根部周圍的皮一直切到尾椎。

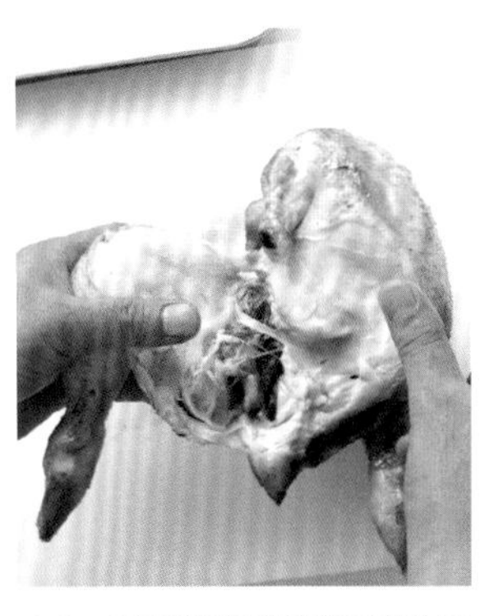

23 用手掰開腿部直到能看到關節，用刀切到尾椎處。

24 用刀切開關節，讓腿根肉附在腿部分切開來。

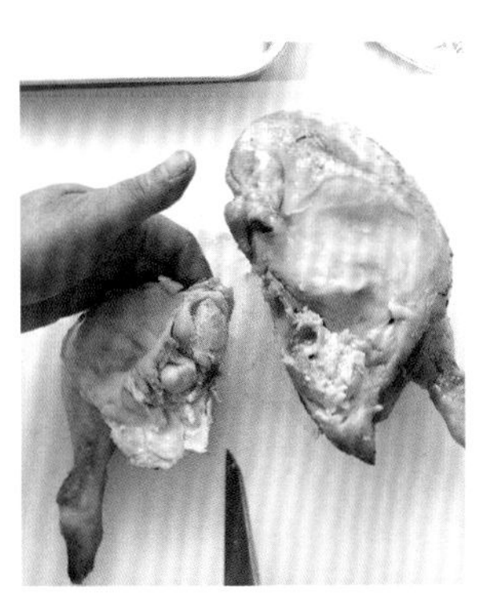

25 切下的腿部。同樣切開另一側的腿部。

26 從尾椎側沿著胸骨下刀，切開雞翅的關節。

27 一面用刀壓住雞身，一面邊用手拉雞胸和翅膀，邊切開。同樣切下另一側的胸肉。

28 從胸肉上切下雞柳。一面用手拉，一面用刀切開筋。

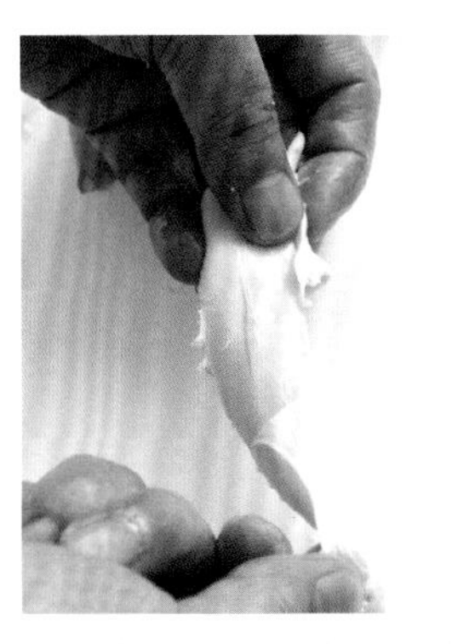

29 剝除附在雞柳周圍的薄膜。

30 從胸肉上切下翅腿。

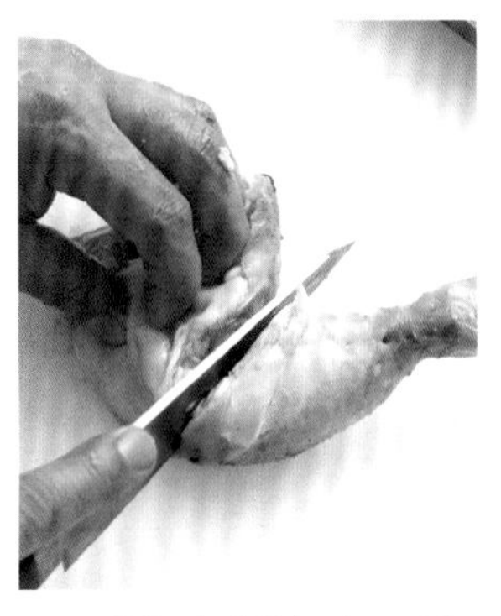

31 從腿部關節下刀分切開來。

32 分切好的烤雞。左上是腿肉下半部（下腿）、右上是雞柳、中間是雞腿的上半部、左下為翅腿、右下為胸肉。再分切成方便食用的大小，盛入容器中，添加配菜，再淋上醬汁。

油封雞腿

Confit de cuisse de poulet

以低溫油脂長時間燜煮的油封法，是自古傳承以保存為目的的烹調技巧。這種烹調法不會流失水溶性鮮味與肉汁，是我最近表現肉類的個性風味和口感時，所採取的烹調法之一。雞肉中的腿肉，尤其是肉不太會縮的帶骨腿肉，適合採用此法烹調。在肌纖維溶出膠原的同時，雞腿肉才會變柔軟，所以比胸肉更適合採取油封法烹調。除了腿肉之外，雞胗等也是適合採用的部位。若以豬油來油封烹調，浸在豬油中的狀態下，放在冷藏庫約可保存2週的時間。依個人喜好，可以將豬油換成鵝油、橄欖油或沙拉油等。比起用豬油，用橄欖油和沙拉油製作的油封料理。特色是較為清爽。

另一個方法是利用真空袋。將雞腿一支支分裝到真空袋裡加熱，優點是只需用少量的油就能完成，不僅容易保存，還能依點單數取用所需的數量，很方便使用。這道料理的特色是烤到焦脆、芳香的外皮，所以作業時要注意勿弄破外皮。

材料：2人份
雞腿肉（帶骨）
　2支（200～220g×2）
大蒜　2瓣
百里香　3～4枝
粗鹽　雞的1%
豬油　適量
黃芥末醬汁＊　適量
配菜
└ 烤洋芋＊＊

＊在鍋裡放入奶油15g和切末的紅蔥頭30g，加適量的鹽炒到還未上色。加白葡萄酒60cc、白葡萄酒醋15cc充分熬煮。加雞醬汁（→43頁）300cc稍微熬煮後，用圓錐形網篩過濾。加鹽、胡椒（各適量）、黃芥末醬15g和切末的巴西里，醬汁即完成。

＊＊在平底鍋中倒入沙拉油90cc，放入亂刀切的馬鈴薯塊1個份、帶皮大蒜2瓣、百里香4枝，以低溫拌炒。一面慢慢提高平底鍋的溫度，一面將馬鈴薯全炒至上色。加入適量的鹽和黑胡椒調味。馬鈴薯熟透後倒出沙拉油，加奶油15g裹覆。大蒜去皮，撒上鹽。

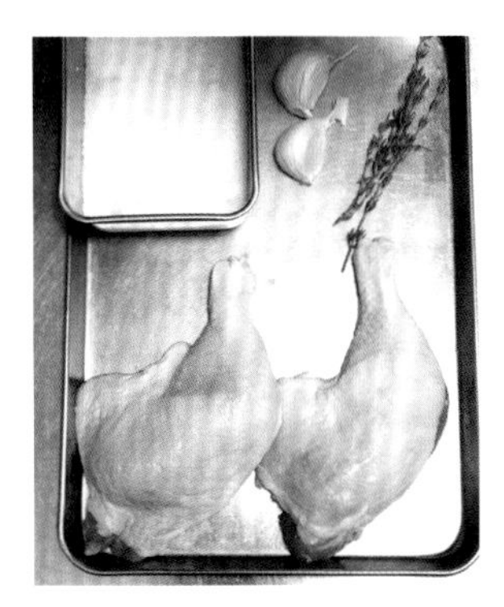

油封雞的材料。使用幼雞的帶骨腿肉。肉的1%的鹽、新鮮百里香和大蒜。鹽並非為了保存，所以少量即可。大蒜如切斷纖維般切片，讓剖面大，以利香味釋入雞腿中。除此之外，還需要適量的豬油。

準備

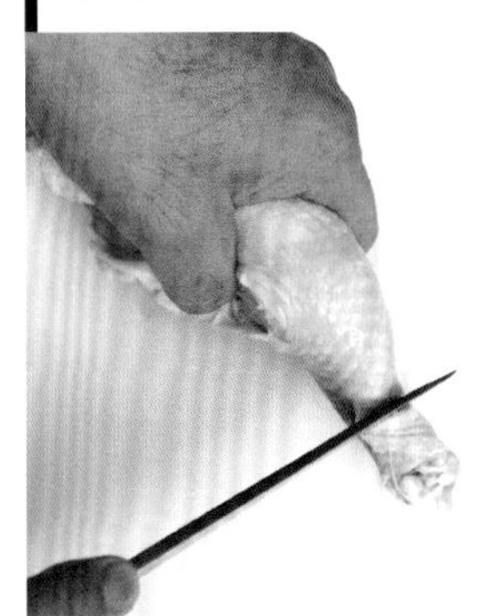

1 為了完成後外形美觀，先用刀在腿端周圍劃一圈，深達骨頭。

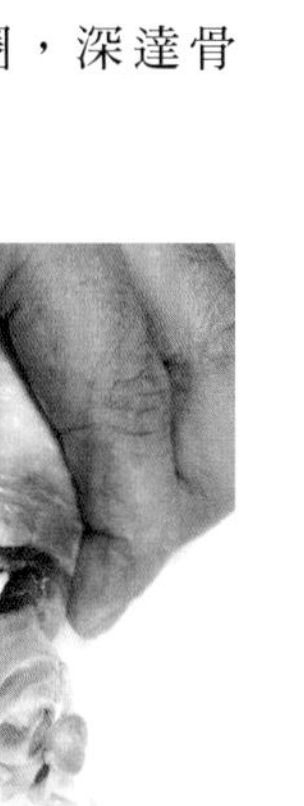

2 用拔毛夾拔出肌腱。有2條粗肌腱，數條細肌腱。肌腱和肉的口感不同，需全部剔除。

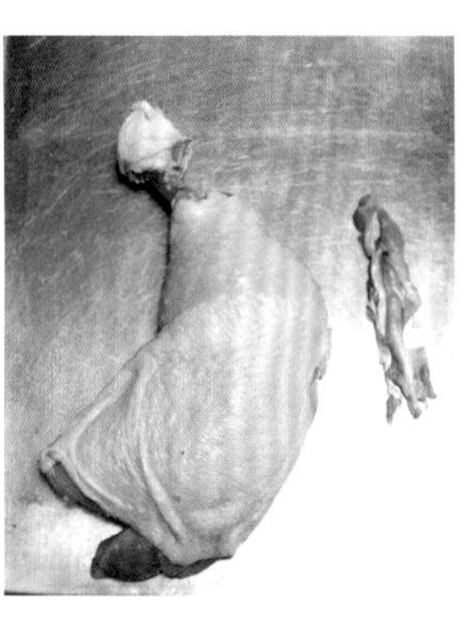

3 露出骨頭後，修整使其變美觀。

醃漬

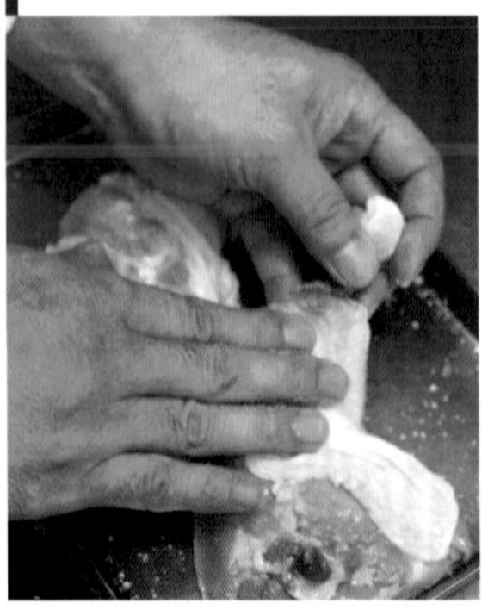

4 在腿部的外側和內側均勻地抹上粗鹽，仔細搓揉讓鹽分滲入整體。

5 在腿部的內側和外側貼上百里香和大蒜，緊密包上保鮮膜，放入冷藏庫醃漬半天。

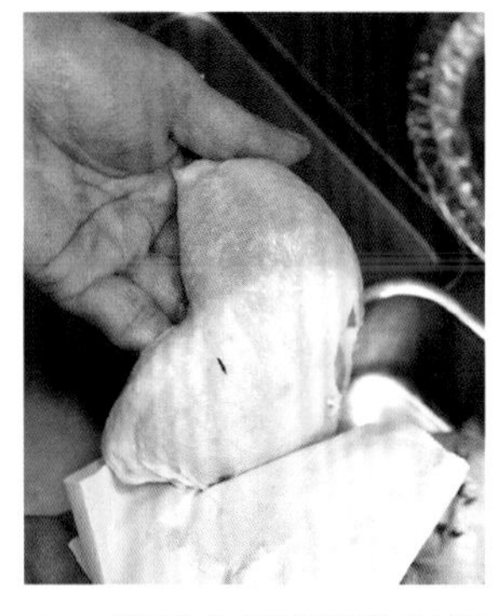

6 用紙巾仔細擦除腥臭味來源的水分和血水。鹽分和香味已滲入肉中。

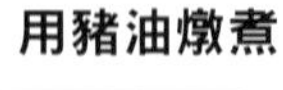

用豬油燉煮

7 融化豬油，加熱至80℃，雞腿皮面朝上放入鍋裡，以免皮沾黏鍋底破損。

8 爐上放鐵網，溫度保持80～85℃約煮1小時。若用高溫來煮肉易煮散，也會流失水分和鮮味，使肉質變得乾澀。

9 煮1小時後的腿肉。已仔細拔除肌腱，因此煮好後外形美觀。

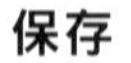

保存

10 將腿肉移至深鋼盤中，將油過濾到鋼盤中。濾網中夾著紙巾過濾。

11 只留下沉在鍋底的水分不倒入。殘留的水分若變涼，上面的豬油會凝固，所以只將豬油撈入10的鋼盤中。

12 豬油的分量要能完全蓋住腿肉。涼至微溫後放入冷藏庫保存。

煎烤

13 使用時，從豬油中取出雞腿。小心勿弄破皮。

14 擦除表面的油脂。

15 平底鍋加熱，倒入橄欖油從皮側開始煎烤。以中火將皮煎至焦脆。

16 利用平底鍋的邊緣，將整個雞腿煎至芳香、上色。

17 表面煎到淡淡上色後，倒掉平底鍋裡的油，以免肉中滲入太多的油。

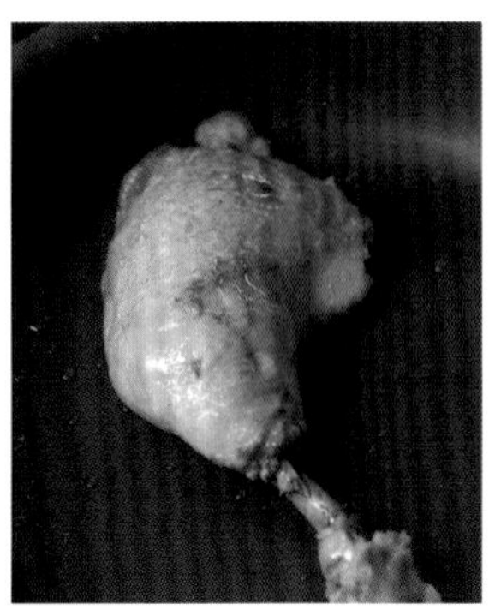

18 之後是收乾表面的最後作業。此階段肉裡若還沒熟，可放入180℃的烤箱中。

19 整齊地去除腿的前端。和配菜一起盛盤，倒入醬汁。

真空袋

希望雞肉風味較清爽時，可使用橄欖油或沙拉油，也可加入少量杏仁或榛果等喜歡的堅果油。

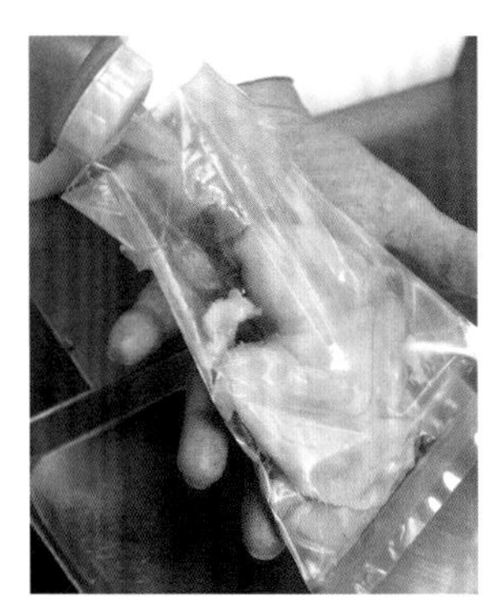

1 在袋裡放入腿肉，倒入橄欖油或喜歡的油。

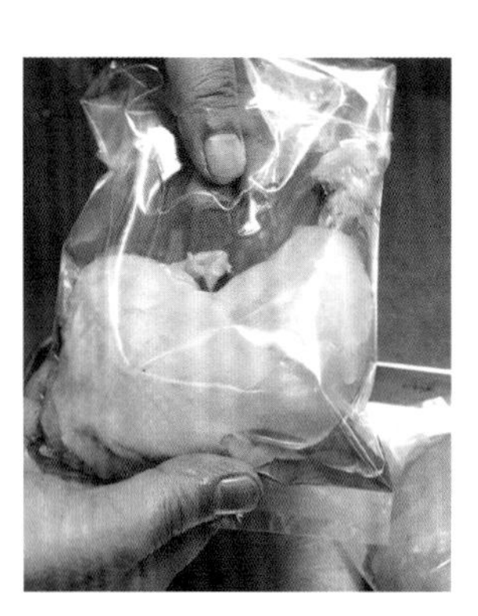

2 油量只要袋裡真空時能浸漬整個雞腿即可，抽掉袋內的空氣。

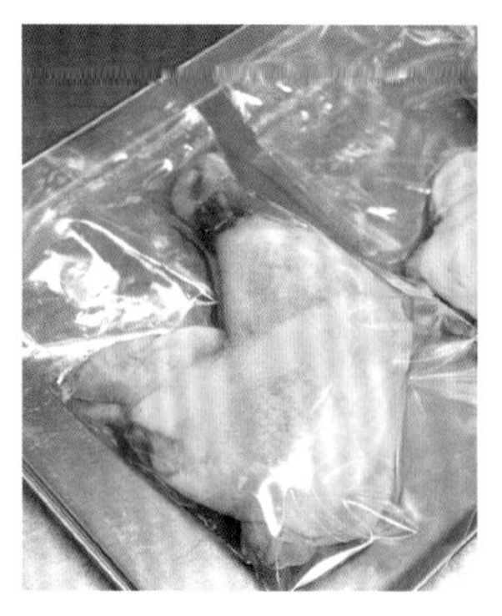

3 只有少量油，但能完全浸漬整體。

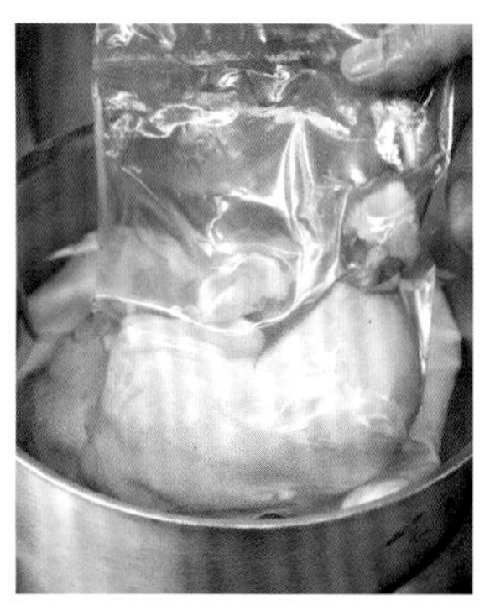

4 將鍋裡的水煮至80℃，鍋裡鋪入抹布，以免真空袋觸碰鍋底。

5 爐上放上鐵網，以保持80℃的水溫，約加熱1個半小時後，取出泡冰水急速冷卻後，冷藏保存。約可保存2週。

香煎雞排

Poulet sauté

香煎雞胸肉的烹調重點是，充分發揮胸肉濕潤、柔嫩的口感。因此為了儘量防止水分和肉汁流出，抹鹽後立即煎烤。煎肉時，儘量避免破壞外觀，用平底鍋以低溫開始煎，一面觀察肉的膨脹度和狀態，一面翻面多次，讓肉的兩面均勻受熱。在肉翻面的過程中，上方沒接觸平底鍋的肉，能以餘溫溫和地加熱。若強力加熱，肉質會緊縮變硬，這點請留意。

材料：2人份
雞胸肉　1片（220g）
鹽　適量
橄欖油、奶油　各適量
辣根醬汁＊
蛤仔泡沫＊＊
配菜
- 香煎竹筍和蘆筍＊＊＊、綠花椰菜、蔬菜芽、蛤仔、芹菜葉　各適量

＊在鍋裡放入奶油10g、切末的紅蔥頭15g和大蒜5g，炒到還未上色即可。加入雞醬汁（→43頁）、磨碎的辣根（Armoracia rusticana）3g和蛤仔醬汁30cc，煮沸一下，用圓錐形網篩過濾到別的鍋裡。加橄欖油15cc，再加適量的鹽調味。

＊＊蛤仔8個避免重疊排放好。倒入白葡萄酒30cc和水15cc。選擇液體只能淹到蛤仔一半以下的鍋子。開小火加熱，蛤仔殼打開後即取出，用紙巾過濾煮汁（A）。蛤仔肉作為配菜。用水100cc融解大豆卵磷脂15g後加熱，用手持式攪拌器一面混合，一面加熱至80℃，過濾後放涼（B）。取少量A，加水調味，加入數滴B，用氣泵（air pump）打泡。

＊＊＊竹筍（水煮）1/2根和蘆筍2根切好，用奶油拌炒，加鹽調味。

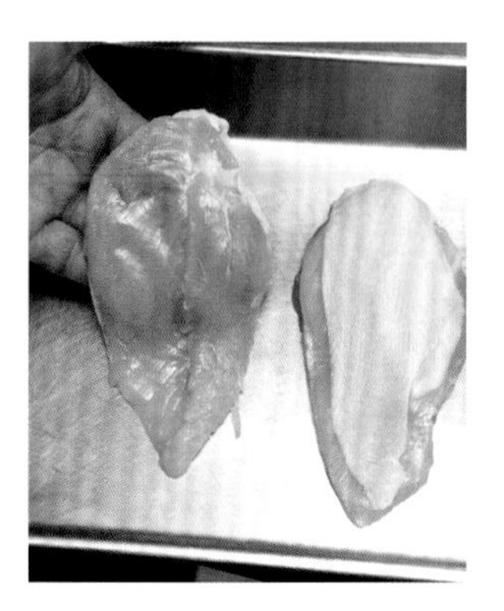

雞胸肉。去除雞翅，修整外形後再使用。

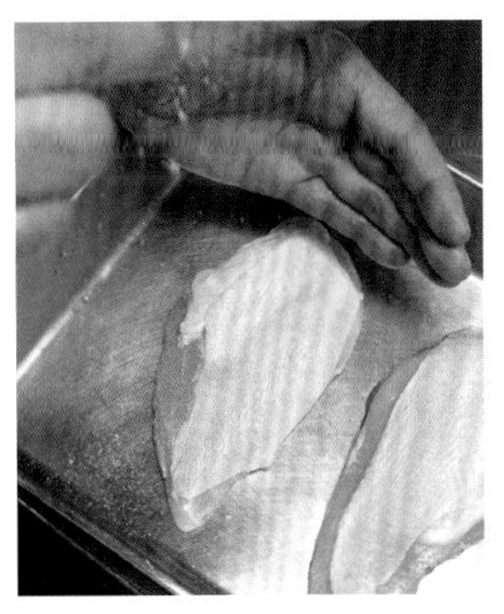

1 在胸肉的兩側撒滿鹽。用手遮光形成陰影，以便看清撒了多少鹽。

2 因皮側容易變彎，要用加了橄欖油和奶油的低溫平底鍋（冒煙的話溫度就太高了），從肉側開始煎烤。

3 讓肉如在平底鍋中滑動般，一面搖晃鍋子，一面煎肉。

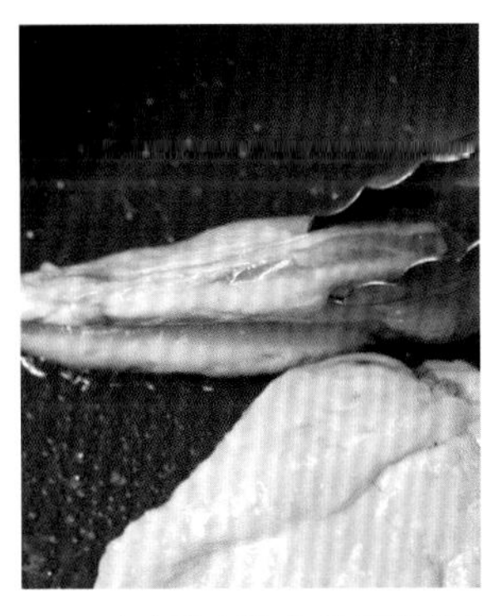

4 如圖示般肉的周圍泛白後，翻面，火轉大至中火程度，煎烤皮側。

5 如圖示般肉膨脹隆起後再翻面。小心勿弄破皮。

6 勤於翻面，讓兩面都慢慢地均勻受熱。沒接觸鍋子的上側，餘溫仍會溫和地加熱。

7 將厚的部分抵住平底鍋的邊緣加熱。

8 加熱至六分熟後，取出放在網架上，置於溫暖處，散熱的同時也利用餘溫加熱。

9 靜置2～3分鐘後，輕輕蓋上鋁箔紙以防變乾，讓肉鬆弛5分鐘。這時加熱大致才結束。

10 接著開始讓肉增加香味。用橄欖油和較多的奶油，從9的皮側開始煎起，以不冒煙的火候來煎。

11 奶油變成黃褐色後翻面。因肉側不需要上色，所以煎至略熱的程度即可。

12 將肉分切，和配菜一起盛入盤子周邊，在中央倒入辣根醬汁，再佐配蛤仔泡沫。

法式燉雞

Poule au pot

整隻全雞和蔬菜一起用小火慢燉。兩者以剛好熟透的時間反推，來決定如何調整蔬菜的切法和加入時間點等。

這道料理在讓顧客享受雞肉的同時，也能飲用釋入肉與蔬菜鮮味的雞湯，所以注意勿煮得太鹹。

提供時，整隻雞先完整送至客席間展示，之後再進行分切服務。

材料：直徑36cm的矮湯桶使用／4人份

雛雞（去內臟） 1隻（1.2kg）
鹽 適量
韭蔥 4根（長10cm）
皺葉包心菜 1/8等份×2份
蕪菁 4塊
胡蘿蔔 4塊
芹菜 4塊（長8cm）
白胡椒（顆） 10顆
月桂葉 適量
白色雞高湯（→38頁） 6公升

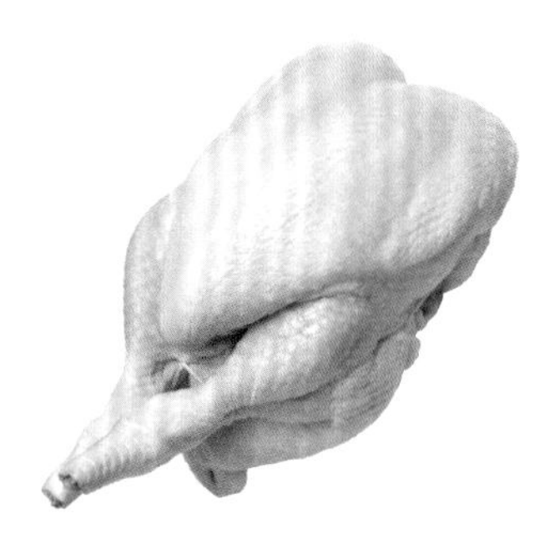

準備中等大小的雛雞（去內臟），參照28頁完成捆線作業。

左上起：白色雞高湯、白胡椒（顆）、月桂葉。下面淺鋼盤內左上起：皺葉包心菜、芹菜、韭蔥、胡蘿蔔和蕪菁。從所有蔬菜同時烹煮至最佳狀態逆推，以決定分切的大小和外形。事先用棉線捆綁皺葉包心菜和韭蔥，以免煮散。

餐桌調味料（前起黃芥末醬、鹽之花（fleur de sel）、黑胡椒）。

水煮

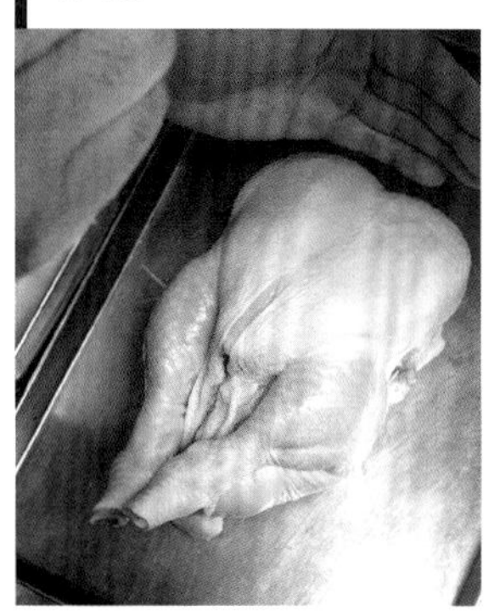

1 享調前1～1個半小時，在整個雞身上薄薄撒鹽後揉搓，讓鹽滲入肉裡。
※若剛撒完鹽就水煮，表面的鹽會釋入湯中變得太鹹。胡椒不會滲入肉中，所以不撒，但之後高湯中要加白胡椒增加香味！。

2 在矮湯桶中放入雞，倒入涼的白色雞高湯（第二道高湯）至圖中的高度，開火加熱。

3 加入增加香味的白胡椒和月桂葉，為避免影響雞的風味只加少量的鹽，以中火慢慢加熱。

4 約煮45分鐘高湯開始稍微沸騰。若有浮沫需撈除。

5 煮到靜靜沸騰的狀態（80～85℃）後，加入備妥的各種蔬菜。
※比起蔬菜，雞肉要煮更久才能熟透，所以蔬菜之後才加，才能一起熟透。

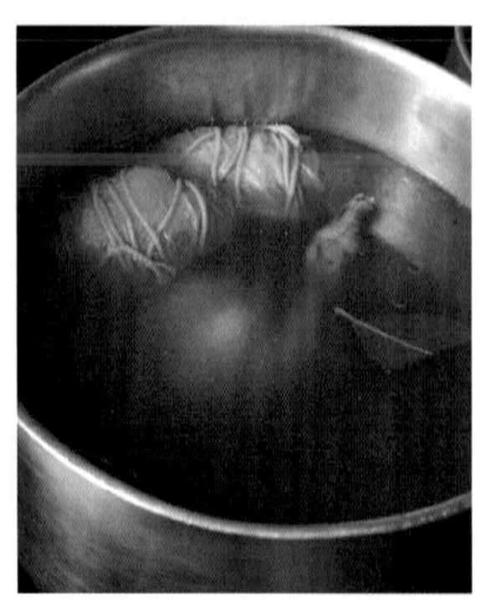

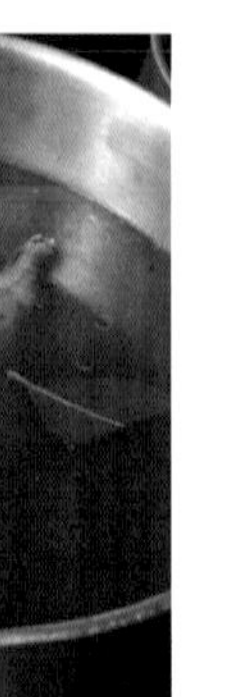

6 以此程度的火候來煮。

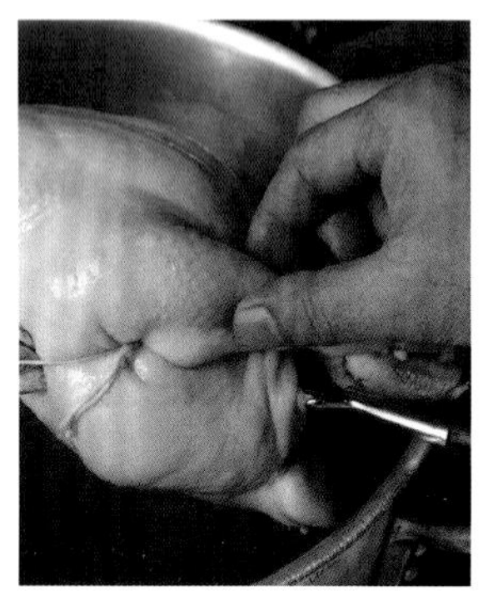

7 從雞腹中流出清澄的湯汁後，表示已煮好。捏住下腿，若骨和肉明顯分離的話，表示已熟透。

完成雞湯

8 為製作雞湯，取出雞肉和蔬菜。

9 火轉大，撈除浮沫和油脂。確認味道，若不夠鹹加鹽調味。

10 在圓錐形網篩間夾入紙巾，過濾雞湯。

分切腿肉

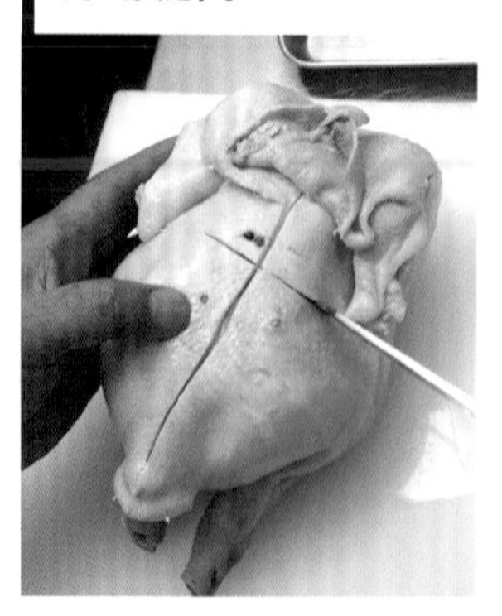

11 雞身背側朝上，沿著背骨縱向劃開，腿根肉上橫向劃切口。

12 將胸側朝上。沿著腿部以刃尖劃開，用手掰開腿部。

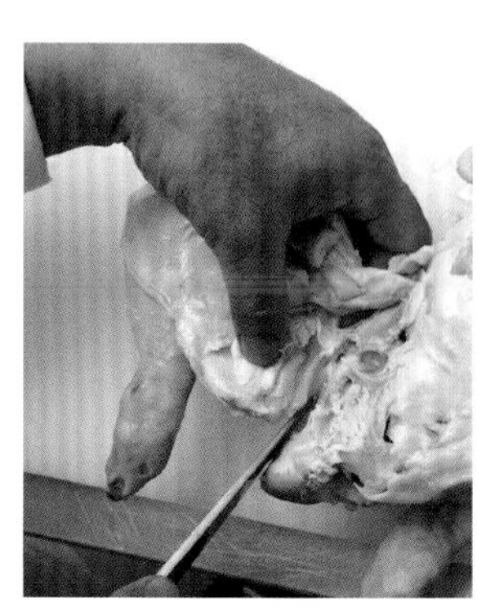

13 用刀鋒抵住肉，一面切開，一面卸下帶有腿根肉的腿部。

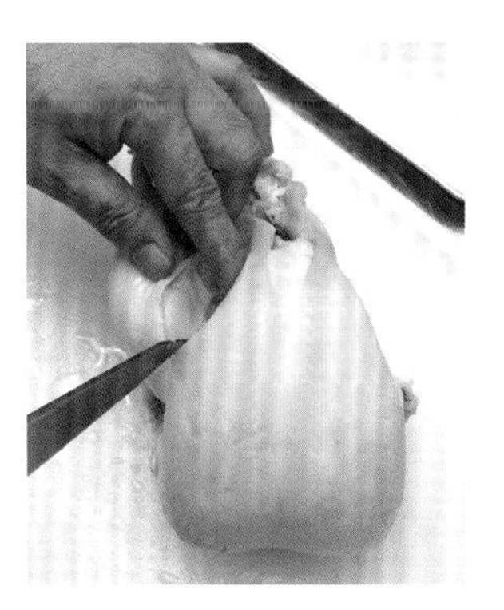

14 以相同的要領，切下另一側帶著腿根肉的腿部。

分切胸肉

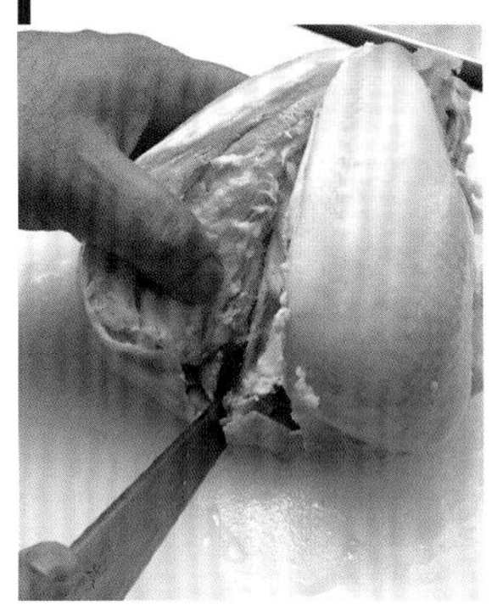

15 胸側朝上，從胸骨側邊下刀切開胸肉。在步驟 **11** 因為已劃切口，所以很容易切開雞身。

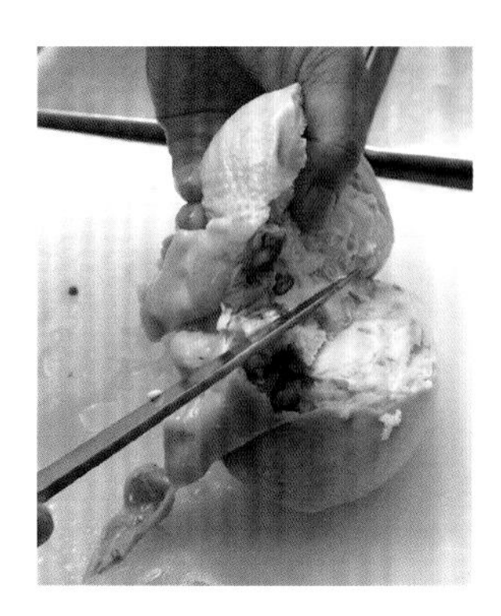

16 切開雞翅的關節。

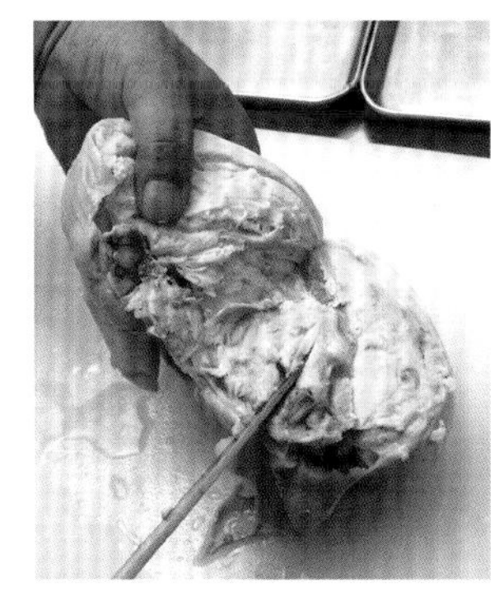

17 沿著肋骨下刀切開雞身，拉開胸肉切下。

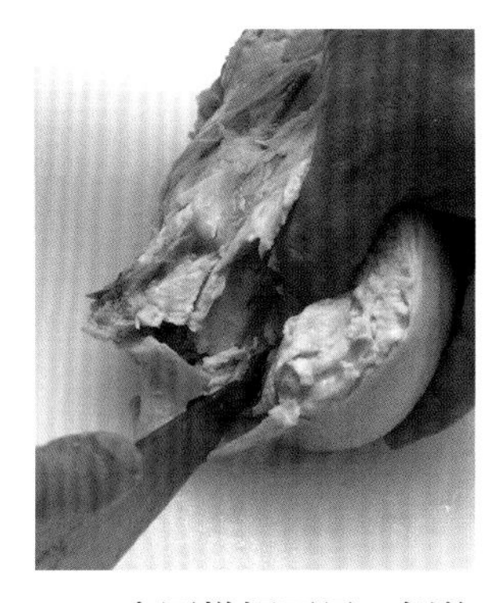

18 也同樣切下另一側的胸肉。切開雞翅關節，切下胸肉。

分切

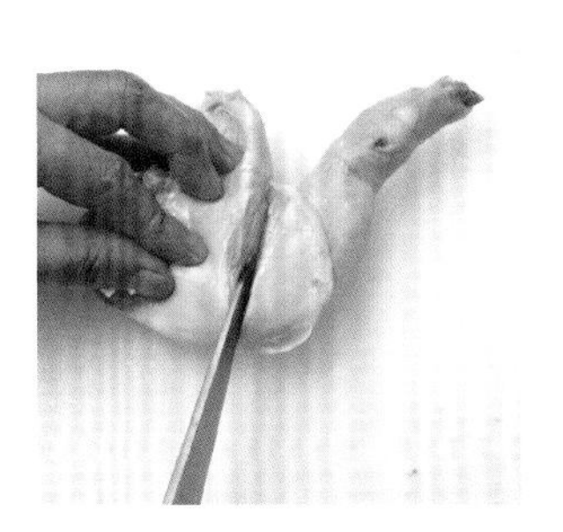

19 腿肉是從關節分切。

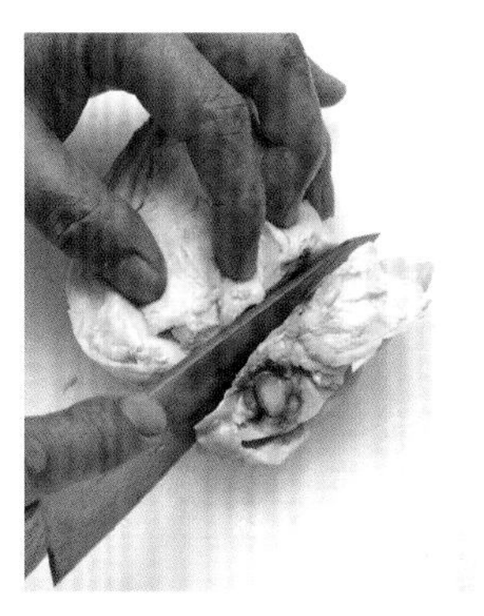

20 從胸肉上切下翅膀。

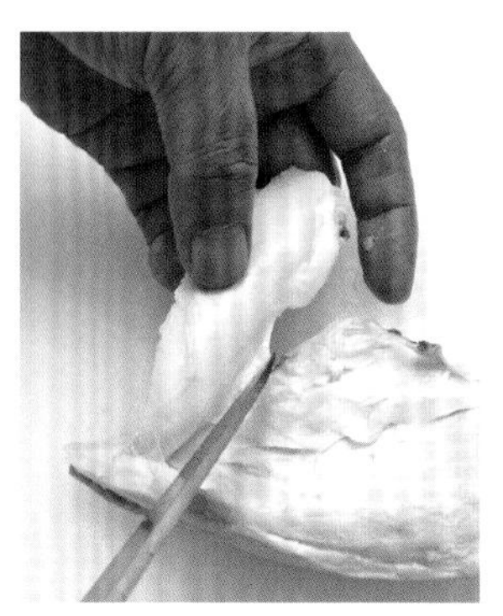

21 從胸肉上切下雞柳，剝除雞柳周圍的薄膜。

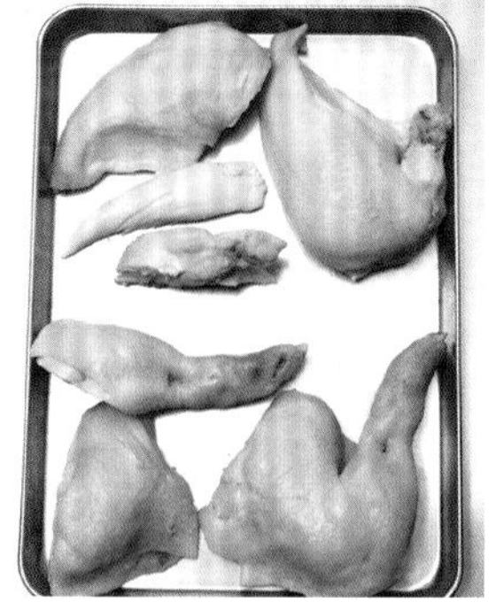

22 分切好的腿肉（下）和胸肉（上）。

23 提供時，盛入各部位和蔬菜，倒入雞湯。

燜煮雞胸肉

Suprêmes de volaille braiser

這是將雞分切處理成雞原胸，和皺葉包心菜一起燜煮的絕味料理。烹調時牢記胸肉較易熟透，先在不易熟的關節劃切口，為了讓肉不直接接觸鍋底，利用肩胛骨作為墊子，以間接溫和的小火加熱。我使用烤箱燜煮，不過最後利用餘溫加熱才完成。

材料：4人份
雞胸肉（雞原胸） 600g
鹽、胡椒、沙拉油　各適量
白色雞高湯（→38頁） 80cc
雞醬汁（→43頁） 160cc
干邑白蘭地　60cc
馬得拉酒（madeira）50cc
白葡萄酒80cc
皺葉包心菜　8片
羊肚蕈（已回軟） 32個
培根（切小方塊） 20g
紅蔥頭（切末） 60g
奶油　25g
巴西里（切末） 適量

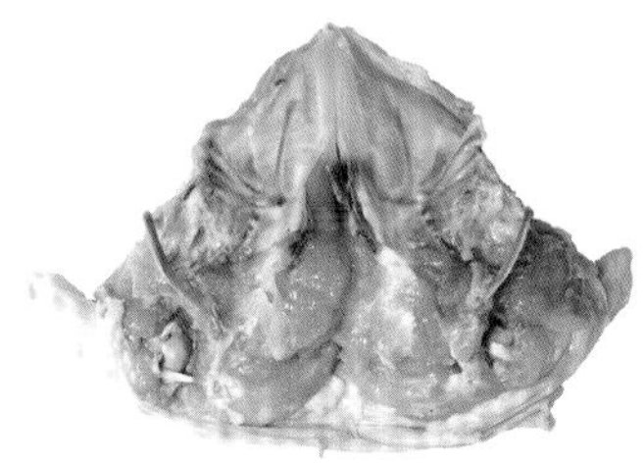

使用已分切處理好的雞原胸（→22頁）。小心皮勿弄破，先在肉側的翅根部關節上劃切口，煎烤時將肉攤平較易加熱。為避免肉直接接觸鍋底，保留肩胛骨也相當重要。

上段右起：白色雞高湯、雞醬汁；中段右起：羊肚蕈、皺葉包心菜；下段右起：紅蔥頭、培根。

左起：白葡萄酒、馬得拉酒、干邑白蘭地。

加熱

1 在雞原胸的皮側和肉側均勻地撒鹽和胡椒。用手遮光形成陰影，以便看清鹽的分量。

2 這裡是使用直徑24 cm能加蓋的鑄鐵鍋。鍋裡倒入沙拉油，將頸皮拉緊，先煎烤皮側。

3 目的是將表面煎硬。以中火～大火的火候，煎出均勻、漂亮的黃褐色。

4 皮側煎到圖中程度的烤色，雞肉翻面時點大致以雞翅煎至翹起為基準。

5 肉側煎至圖中的程度。短時間煎烤後立刻取出。

燜煮

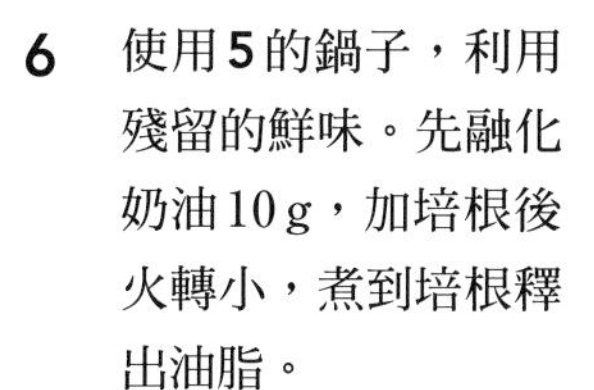

6 使用**5**的鍋子，利用殘留的鮮味。先融化奶油10 g，加培根後火轉小，煮到培根釋出油脂。

7 加紅蔥頭，加能調味的鹽，慢慢拌炒避免炒焦。

8 加入羊肚蕈，用木匙混合使其均勻受熱。

9 鋪滿去除菜芯，切成適當大小的皺葉包心菜。

10 放回5的雞肉，加干邑白蘭地、甜味馬得拉酒和酸味白葡萄酒增加香味，加入雞高湯和雞醬汁。

11 加蓋，放入180℃的烤箱中約20分鐘，烤熱整個鍋子。

利用餘溫加熱

12 從烤箱取出後，將雞和包心菜移至淺鋼盤中，輕輕蓋上保鮮膜，放在溫暖處讓它鬆弛。

完成醬汁

13 用大火熬煮鍋裡剩餘的湯汁，過程中撈除浮出的油脂和浮沫。

14 濃度增加後，加奶油15g融化。膠質和油脂成分乳化後會呈現漂亮的光澤。

15 加入切末的巴西里即完成。

分切

16 將雞原胸切半。

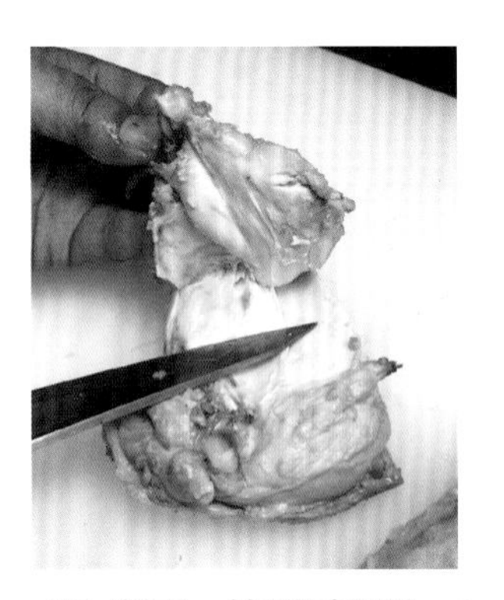

17 翻面，拉開肩胛骨，剝離雞柳，卸下骨頭。

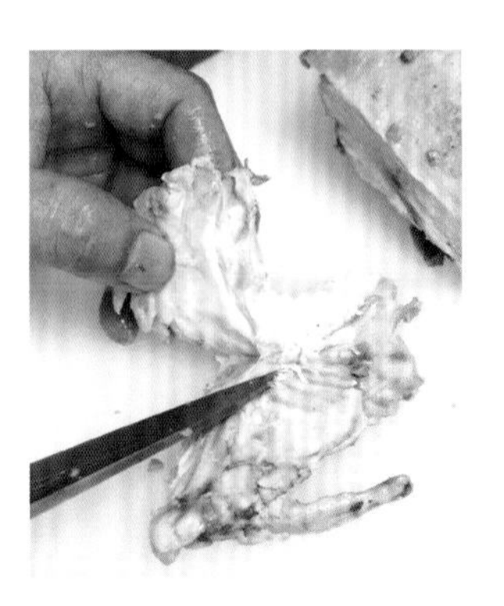

18 取下附在卸下部分上的雞柳。

19 從胸肉上切下雞翅。

20 修整胸肉的外形後，分切。

21 在皺葉包心菜上放上胸肉，淋上已完成的醬汁。

雞胸肉涼盤

Poulet bouilli

胸肉的缺點是油脂少，過度加熱的話，口感會變得乾柴，也失去鮮味。這個胸肉以涼盤提供時，利用餘溫加熱比直接加熱好，這樣涼了之後肉質更有彈性。因此，加熱時的溫度管理成為最大的重點。蛋白質在68℃時凝固，所以保持適當溫度才能煮出豐潤的口感。此外，不切碎用於沙拉等料理中時，可浸泡在煮汁中，以保持肉質的柔軟度。

材料：6人份
雞胸肉　2片（250g×2）
鹽　適量
雞油菌（chanterelle）18朵（50g）
龍蒿　1枝
雞清湯（→46頁）750cc
蛋白　1.5個份
吉利丁片　8g
配菜
- 鴨肝泡沫＊　適量
- 食用花、山蘿蔔、龍蒿、野莧菜、波特酒醬汁＊＊　各適量

＊（氣泡水機1瓶份12人份）在鍋裡放入鮮奶250cc煮沸，慢慢加入少量切成適量的鴨肝醬，以製作奶油白醬的要領，用手持式攪拌器攪打融合。再用圓錐形網篩過濾到放有冰塊的鋼盆中，一面攪拌混合，一面讓它涼至微溫。加入鮮奶油（乳脂肪成分35%）和適量鹽調味。再度過濾到氣泡水機中，填充氣體。放在冷藏庫約半天，充分搖晃氣泡水機後使用。

＊＊（約25人份）在鍋裡放入紅葡萄酒200cc、紅波特酒100cc、紅葡萄酒醋10cc熬煮剩1/5的量。用打蛋器混入少量增黏劑（xantana）增加濃度。用圓錐形網篩過濾後，裝入保存罐中冷藏保存。

清理胸肉

1　切除胸肉的筋，剝除薄膜和皮，若有油脂也剔除。若帶皮，肉煮軟後會浮現油脂。因為希望風味清爽，所以儘量剔除油脂。

2　翅腿根部關節若有殘留的部分，須切除。若有殘留的污血也要清除。

水煮

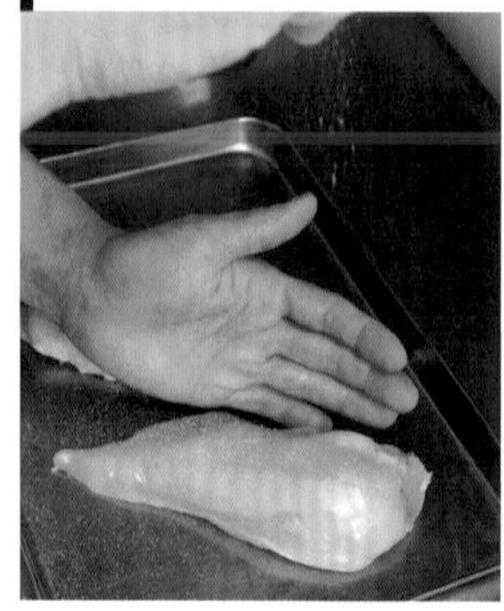

3　為了減少肉汁流出，只在兩側撒上薄鹽。

4　清湯加熱至65℃。蛋白質68℃時才開始凝固。肉裡溫度以63℃為目標，保持適當的溫度加熱，。

5　接著加入雞油菌和龍蒿。若用調味蔬菜取代時，另外準備香味蔬菜。

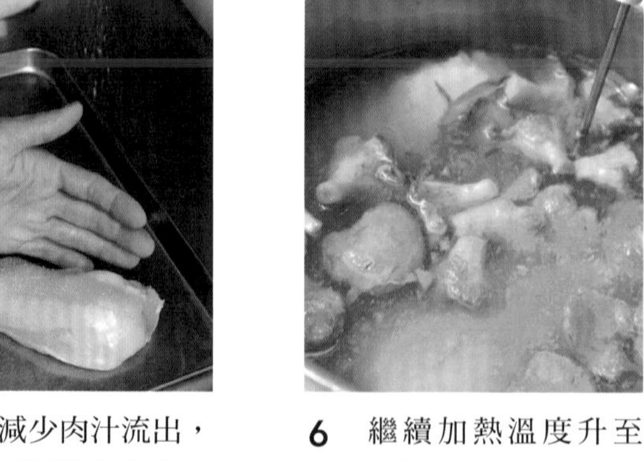

6　繼續加熱溫度升至65℃後，保持溫度加熱20分鐘。

7　取出胸肉、雞油菌和龍蒿，撒鹽，以補充從胸肉釋出的鹽分。

8　包上保鮮膜以免水分蒸發，置於常溫中放涼。

使煮汁清澄

9 用打蛋器打散蛋白，為避免蛋白凝固，倒入微溫的7的煮汁中。

10 開火加熱，用打蛋器一面攪拌，一面加熱。

11 蛋白開始凝固後，在中心開個洞，讓煮汁在鍋裡對流。

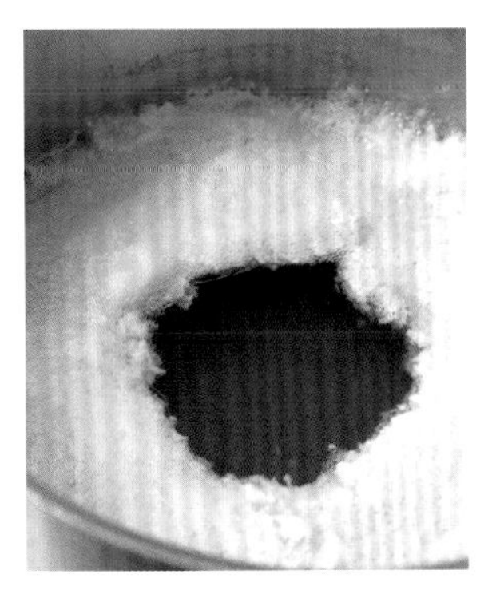

12 蛋白凝結，煮汁變清澄後，過濾煮汁。

13 在圓錐形網篩之間夾一張紙巾，用湯杓靜靜地過濾。

14 清澄的煮汁。加熱，再仔細撈除浮現的浮沫。

15 在14的700cc煮汁中，加入泡冰水回軟的吉利丁片8g融解。

完成

16 撕碎回到常溫的8的胸肉。

17 為了讓雞油菌也有相同的口感，也同樣撕碎後加入，混合切末的龍蒿。

18 將17放入冰水盆中，加15的煮汁混合。

19 盛入容器中，放上鴨肝泡沫，裝飾上香草，最後滴上波特酒醬汁。

法式雞肉凍派

Terrine de volaille

這是用雞胸肉、胸絞肉為底料，混合不同口感的雞肝和油封雞胗製成的雞肉凍派。也可以用翅腿取代胸肉。為了讓肉餡產生黏性，提前冰涼備用。為提高保存性和調味，通常凍派的素材都事先醃漬，但這裡為了呈現雞肉柔和的風味，最後才加鹽，也只添加香味蔬菜的新鮮香味。若有保存目的，可以再多加點酒等。

材料：1kg容量的凍派模型1個份

肉餡
- 雞胸絞肉（直徑8mm孔絞碎） 500g
- 豬頸絞肉（直徑5mm孔絞碎） 180g
- 香料（多香果（allspice）2g
  綜合香料＊1g、白胡椒1g）
- 鹽 8g
- 開心果（粗切末） 35g
- 白波特酒 20g
- 白色雞高湯（→38頁） 25g
- 紅蔥頭（切末） 1個
- 大蒜（切末） 1片

餡料
- 雞胸肉 500g
- 雞肝 200g
- 油封雞胗（→218頁） 8個

網脂 適量

配菜
- 根芹菜和松露沙拉＊＊ 適量
- 檸檬鮮奶油＊＊＊ 適量
- 海鹽片（flaky sea salt；紐西蘭產海鹽）
  適量

＊4種混合的綜合香料。
＊＊（4人份）根芹菜180g去皮，切成火柴棒大小，撒鹽約靜置3分鐘。黑松露32g也同樣切好，和根芹菜混合。加檸檬汁5g、橄欖油20g調勻。
＊＊＊在墊冰塊的鋼盆裡，放入鮮奶油（乳脂肪分35%）100cc、鹽1小撮，打至六分發泡。加檸檬汁5cc後，接著再打至八分發泡。用湯匙塑成橄欖球狀後盛盤。

雞肉凍派的材料。上段：網脂；中段左起：開心果、白波特酒、白色雞高湯、紅蔥頭；中段上左起：綜合香料、多香果、鹽；中段下左起：大蒜、白胡椒；下段：雞胸肉、豬頸絞肉、雞胸絞肉、雞肝、油封雞胗。材料冰涼備用。

製作肉餡

1　鋼盆中放入雞胸絞肉和豬頸絞肉，加鹽充分攪拌。

2　充分攪拌到如圖示般肉相互黏結纏扯，逐漸變得厚重如能牽絲般。

3 放入香料類均勻地混合。

4 加入大蒜、紅蔥頭、波特酒、高湯和開心果充分混合。

5 充分攪拌到這種狀態後備用。

準備餡料

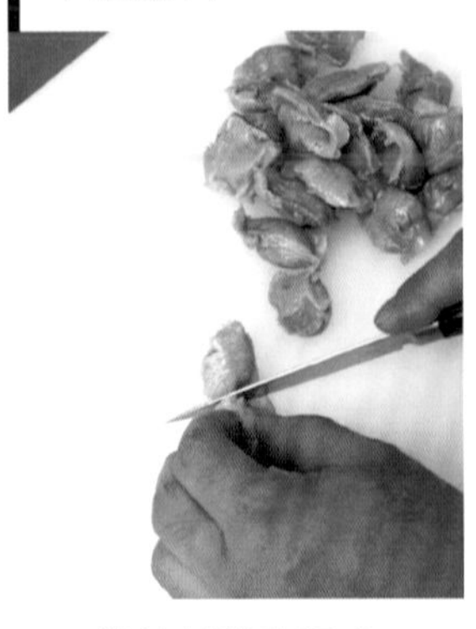

6 將油封雞胗切半。

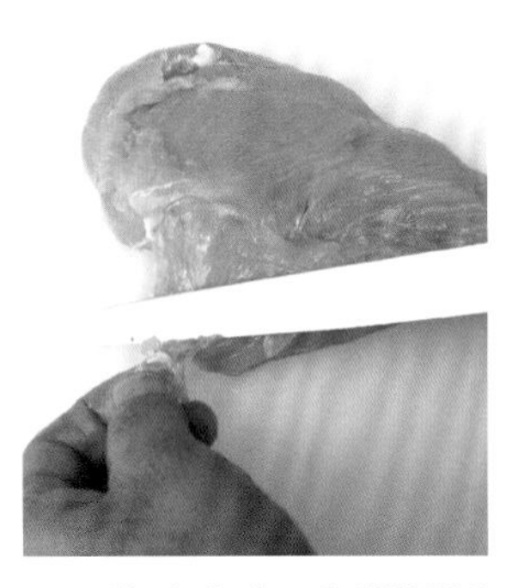

7 胸肉去皮，切開翅腿的關節後，剔除通過周圍薄膜和肉之間的筋。

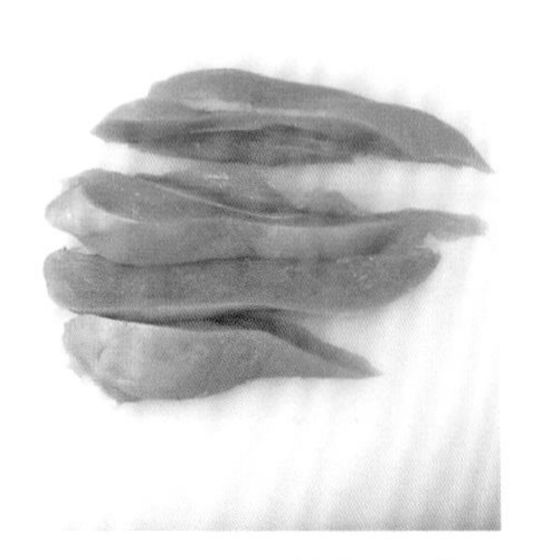

8 為呈現鬆軟的口感，如切斷纖維般縱切成一致的厚度。

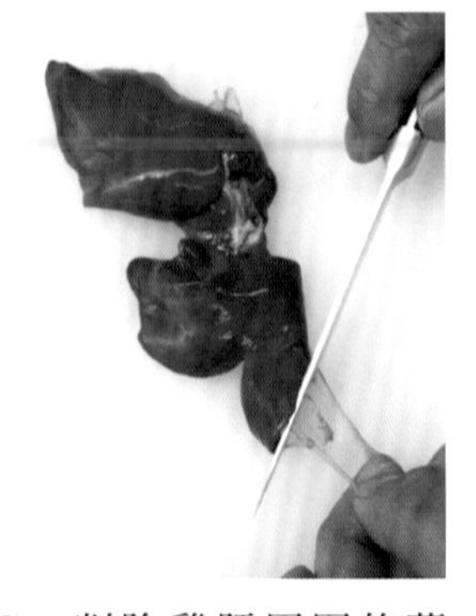

9 削除雞肝周圍的薄膜，將肝葉分切開來，拉出連結處的筋，剝除另一側肝葉的薄膜。

肉餡、餡料和網脂。若直接使用生雞肝，肉餡會變紅，所以在雞肝上撒鹽和胡椒，用奶油（全是分量外）只煎烤表面後備用。

填入模型中

10 網脂水洗後，擠乾水分，剔除厚油。或是薄切開來。利用網脂保形，和補充油脂分量。

11 在凍派模型中鋪入網脂。網脂保留能覆蓋上面的寬度。

12 適量分取**5**的肉餡，擠出空氣，薄鋪在**11**的凍派模型底部。

13 用肉餡製作外壁，以免餡料直接接觸模型。之後也同樣用肉餡鋪成外壁。

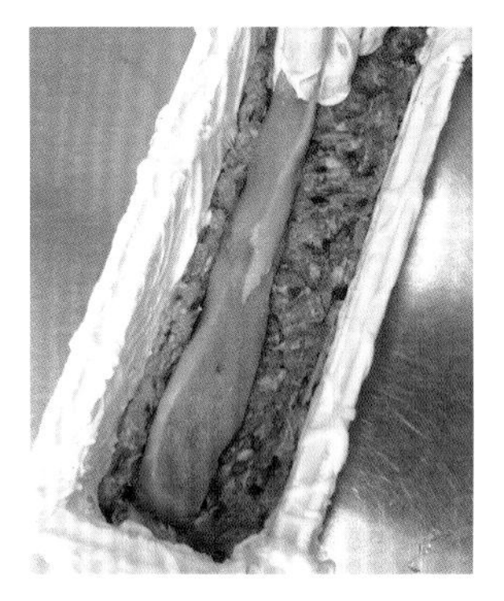

14 在一列上填入胸肉。排放時將細端重疊，讓厚度保持一致才能均勻受熱。

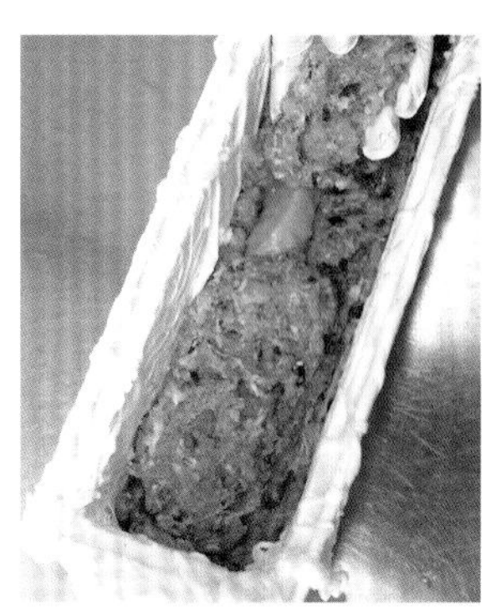

15 只有胸肉上薄薄地鋪上肉餡。用肉餡代替黏著劑。

16 在凹陷的另一列上，排放填滿油封雞胗。

17 雞胗上薄鋪上肉餡覆蓋。

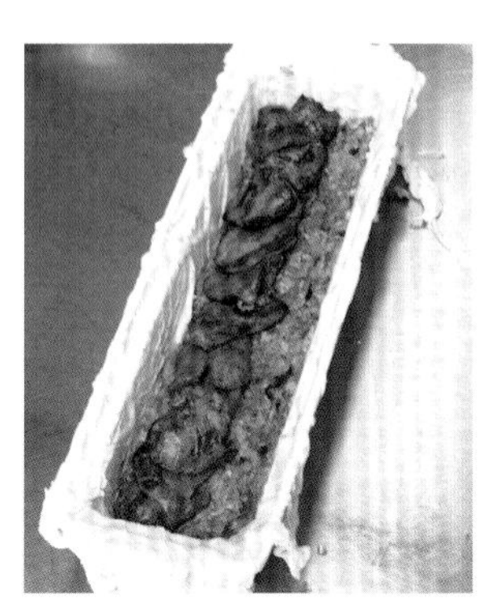

18 在另一邊的列上重疊放上香煎雞肝，厚度保持一致。

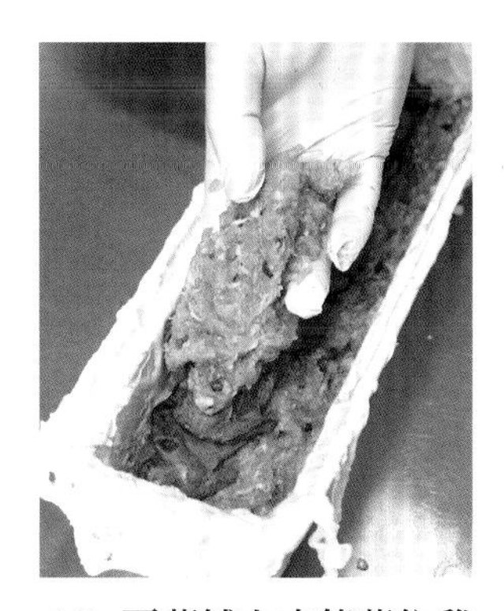

19 再薄鋪上肉餡蓋住雞肝。

20 胸肉填入另一列中，上面薄鋪肉餡蓋住。

21 換列填入油封雞胗，保持厚度一致，上面再密實地蓋上肉餡以防破裂。

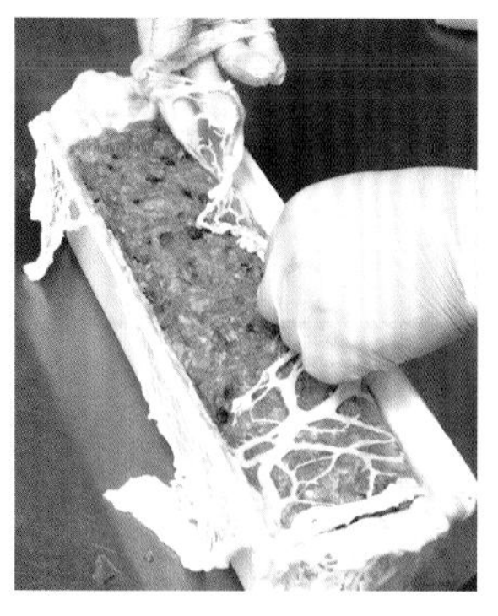

22 用網脂包覆。從兩側拉起網脂重疊包覆。

23 用刀等工具將網脂夾入模型縫隙中。

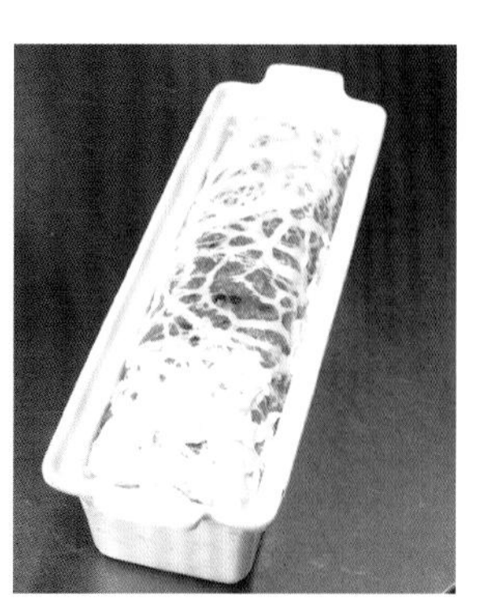

24 網脂太長的話切掉，若不夠的話用其他的網脂來覆蓋，以免加熱破裂。一旦破裂肉汁會流出。

隔水烘烤

25 用鋁箔紙密貼包好，勿留縫隙。

26 在淺鋼盤中鋪上紙巾，放上模型，倒入沸水。

27 在隔水烘烤的狀態下，放入上火、下火都設為160℃的烤箱中。

28 烘烤1小時後（六分熟），拿掉鋁箔紙，上火調高為200℃烤15分鐘，讓它上色。

29 從烤箱中取出。邊緣流出的肉汁會慢慢回吸肉中，所以慢慢放涼，勿急速冷卻。

30 模型周圍的透明油脂開始變得白濁。

31 油脂變白濁後，壓上約1kg的重物。完全變涼後放入冷藏庫中，靜置1週時間味道更融合。

32 滲出的油脂和肉汁倒到其他容器中。

33 將凍派脫模，切好盛盤。**32**的油脂和肉汁煮沸使其乳化，涼至微溫後抹在雞肉凍派上，撒上海鹽片，再放上配菜。

紅酒燉雞

Coq au vin

這道料理原是用紅葡萄酒燉煮肉質較硬的公雞的家庭料理，但近年來，大多以幼雞製作。因帶骨一起燉煮，所以能避免肉縮小，而且骨中釋的鮮味還能活用於醬汁中。據說燉煮使用的紅葡萄酒產地勃艮地位於法國的中心，亦即心臟位置，因此佐配的油炸麵包丁切成心形。

材料：2人份
雞腿肉（帶骨） 2支
（250g×2）
洋蔥（1.5cm切丁） 60g
胡蘿蔔（1.5cm切丁）
30g
芹菜（1.5cm切丁） 30g
大蒜（帶皮） 3瓣
蘑菇 6朵
小洋蔥（pecoros） 4個
培根（切小條） 30g
鹽、黑胡椒、橄欖油
各適量
紅葡萄酒（勃艮地） 1公升
小牛高湯 60cc
奶油（增加濃度用） 15g
配菜
油炸麵包丁（土司）、
巴西里（切末） 各適量

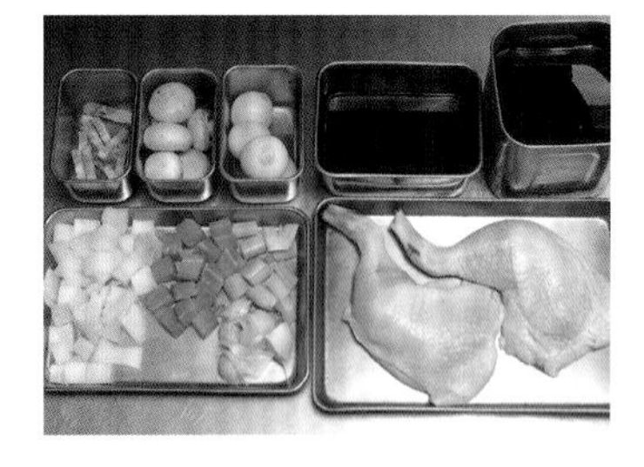

上段左起：培根、蘑菇、小洋蔥、小牛高湯、紅葡萄酒。下段左起：洋蔥、胡蘿蔔、芹菜，帶皮大蒜（切半）、雞腿肉（帶骨）。

醃漬

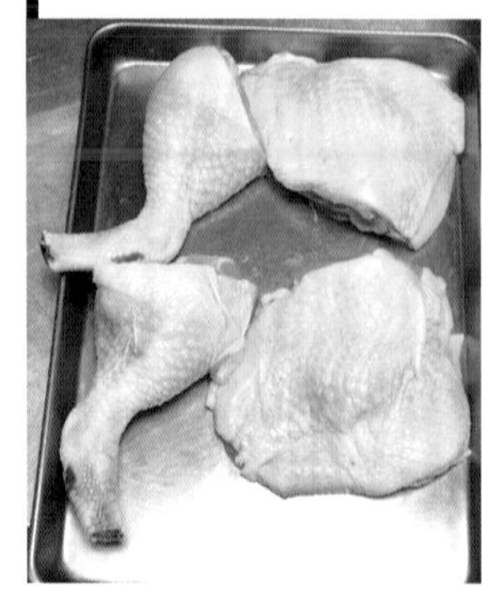

1 從關節分切腿肉。上腿大塊、肉薄。下腿小塊、肉厚，所以同時加熱。

2 腿肉倒入深鋼盤中，散放上切丁的洋蔥、胡蘿蔔、芹菜和大蒜。

3 倒入紅葡萄酒放入冷藏庫醃漬半天。

4 取出腿肉。

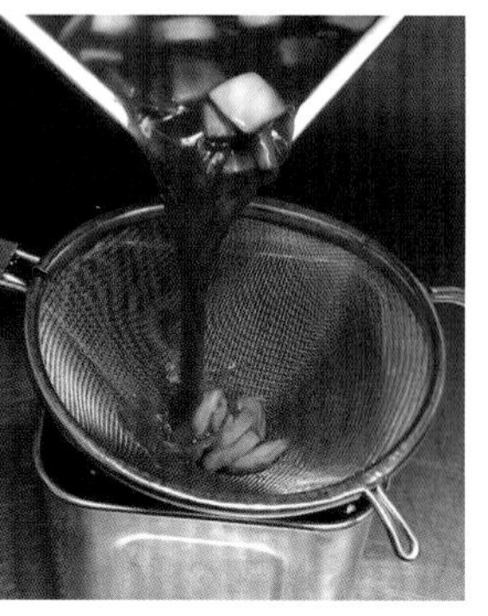

5 過濾紅葡萄酒。醃漬蔬菜雖然也能作為配菜，但在這裡是用別的燉煮配菜，所以不使用。

6 用小火熱鍋，倒入少量橄欖油拌炒培根。用釋出的油脂拌炒蘑菇和小洋蔥。

7 若**6**炒到有淡淡上色後取出備用。炒到上色是為了搭配紅酒燉煮時的香味。

8 用紙巾擦掉**4**的腿肉的水分，兩面都撒上鹽和黑胡椒。分量比白酒奶油燉雞（→79頁）少。

上色

9 在**7**的鍋裡倒入橄欖油加熱，放入**8**的腿肉從皮側開始煎烤。

10 煎至這種程度的烤色後翻面。

燉煮

11 倒回配菜，加入已過濾的**5**的紅葡萄酒，以中火加熱。

12 因為是醃漬過的葡萄酒，所以要仔細撈除浮沫。若煮沸，用紙過濾後仍可以使用，但已無色素。

13 仔細撈除浮沫，讓煮汁清澈到圖中這種程度。

14 加蓋，放入180℃的烤箱中加熱45分鐘。

15 取出用小火熬煮，呈現光澤後，加入小牛高湯以增加濃郁度。

16 確認雞肉煮到用鐵籤能迅速刺穿的柔軟度。

17 倒入深鋼盤中，靜置讓它涼至微溫並入味。

完成醬汁

18 煮汁分裝到小鍋裡，開小火熬煮。

19 表面呈現光澤後，加奶油用打蛋器攪拌融合。

20 完成有光澤的醬汁。將腿肉和配菜盛盤，淋上醬汁，裝飾沾上巴西里的油炸麵包。

白酒奶油燉雞

Fricassée de volaille

Fricassée是指用白醬燉煮雞、仔牛、仔羊等的料理。肉經燉煮後會縮小，所以切成比一口大小還稍微大一點最恰當。燉煮料理的訣竅是菜料分別切好，以便讓雞和蔬菜同時煮至最佳狀態。為了呈現輕盈的風味，肉上不沾麵粉，只要加入蔬菜中拌炒即可。

材料：2人份
雞腿肉（清理好的） 2支（180g×2）
蘑菇　4個
胡蘿蔔（切丁） 40g
洋蔥（切丁） 40g
大蒜（切末） 1瓣
月桂葉　1片
奶油　10g
高筋麵粉　12g
白葡萄酒　80cc
白色雞高湯（→38頁） 150cc
鮮奶油　150cc
鹽、白胡椒　各適量
橄欖油　15cc
巴西里（切末） 適量

白酒奶油燉雞的材料。左鋼盤上段左起：白色雞高湯、白葡萄酒。下段左起：鮮奶油、麵粉。右鋼盤上段左起：奶油、蘑菇、月桂葉、胡蘿蔔、大蒜、洋蔥、雞腿肉2片（清理過，修整好外形的）。

煎烤出油脂

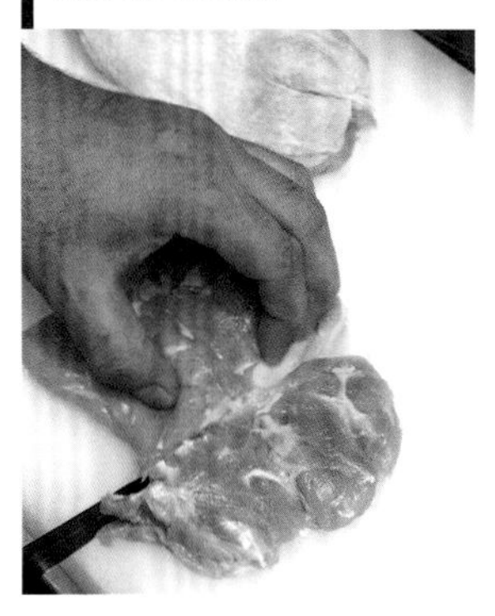

1　腿肉分切為下腿和上腿。加熱肉會縮小，所以切得比一口大小稍大些。1支腿肉大約切6塊。

2　分切好的腿肉。兩面撒上鹽和白胡椒備用。

3　平底鍋以中火加熱，倒入橄欖油，從皮側開始煎烤。

4　煎出油脂後，翻面，注意別煎焦。

5 這是讓皮下油脂釋出的作業，所以肉不必煎熟。只要表面慢慢煎至泛白即可。

6 取出肉備用。

燉煮

7 倒掉油，加奶油10g煮融，加入大蒜、洋蔥、胡蘿蔔和蘑菇（4等份）。

8 用小火拌炒，撒入能引出蔬菜甜味分量的鹽，撒入高筋麵粉拌炒。

9 炒到圖示般的柔軟度後，倒回**6**的腿肉。

10 均勻撒入白葡萄酒，火開大讓酒精揮發，加熬煮好的白色雞高湯和月桂葉。

11 用小火煮至腿肉熟透。

12 熬煮到圖示般的程度，用鹽調味後，加入鮮奶油。

13 以小火直接煮沸一下即完成。

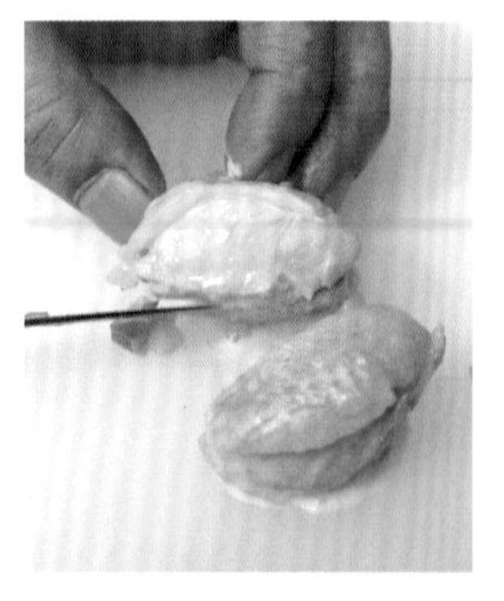

14 試著切開腿肉，剖面呈隆起狀，這表示腿肉煮到恰到好處。從腿肉和蔬菜同時熟透的時間反推，依此來決定**1**的腿肉大小。盛入容器中，撒上切末的巴西里。

3

第 3 章

義大利料理的高湯和經典料理

義大利料理
Convivio 辻 大輔

高湯

Brodo

義大利料理的高湯稱為「brodo」，作為燉煮料理和各式醬汁等的基底，常被用在各式料理中。在「Convivio 」餐廳，每天都會準備和使用以雞骨熬煮，能廣泛運用的高湯。這種以雞骨和蔬菜煮出的鮮味高湯，味道不會太濃，也不會太淡，任何料理都能運用。該店只有準備這一種高湯。想調整鮮味的濃淡時，該店是增減雞骨的分量來調節。

清澄的雞脂和蔬菜的柔和香味，也是這個高湯獨特風味，最棒的是該店準備的高湯都會在當天使用完畢。

材料：直徑34cm×高22cm的矮湯桶1個份
雞骨　3隻份
芹菜　2根
胡蘿蔔　2根
洋蔥　3個
月桂葉　3片

芹菜切大塊。芹菜葉香味佳，所以也加入利用。洋蔥切2等份，胡蘿蔔切大圓片。雞骨洗去內臟和污血等備用。

1
在矮湯桶中放入雞骨，倒入水至八分滿，以大火加熱。

2
煮沸後浮現雜質浮沫。

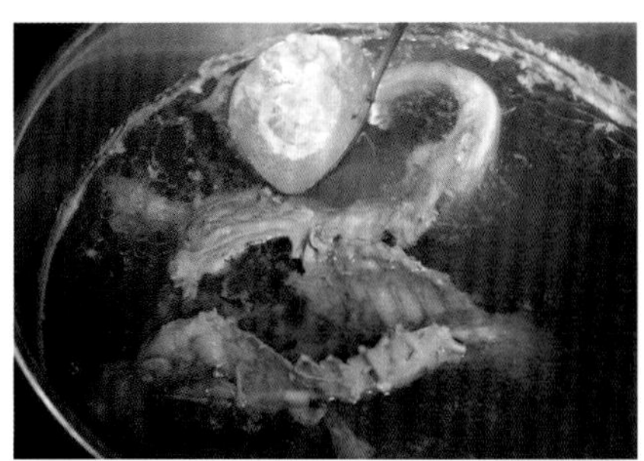

3
火轉小，仔細撈除浮沫。

4
撈除浮沫後，放入蔬菜和月桂葉，用大火煮沸一下。

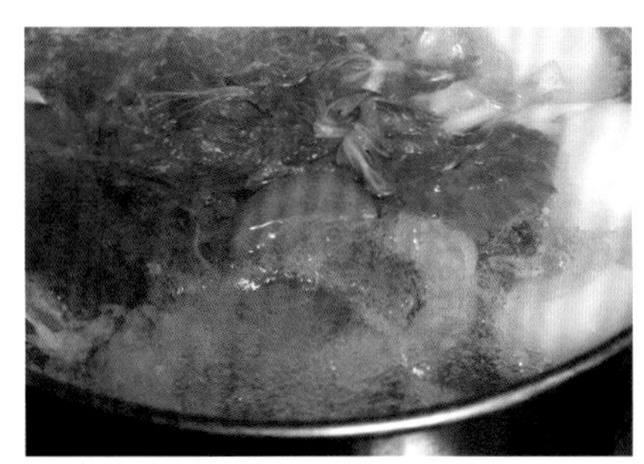

5
再煮沸後，火轉小，以讓水面靜靜流動的火候（稍弱的中火），加熱1個半～2小時間。

6
水分熬煮至這種程度。

7
用圓錐形網篩過濾高湯。

8
為避免品質劣化，泡冰水急速冷卻，當天使用完畢。

惡魔烤雞

Pollo alla diavola

這道將雞剖成一片再烘烤的料理，據說名稱的由來，是因烤肉外形好似敞開披風的惡魔姿態一般。它不只是托斯卡納的料理，也以羅馬地區料理聞名於世，不過這裡介紹的是我修業時期，在托斯卡納做過的烤雞，先以香草醃漬後再烘烤。另外我也會採取在雞的表面裹上胡椒、紅辣椒、卡宴辣椒粉（cayenne pepper）等辛香料，再烘烤的烹調法。

惡魔烤雞以平底鍋烹調，要訣是一面在雞肉上壓重物，一面壓平讓皮面烤焦。香脆的外皮是這道料理的特色，所以處理時小心別弄破皮。

材料：

全雞（切開成1片→26頁） 1隻（1.3kg）

鹽　雞的1.2%

黑胡椒　1大匙

醃漬液

- 鼠尾草葉　10片
- 迷迭香　4枝
- 大蒜　1瓣
- 橄欖油　50g

烤馬鈴薯*

*馬鈴薯2個去皮，切亂刀塊。放入沸鹽水中，以稍弱的中火煮7分鐘。取出瀝除水分。在平底鍋中倒入適量橄欖油，放入拍碎的大蒜1瓣、迷迭香和鼠尾草各1枝，加熱散發香味後，放入馬鈴薯混拌。放入180℃的烤箱中加熱15分鐘，撒鹽調味。

依照第26頁的步驟，將全雞剖成一片備用。

左起：醃漬液材料的鼠尾草、迷迭香、大蒜（帶皮拍碎）。準備1.3kg、去內臟的全雞。約是4人份的分量。

醃漬

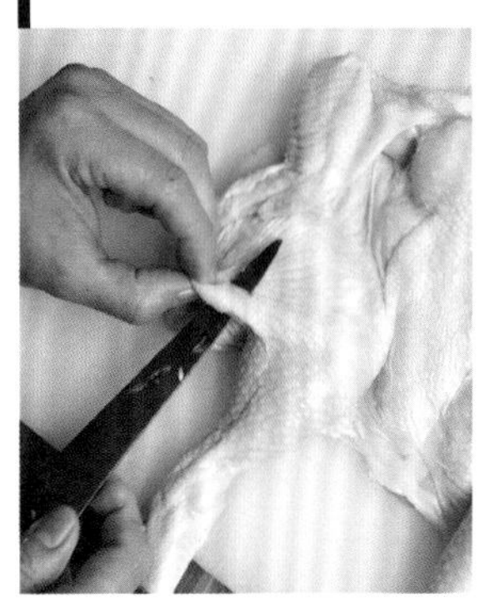

1 腿部上面的皮，用刀尖刺穿劃切口。

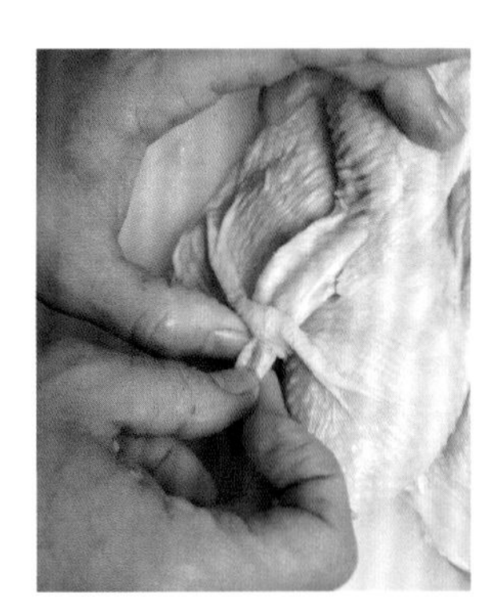

2 修整雞的外形，讓它厚度均等較易烘烤，所以將雞翅前端插入1的切口中。

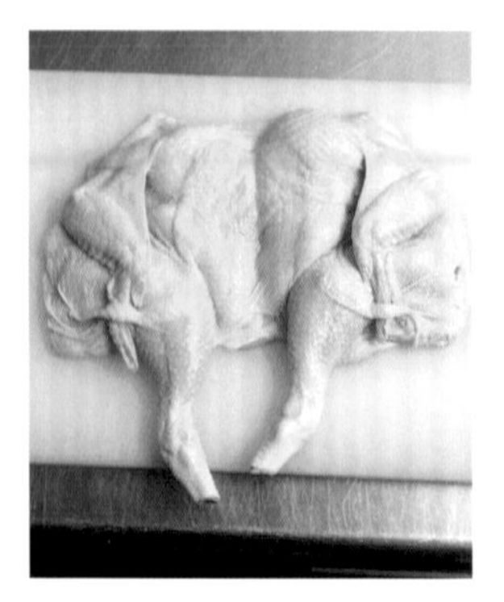

3　另一側的雞翅也同樣插入切口中。圖中是外形修整好的雞。

4　製作醃漬液。在深的容器中放入鼠尾草、迷迭香、大蒜和橄欖油。

5　用手持式攪拌器大致攪碎。

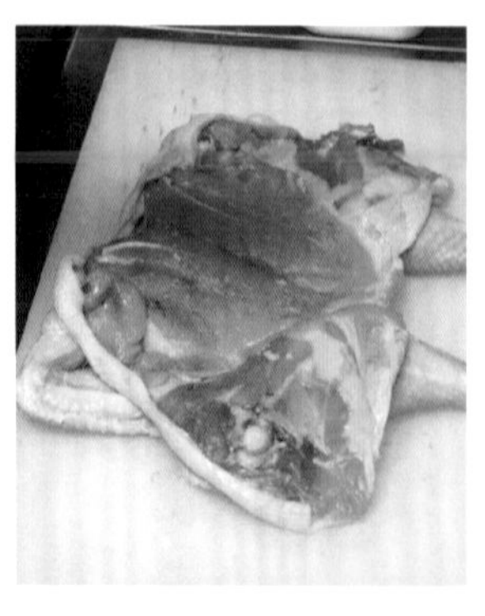

6　在雞的皮側和肉側上撒鹽。肉厚部分鹽稍微撒多點。

7　在兩面抹上粗碾的黑胡椒粒。

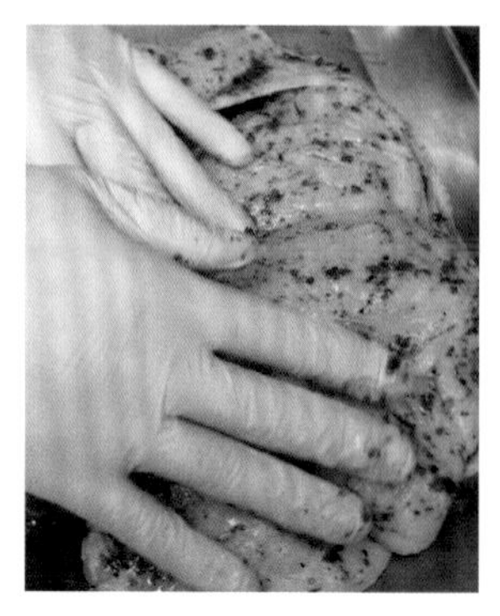

8　將雞放入淺鋼盤中，將**5**的醃漬液塗滿整體，揉搓使其滲入。

9　包上保鮮膜，放入冷藏庫醃漬3小時。煎烤前讓它回到常溫。

上色

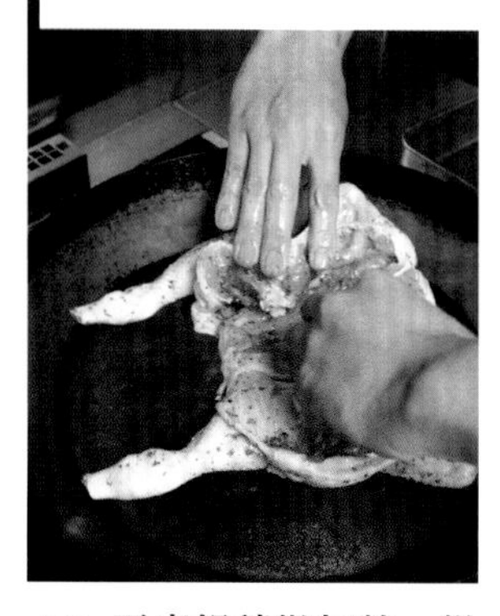

10　平底鍋稍微加熱，從皮側開始煎烤。注意別讓雞翅脫落。香草容易烤焦，所以勿用高溫。

11　用扁平的淺鋼盤壓住肉，再從上按壓，以防肉收縮。進行修整外形，讓肉上色的作業。

用烤箱烘烤

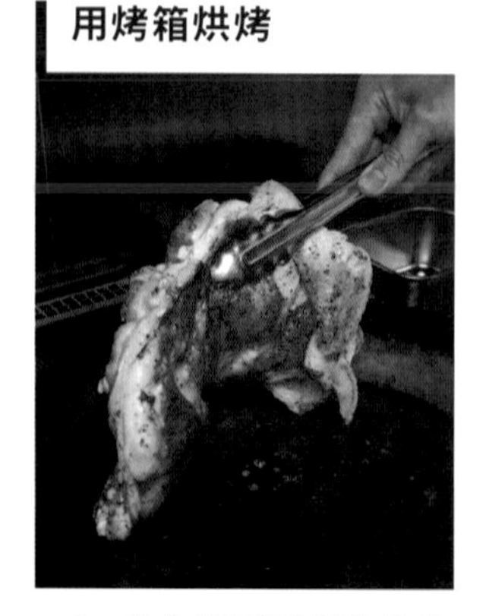

12　表皮煎至漂亮上色後翻面。肉側只要煎到肉變色的程度即可。皮側朝上放入淺鋼盤中。

13　以180℃的旋風蒸烤箱（熱氣模式／濕度0%）加熱20分鐘。

14　圖中是完成的烤雞。和烤馬鈴薯一起盛盤。

獵人燉雞

Pollo alla cacciatora

「Cacciatora」在義大利語中是「獵人風味」的意思。這道雞肉先煎過再略燉煮的料理，據說最初源自獵人以最後獵得的獵物製作的豪邁料理。雖然現在它已是義大利各地廣為流行的大眾化料理，不過用番茄燉煮的「獵人燉雞」，原是托斯卡納地區的鄉土料理。為了充分利用雞腿新鮮、多汁的風味，避免肉汁流失，製作的訣竅是雞肉表面先煎硬，分切成一口大小後，再以適度的火候煮到恰好的熟度。
義大利料理中，大多加入海鮮或肉類加工品來增添料理的美味，這道獵人燉雞也以鯷魚來調和雞肉的風味，及增添鮮味。

材料：2人份
雞腿肉（帶皮） 1片（150g）
鹽 雞的1%
洋蔥（切大丁） 1/3個
橄欖油 15g
白葡萄酒 20g
蔬菜醬（soffritto）＊ 30g
迷迭香 1枝
黑橄欖（帶籽） 12顆
番茄糊＊＊ 30g
高湯（→82頁） 100g
鯷魚醬（→94頁） 5g

＊將洋蔥3個、胡蘿蔔1根和芹菜2枝，用食物調理機攪碎。在有耳鍋裡加入橄欖油50g，放入洋蔥、胡蘿蔔和芹菜，為了讓蔬菜釋出水分，甜味凝縮，加少量鹽以中火拌炒，炒到水分蒸發。水分蒸發後轉小火慢慢地拌炒。大致炒1個半小時。事先大量製當作鮮味素備用。約可保存2週的時間。

＊＊拍碎的大蒜1瓣用橄欖油50g炒香，加入切大塊的番茄4個和鹽1小撮，以稍弱的中火煮20分鐘。用手持式攪拌器攪打成細滑的糊狀。

上起：黑橄欖、蔬菜醬，洋蔥、迷迭香、雞腿肉（帶皮）。

上起：白葡萄酒、番茄糊、高湯。

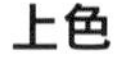

上色

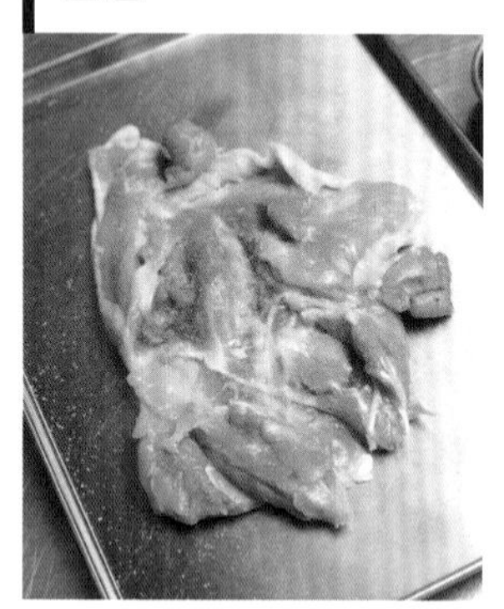

1 腿肉去骨，剔除軟骨備用。在腿肉兩側撒鹽（雞的1%）。

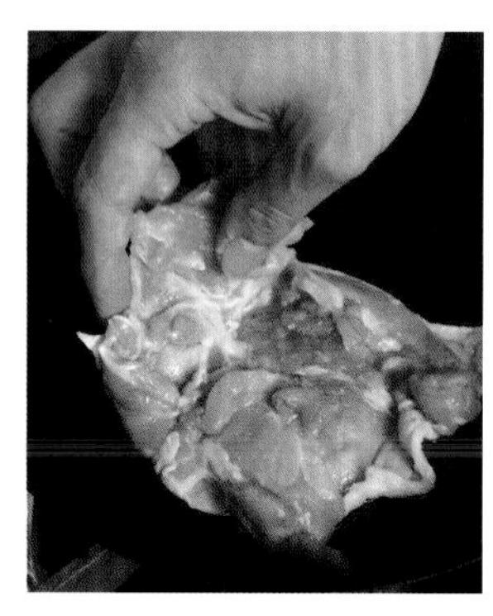

2 將腿肉皮面朝下，放入倒有橄欖油的平底鍋中，以中火慢慢煎烤到皮下脂肪脫落。

3 在別的鍋裡倒入橄欖油，用小火拌炒洋蔥。加鹽（分量外）讓洋蔥釋出水分。

4 避免炒焦，炒到洋蔥變軟及呈現透明感。

5 將**2**的腿肉煎到周圍變白，皮面呈淡褐色後翻面，肉側快速煎一下。

6 取出腿肉，分切成4cm的塊狀。

燉煮

7 在**4**的鍋裡放入腿肉，倒入白葡萄酒。用大火煮沸讓酒精揮發。

8 加入迷迭香、蔬菜醬和黑橄欖。

9 再加番茄糊和高湯，用大火煮。

10 肉可以稍微露出。煮沸後轉中火，煮乾水分讓材料軟爛乳化。

11 途中加入鯷魚醬以調和雞肉香味。

12 煮汁收乾後即完成。煮的時間約10分鐘。洋蔥若沒熟透，加水或高湯繼續煮。

炸雞排

Cotoletta di polio

這道是用雞胸肉製作的炸雞排。在重視「咀嚼（masticare）」的義大利，料理口感的好壞相當重要。和炸牛排一樣，炸雞排的雞胸肉也要拍薄，蛋液中加入起司增加風味，再密實沾上細麵包粉，用少量的油炸至酥脆。因為肉拍得很薄，為了配合薄肉片，麵衣的麵包粉我用碾細的乾福卡夏麵包來製作。炸雞排還搭配標準配菜番茄和芝麻菜。

材料：
雞胸肉　70g
中筋麵粉　適量
蛋　1個
鹽　3小撮
帕達諾起司（Grana padano，粗磨）
　2大匙
麵包粉*　適量
炸油**　適量
番茄、芝麻菜　各適量

*福卡夏麵包（focaccia）乾燥後，用食物調理機攪打成細粉使用（右圖）。
**將等量的橄欖油和葵花籽油混合使用。只用橄欖油油炸，油味較明顯，加入葵花籽油後能使味道變柔和，成本也會降低。

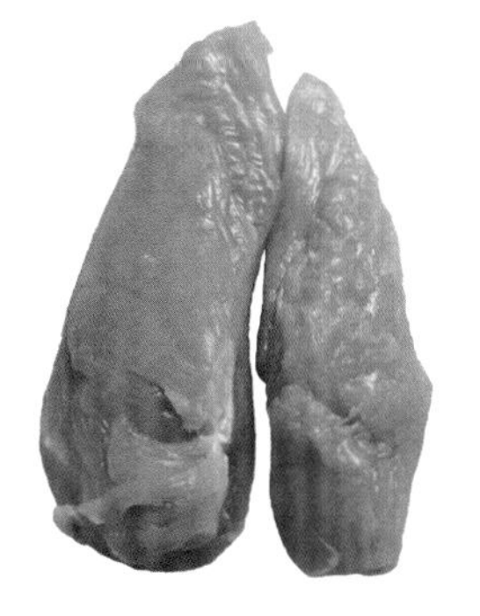

從纖維分界處分切雞胸肉。

在蛋汁中加入鹽和粗磨的帕達諾起司備用。

裹麵衣

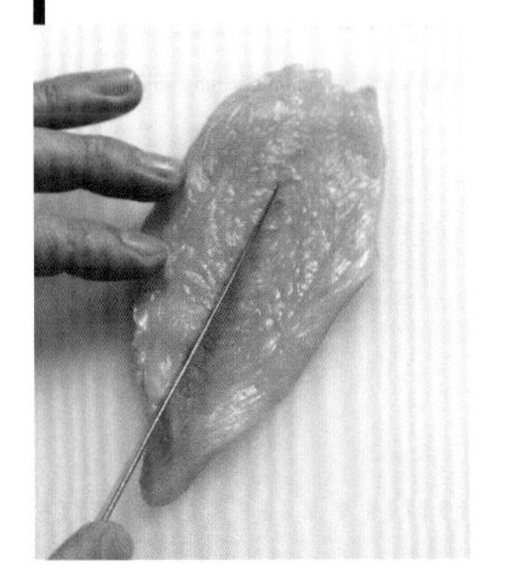

1 去皮，從纖維分界處分切，將胸肉展開成薄片。

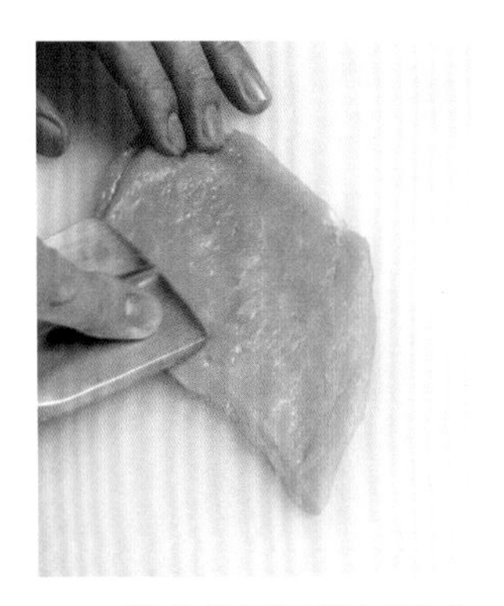

2 從肉的周圍拍打讓肉延展，直到整體都拍薄。比起切薄，用拍薄方式肉更有彈性。

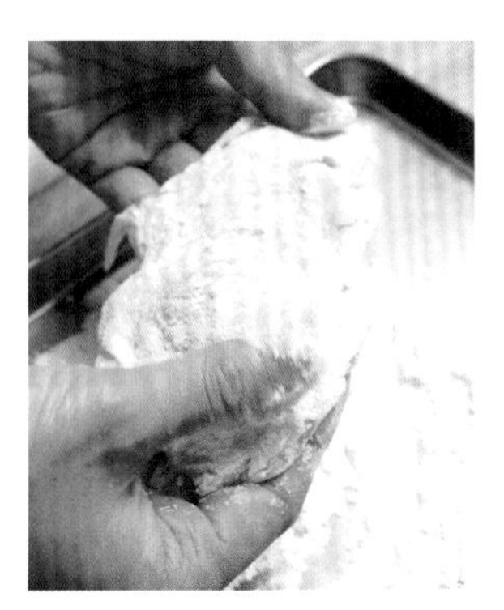

3 將肉沾上中筋麵粉。

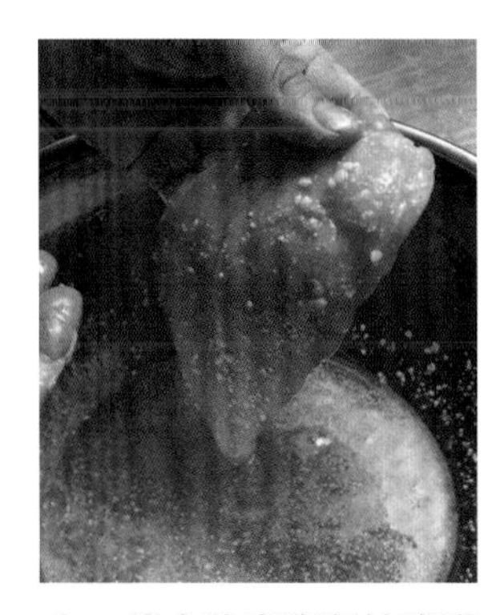

4 將肉沾裹鹽和帕達諾起司混成的蛋汁。

5 沾上麵包粉用手按壓，讓粉緊密黏著。

油炸

6 在平底鍋中倒入約2cm深的炸油，開火加熱。加熱160～170℃後放入**5**的胸肉。

7 炸至周圍變褐色後，大致是翻面的基準。

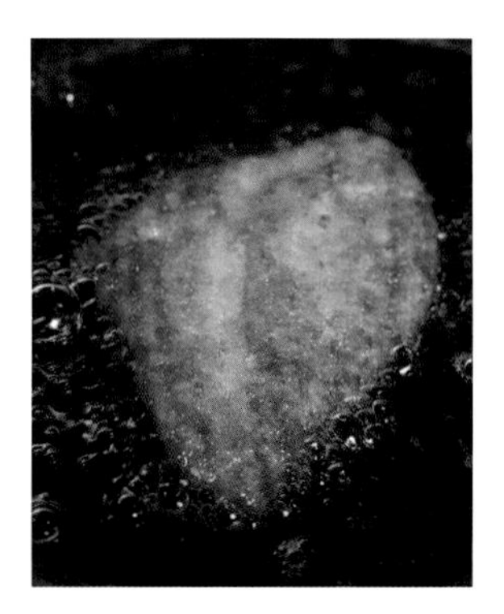

8 炸至均勻上色。慢慢油炸至完全熟透，富有嚼感。

9 取出，瀝除油。油充分瀝除後盛盤。上面再放上切丁的番茄和芝麻菜。

蔬菜燉雞

Bollito

「Bollito」在義大利語中是「燉煮」的意思。因此，並不只有雞肉料理，有許多料理都以「Bollito」為名。若提到肉類的燉肉料理，取牛、豬肉等多種肉類各少許，豐盛地盛盤的北義綜合燉肉，或許是其中最著名的。這裡介紹的蔬菜燉雞，慢慢燉煮至骨肉彷彿會立刻分離般軟爛的全雞，和切大塊的蔬菜，還經過靜置一晚入味。藉著加入具有酸味和鮮味的番茄，料理整體的味道變得更濃郁。

材料：4人份
全雞（去內臟） 1隻（1.3kg）
鹽　雞的1.2%
洋蔥（大） 1個
芹菜　1.5根
胡蘿蔔　1根
番茄　1個
月桂葉
黑胡椒粒　5～6粒
水　3公升

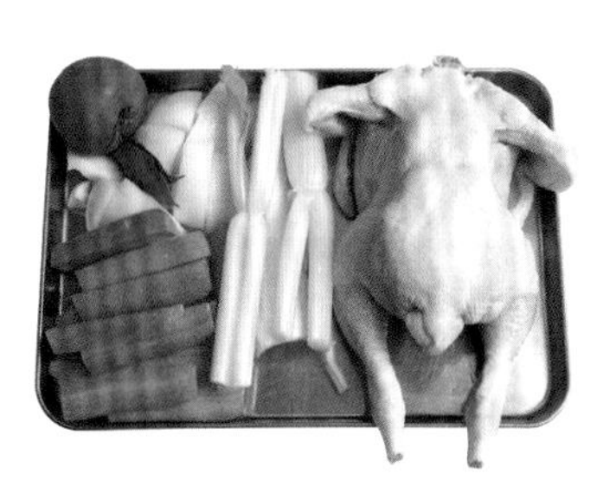

全雞切去頸部。若有殘留的羽毛等，仔細剔除，在整體撒上大量的鹽。芹菜切成5～6cm長。胡蘿蔔縱向切成4～6等份，再切半。洋蔥橫切一半後，切成梳形片。番茄切半。

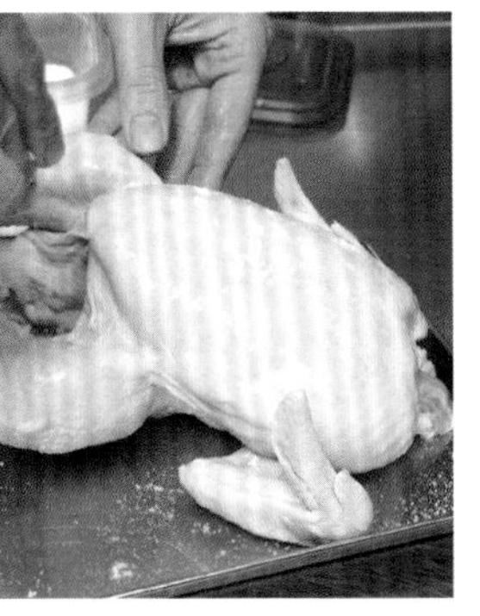

1　在全雞的表面撒滿鹽揉搓入味。

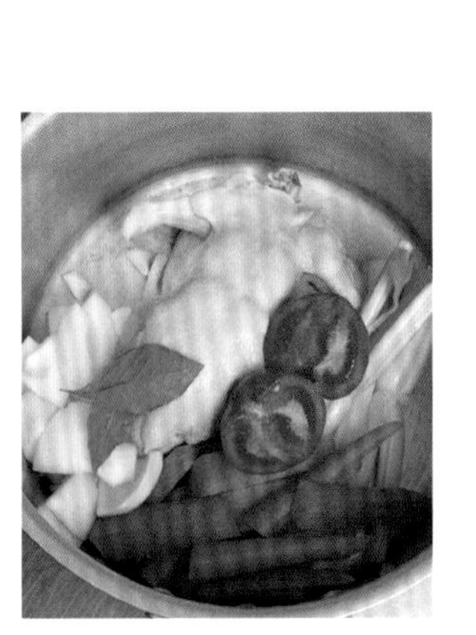

2　在鍋裡加入雞、芹菜、胡蘿蔔、洋蔥、月桂葉和番茄。

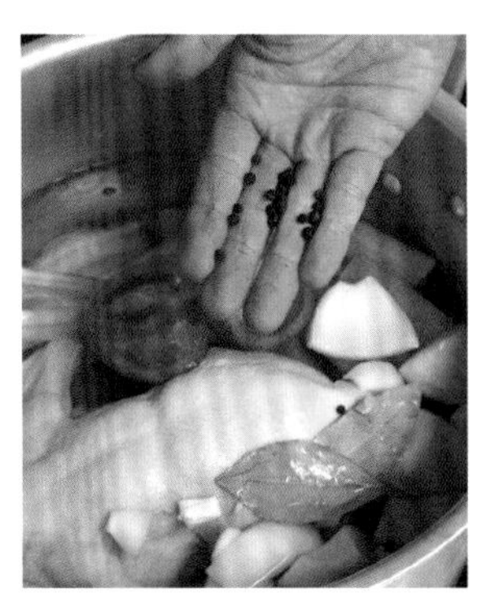

3　倒入3公升的水，放入黑胡椒粒，以中火煮沸。

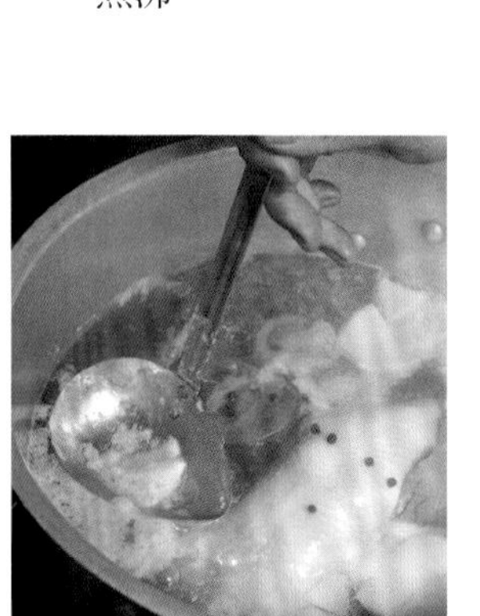

4　煮沸後撈除浮沫，約煮1小時。一直煮到煮汁變少。

5　途中將雞翻面。

6　煮好後，將雞的腿肉和胸肉切開，再放回煮汁中，靜置一晚入味。提供時，加熱後盛盤。

雞肝醬

Paté di fegato

這是以雞肝製作的一道人氣料理。可作為麵包的抹醬，也能當作前菜，是利用價值極高的簡單料理。考慮到肝醬能夠廣泛運用，我刻意消除雞肝獨特的腥味，烹調前先以鮮奶處理覆蓋，還加入個性更鮮明的酸豆和鯷魚。另外還用白蘭地增添香味，加入鮮奶油、奶油等乳製品，使肝醬完成後味道圓潤。雞肝充分加熱，去除空氣冷藏的話，約可保存3天，但因為會散失香味，所以最好儘早食用完畢。

材料：30人份
雞肝（清理好的） 500g
鮮奶　適量
橄欖油　30g
鹽　1小匙
蔬菜醬（→88頁） 30g
鯷魚醬＊　1大匙
酸豆　1大匙
白葡萄酒　80g
白蘭地　80g
奶油　100g
配菜
- 麵包、無花果、
- 義大利荷蘭芹　各適量

左起：雞肝、奶油（無鹽）、蔬菜醬、鯷魚醬和酸豆。餐廳有時也會用帶油脂的白肝（粉肝），不過因為料理中已加入奶油的油份，所以用普通的雞肝就行了。

＊上圖是鯷魚醬。用食物調理機將罐頭鯷魚攪打成醬狀。

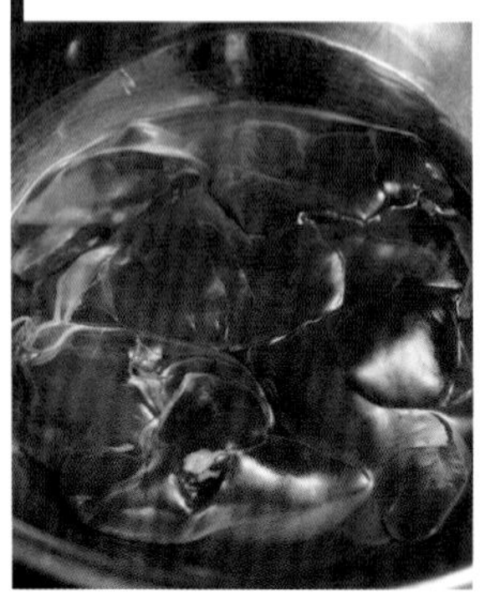

1 雞肝剔除油脂和粗血管等。

2 將雞肝浸泡鮮奶，放入冷藏庫一晚去除腥味。

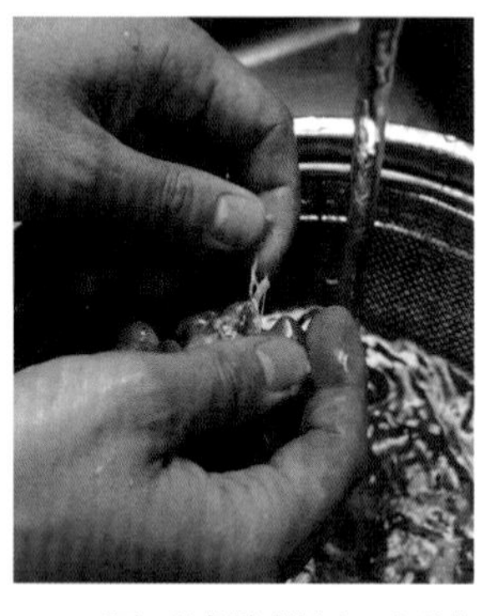

3 隔天濾除鮮奶，用流水洗淨，剔除剩餘的油脂、粗血管和筋等，瀝除水氣。

拌炒

4 在平底鍋中倒入橄欖油，放入**3**的雞肝，以中火拌炒。

5 加鹽調味，充分拌炒到雞肝整體熟透、收縮。

6 加入蔬菜醬、鯷魚醬和酸豆再拌炒。

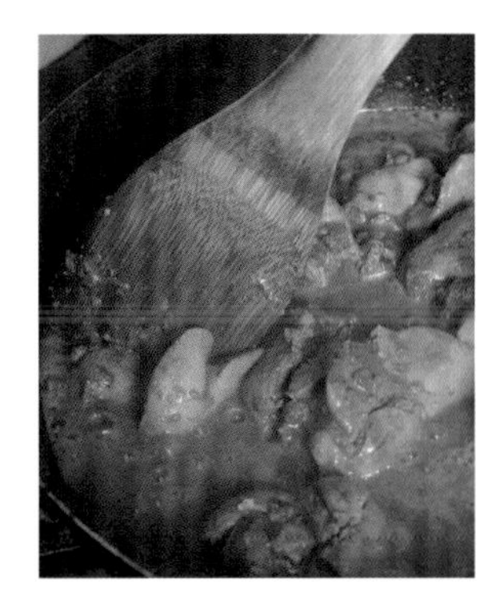

7 為增加香味和呈現鮮味，加白葡萄酒和白蘭地，用木匙壓碎雞肝讓它充分加熱。

8 煮到水分幾近收乾為止。

用食物調理機攪打

9 用食物調理機將8攪打成乳霜狀。

10 從食物調理機中取出，過濾變細滑。

11 攪拌置於常溫中已回軟的奶油。

12 在11中放入10充分攪拌。圖中是攪拌好的狀態。

成形

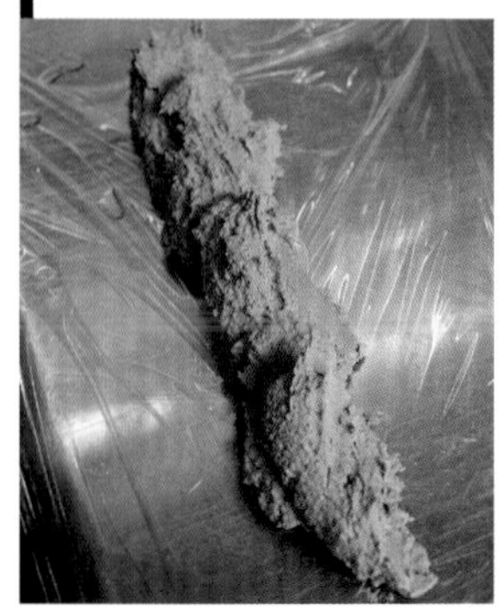

13 保鮮膜攤平，放上塑成棒狀的12。

14 包上保鮮膜，兩端扭緊去除空氣。若包入空氣，用鐵籤刺破排除空氣。

15 兩端打結。因香味會流失，所以儘早食用完畢。

16 薄切麵包，放上切圓片的肝醬，盛入容器中。搭配切成梳形的無花果、義大利荷蘭芹葉。可作為前菜。

4

第 4 章

日本料理的
高湯和經典料理

日本料理
Ifuu 龜田雅彥

雞高湯

這是主要作為蒸煮、碗蒸及火鍋等料理基底的和風高湯。高湯材料是在雞骨中加入柴魚，以搭配和風料理增加厚味。因高湯中已徹底萃取出鮮味，可視不同的用途，用柴魚高湯或水稀釋後使用。

材料：直徑31cm的矮湯桶1個份

雞骨（土佐hachikin土雞） 2隻份
昆布 15cm×5片
柴魚 80g
胡蘿蔔 1根
芹菜 1根
洋蔥 1個
薑 1個
水 5公升
日本酒 1公升

剔除雞骨上的油脂、污血和腎臟等備用。

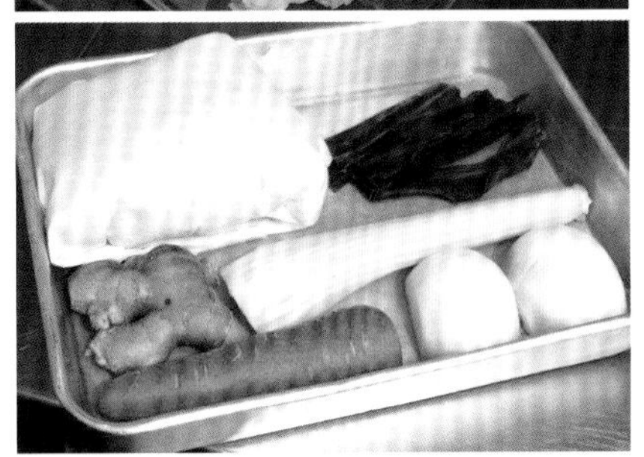

柴魚用棉布包好備用。昆布切成15cm長，薑帶皮直接切片。胡蘿蔔縱切一半，洋蔥切半。

清理雞骨

1

雞骨放入沸水中，周圍泛白後倒掉水。

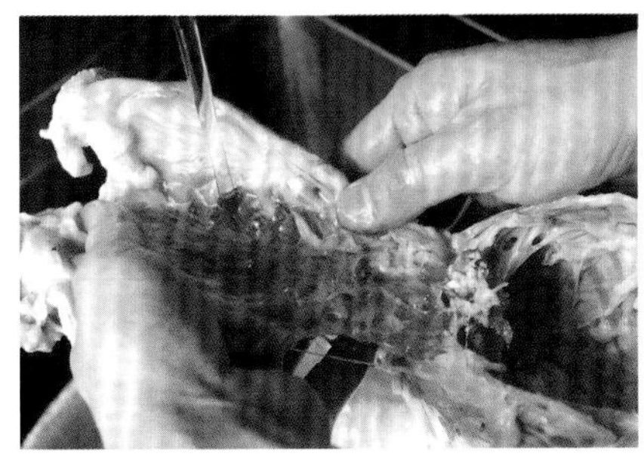

2

將背骨切開，用水沖洗掉剩餘的油脂和腎臟。

熬煮高湯

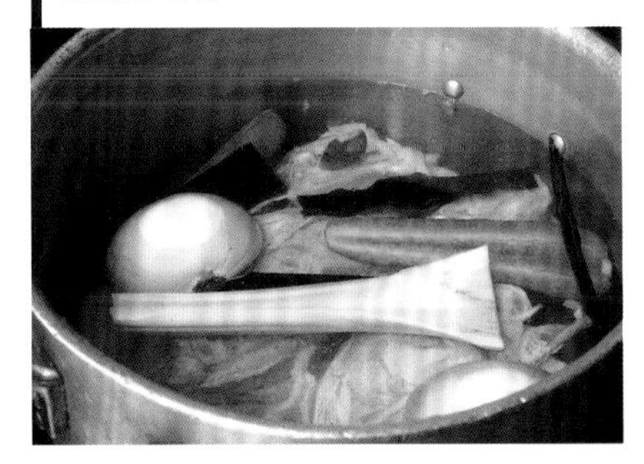

3

在矮湯桶中放入雞骨，加水、日本酒、蔬菜類和昆布，以大火加熱。

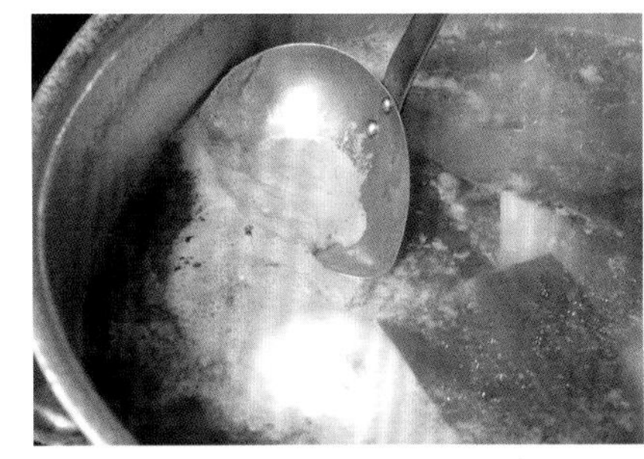

4

煮沸後轉小火，仔細撈除浮沫。

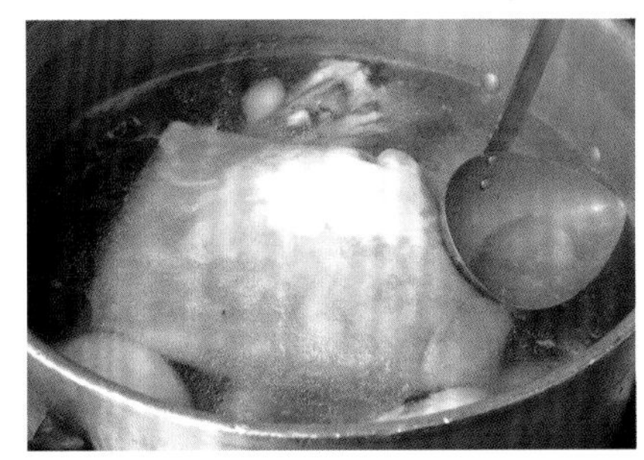

5

放入柴魚用小火加熱2小時。為了熬煮出清澄的湯汁，煮時勿讓水咕嘟嘟地翻騰滾沸。

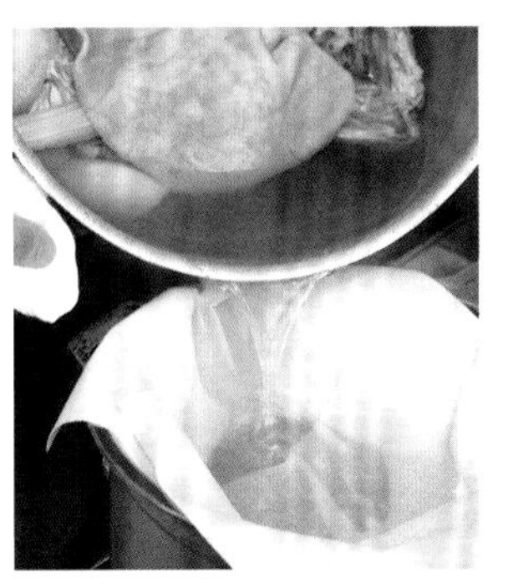

6

從紙巾上過濾。

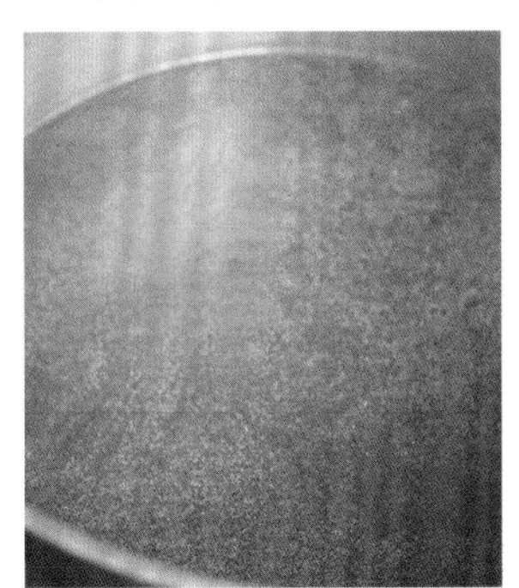

7

圖中是完成的雞高湯。成品約2～2.5公升。

雞腿香蔥串
奶油雞胸辣椒串
翅腿串

雞肉串燒

能直接享受雞肉各部位美味的雞肉串燒，是代表性的和風料理。雞肉串燒一般以鹽和醬料調味，不過各部位的調味是否恰當，根據食用者或燒烤人的喜好有極大的差異，請選擇自己喜愛的口味。要烤出美味的雞肉串燒，選肉和分切方式固然重要，不過串燒是在火源上直接烘烤，所以串刺的方式也很重要。雖然使用的烤台有所影響，不過，一般較難熟透的肉，都切小塊串在靠近手側，接著依序串刺較大的肉塊，形成逐漸展開的形狀。串刺時需考慮肉縮的方向和部位，以便讓串燒均勻受熱，直到最後都保有一定的厚度和美觀的外形。這裡是使用「土佐hachikin 土雞」，在以碳火燒烤的前提下準備肉串（省略烤法）。

◎雞腿香蔥串

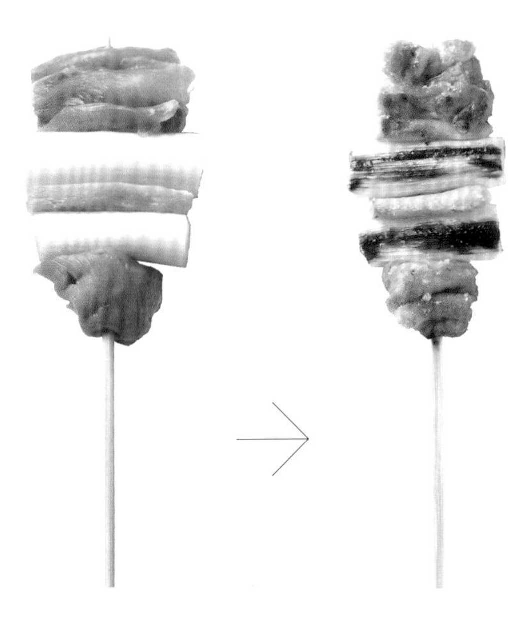

雞腿1片可製作10根雞腿香蔥串。腿肉的各肌肉縮小程度不同，先將各肌肉分開，組合腿根肉等各部分，在其間夾入青蔥，串成逐漸展開的串狀，以利容易熟透。這個串燒建議用鹽調味。

從下到上，肉的厚度儘量保持均勻一致來串刺。1根38g。

1 準備青蔥。剝去外側的1片，整齊切成4cm和5cm長。

3 剝除下腿肉的皮，和**2**同樣分開每一條肌肉，切開薄皮。

2 切開腿根肉，保留皮，分開上腿的各條肌肉。

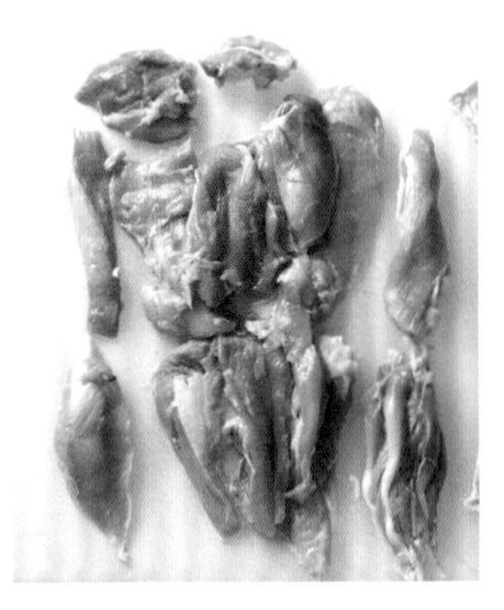

4 分切開各肌肉的腿肉。比較起來上腿肉較不易縮小。

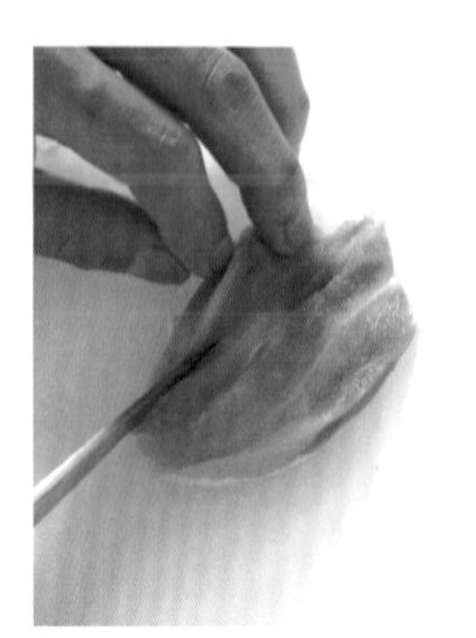

5 為讓下腿肉的厚度一致，從中央向兩側切開後展開肉。

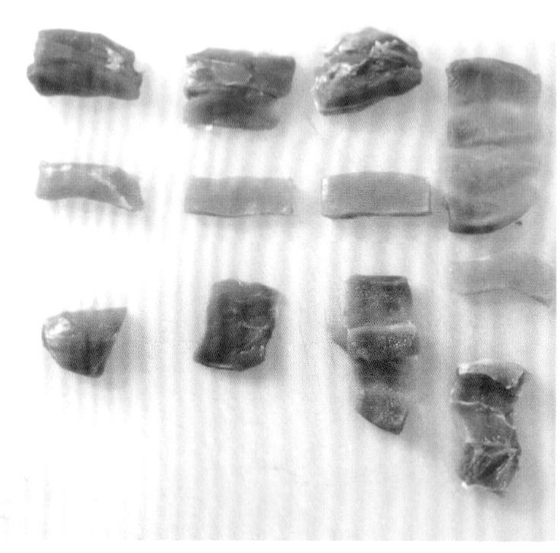

6 肉塊依串刺順序排放好。最下方串刺稍縮小無妨的部位的「小」肉塊，正中央的肉塊若縮小會破壞外觀，所以串刺不會縮小部位的「中」肉塊。最上方串刺略縮小無妨的部位的「大」肉塊。

7 依照小肉塊→4cm青蔥→中肉塊→5cm青蔥→大肉塊的順序串刺。

◎翅腿串

用3支翅腿，可製作將近2支的翅腿串。雞翅是充分運動的部位，富鮮味，也有很好的口感。為了呈現雞翅嚼感，保留雞皮。利用皮下的油脂將皮烤至酥脆，讓肉味更濃郁、芳香。

雞翅。這裡是使用已切掉翅中和翅尾的翅腿。

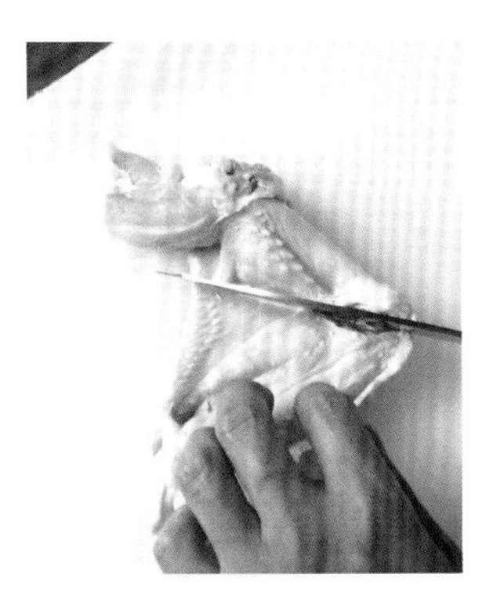

1 從雞翅上切下翅中和翅尾。

2 用刀沿著翅腿的骨頭，呈水平削切下肉。

3 將雞翅翻面，也同樣削下另一側的肉。

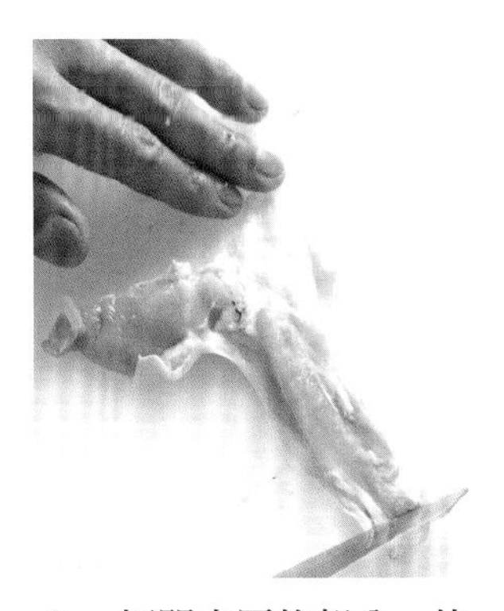

4 切開肉厚的部分，使肉厚度一致。

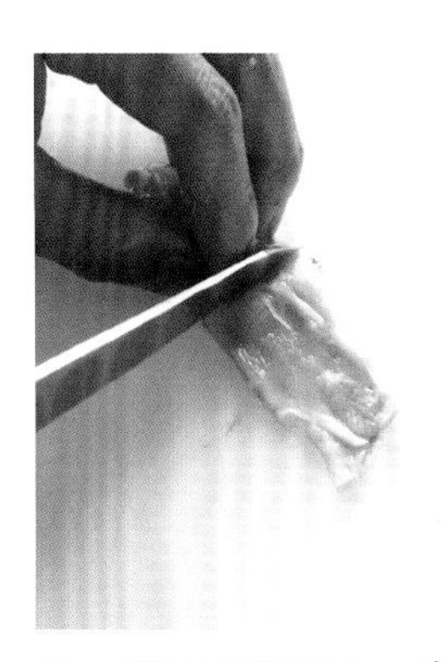

5 將肉分切成大、中、小塊。

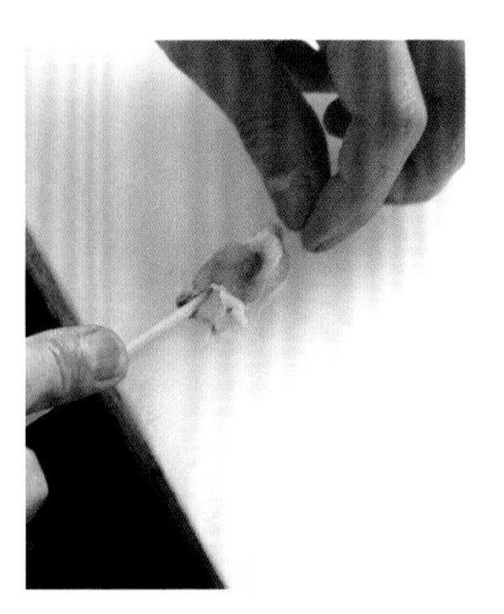

6 先串刺小肉塊。

7 再串刺中肉塊。

8 最上方串刺大肉塊，修整串燒的外形。1串45g。

◎奶油雞胸辣椒串

雞胸肉油脂少，其間可夾入切小塊的皮加以補充。串刺的重點是，串燒放在烤台上時，肉不會從兩側垂落。這個串燒建議以鹽調味。最後刷上融化奶油液，再撒上黑胡椒。

錯誤範例。串刺不當，肉向下垂落，這裡會先烤焦。

1 胸肉的纖維朝2個方向生長，因此從分界處分切開來。

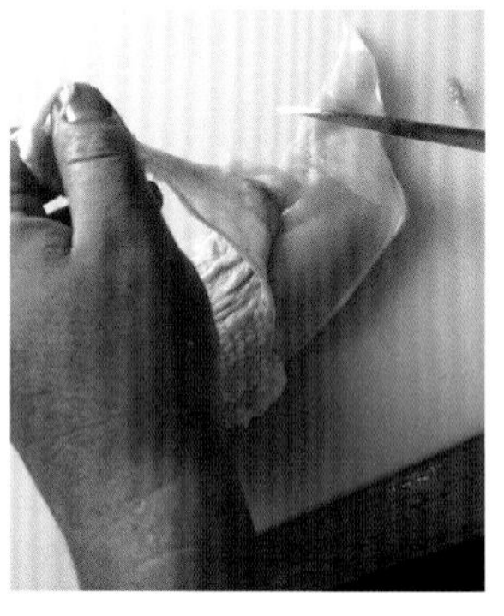

2 大塊的肉從較細端剝皮。

3 將外觀削切整齊。

4 切成大、中、小三種不同大小的肉塊，分開備用。厚度全部保持一致。夾在其間的皮則切小塊備用。

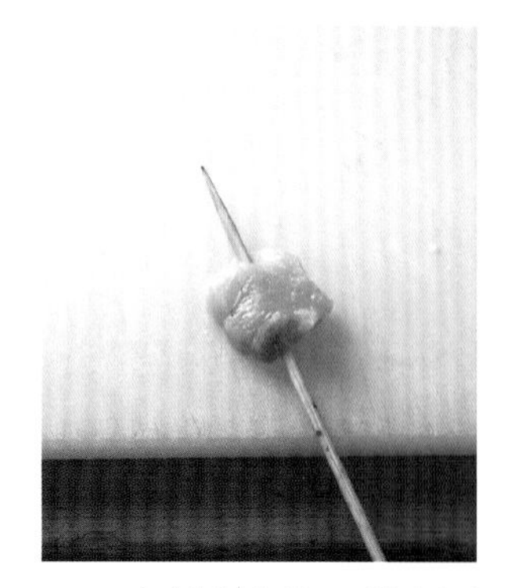

5 串刺小肉塊。從肉厚度一半處準確串刺。

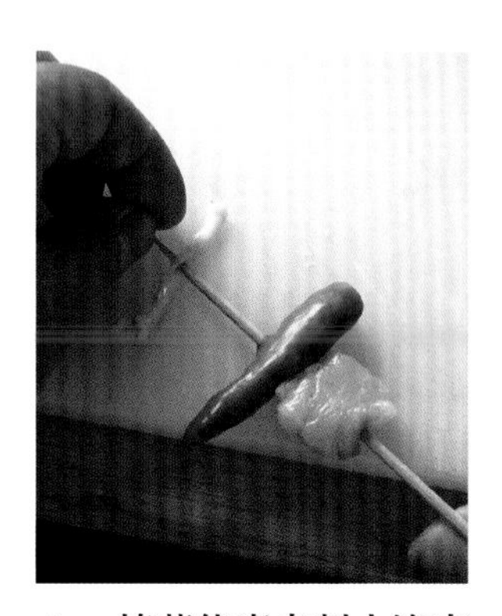

6 接著依序串刺小塊皮→獅子青辣椒→皮→中塊胸肉→皮→獅子青辣椒→皮→大塊胸肉。大塊胸肉順著纖維串刺。

◎雞胗

為充分發揮雞胗的口感，保留一部分銀皮備用，將肉薄部分重疊串刺，讓厚度保持一致，才能均勻受熱。雞胗串燒建議以鹽調味。

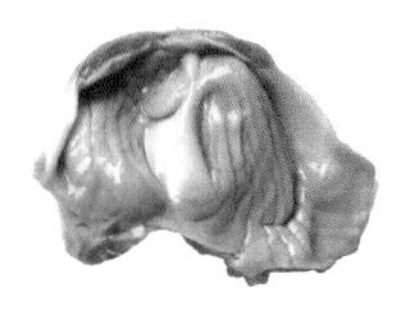

雞胗縱向切淺切口後打開，剔除包在裡面的餌食等備用。外側（左）和內側（右）。外側的白膜稱為銀皮。

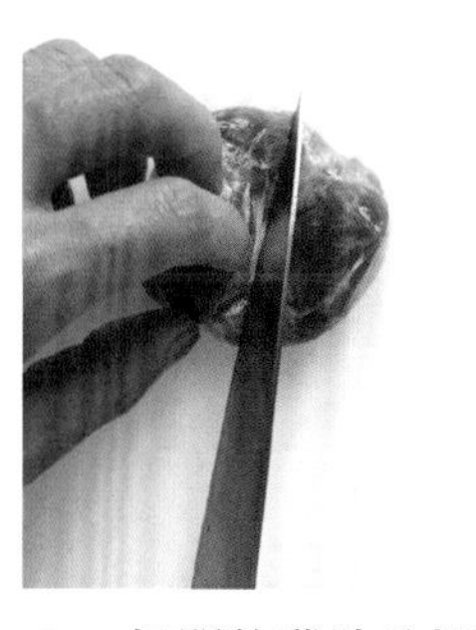

1 打開的雞胗分切2等份。

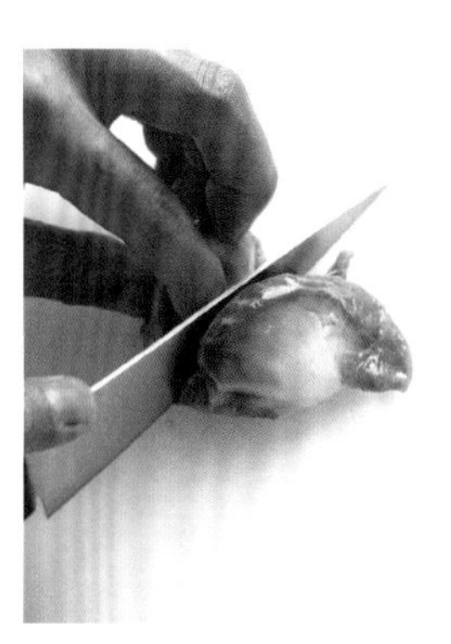

2 接著再切一半。

3 削除銀皮。另一側的銀皮也要削除。保留內側的內皮。

4 為穩固串刺，刺入內皮的部分。

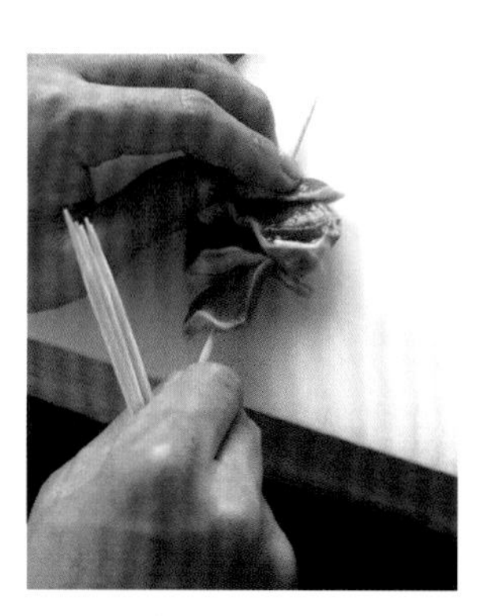

5 在薄肉塊部分，疊上厚肉塊，讓厚度均勻一致。

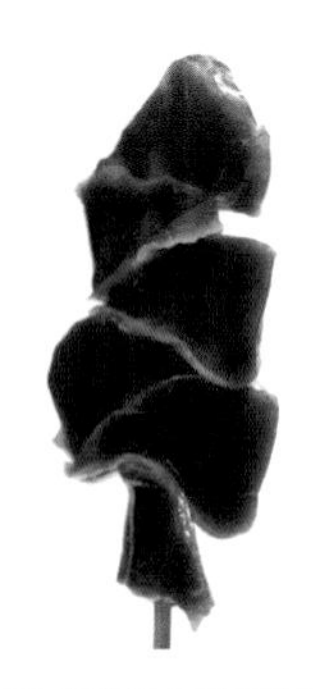

6 無間隙厚度對齊串刺。

雞胗
雞心根肉
雞肝
雞心

◎雞肝

將連在一起的雞肝和雞心分切開來，可以製作2種串燒。也可以在雞肝串上刺入剖成2瓣的1顆雞心。雞肝肉質柔軟，容易破碎，使用扁平竹籤串刺會比較穩固。這個串燒建議用醬料調味。

◎醬料：

味醂12.6公升用小火花時間將酒精煮至蒸發，再加入濃味醬油10.8公升熬煮，約煮至剩13公升後熄火，加黃砂糖1kg煮融。接續添補使用。

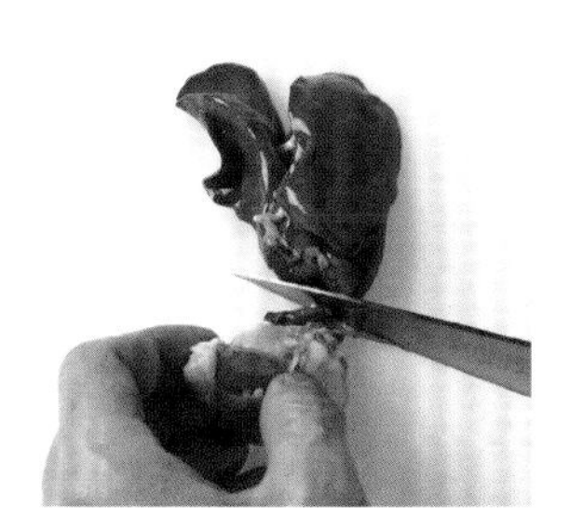

1　切下雞心，將雞肝的大葉和小葉分切開來。

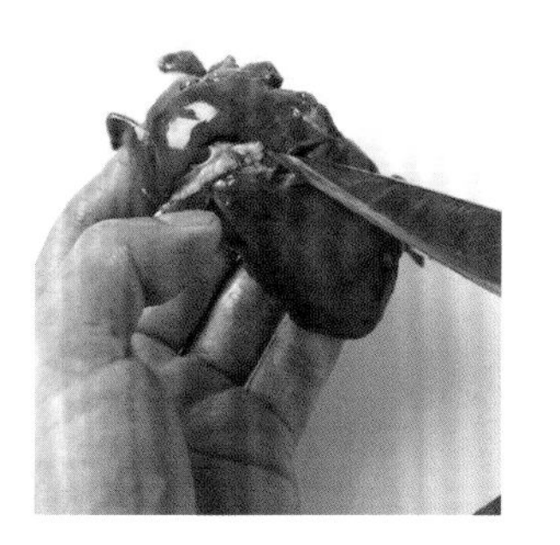

2　剔除大葉背面殘留的筋、血管和薄膜。

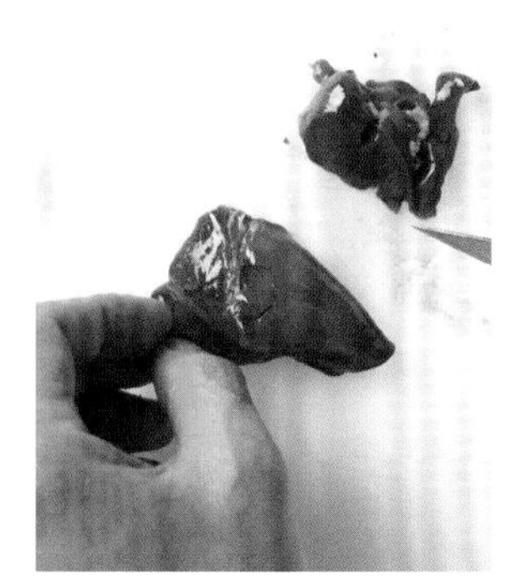

3　將雞肝分切成大、中、小塊。

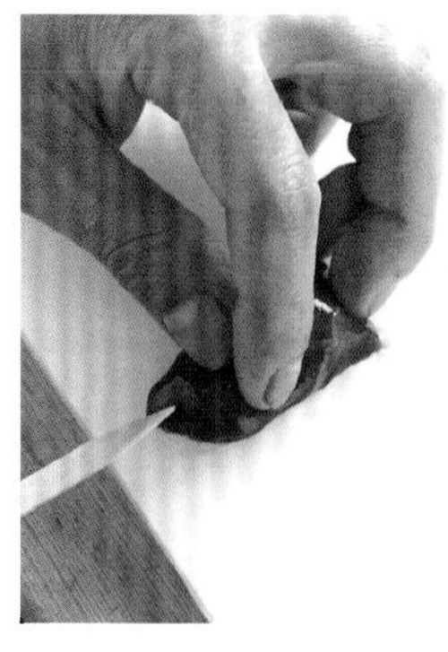

4　從小肉塊開始串刺，接著串刺中塊和大塊，形成逐漸擴展的形狀。

5　提供時，成為表面的那側，串刺成圓弧形以呈現光澤。

6　雞肝串也是將肉塊重疊串刺成均勻一致的厚度。1根40g。

◎雞心

從雞肝上切下的雞心，裡面殘留有血塊，需要仔細剔除。雞心根部的「雞心根肉」富嚼勁，深受大眾歡迎。這個串燒建議用鹽調味。

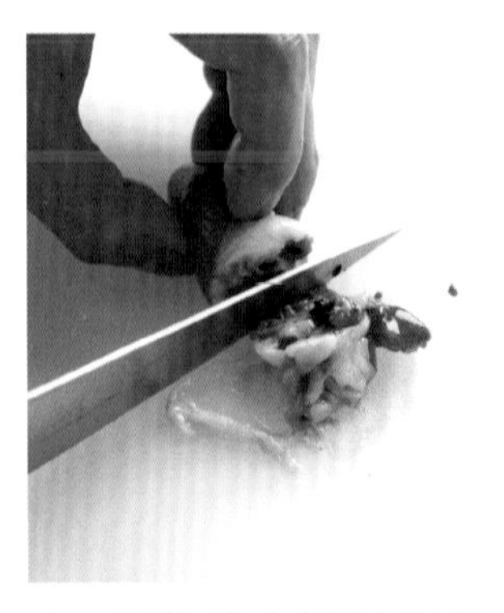

1 剝除雞心周圍的薄膜，切下雞心的根部（雞心根肉）。

2 將雞心切半打開，用刀尖剔除裡面殘餘的血塊。

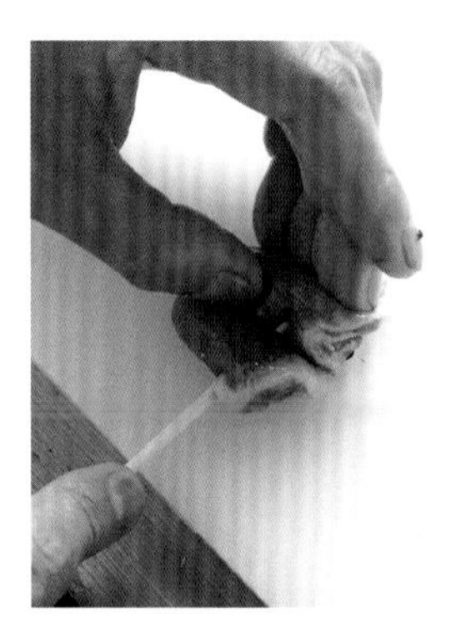

3 從比較小的雞心開始串刺。從靠近雞心根部處串刺。

4 串刺剖成6瓣（3個）的雞心。

◎雞心根肉

雞心根肉嚼感佳，極富魅力。一面將薄膜捲到竹籤上，一面串刺連接雞肝和雞心的血管。1串約串刺8瓣（4個）雞心根肉。串刺好後刷上融化奶油液，再放上蔥味噌。

◎蔥味噌的作法：

仙台味噌750g、烤芝麻180g、日本酒180cc、米醋180cc、大蒜泥1球份、砂糖10小匙和辣椒1小匙，充分混合保存備用。在烤好的肉串上放上味噌，上面再放上切末的青蔥。

1 用刀端剔除附在雞心根肉的血塊。

2 清理好的雞心根肉。

3 竹籤先穿入粗血管中。

4 為避免薄膜破掉，一面纏捲，一面如夾入般串刺。

松風

松風是用雞絞肉製作的傳統日本料理，自古以來被當作便當或年節時的料理。這裡介紹的松風，一半量的雞絞肉先用酒炒過，細滑的麵糊中充分展現雞肉的口感，還以炸香的堅果和葡萄乾等增加爽脆的嚼感。

材料：19cm活動式槽狀模型 1個份

麵糊
- 雞胸絞肉（絞碎2次） 500g
- 日本酒 150cc
- 蛋（全蛋1個、蛋黃1個）
- 片栗粉 50g
- 蛋黃醬（蛋黃1個、沙拉油50cc）

調味料
- 濃味醬油 25cc
- 溜醬油※ 25cc
- 砂糖 18g

餡料
- 葡萄乾 100g
- 蘭姆酒 100cc
- 去殼生核桃 100g
- 生腰果 100g
- 炸油 適量

罌粟籽 適量

※譯注：溜醬油純用大豆釀造，如醬油膏般較濃稠

前左起：雞胸絞肉絞2次使其變細滑，右側是連接用的片栗粉；中段左起：去殼生核桃、蛋（全蛋＋蛋黃）、生腰果；上段左起：葡萄乾、砂糖、醬油（濃味＋溜）、蛋黃醬。蛋黃醬是以製作美奶滋的要領，在打散的蛋中，一面慢慢加入少量的沙拉油，一面用打蛋器攪拌製成。

準備餡料

1 在鍋裡放入葡萄乾和蘭姆酒，開大火讓酒精揮發，轉小火煮乾蘭姆酒。

2 炸油加熱150℃，放入去殼核桃，炸到淡淡上色。腰果也同樣地油炸。

3 炸到這種程度的芳香色澤。

4 用食物調理機攪打核桃和腰果，攪成圖中細碎程度即可。

準備麵糊

5 半份雞胸絞肉和日本酒混合，用筷子充分混合後加熱拌炒。這樣不僅更有口感，也能去除油脂，縮短蒸烤的時間。

6 熟透後，放在濾網中瀝除水分後放涼。此階段若沒有充分靜置涼透，無法長時間保存。

7 在鋼盆中加入生絞肉、酒炒絞肉、蛋和蛋黃醬。

8 充分混合後，加片栗粉混合均勻。

9 加入其他調味料，再充分混合。

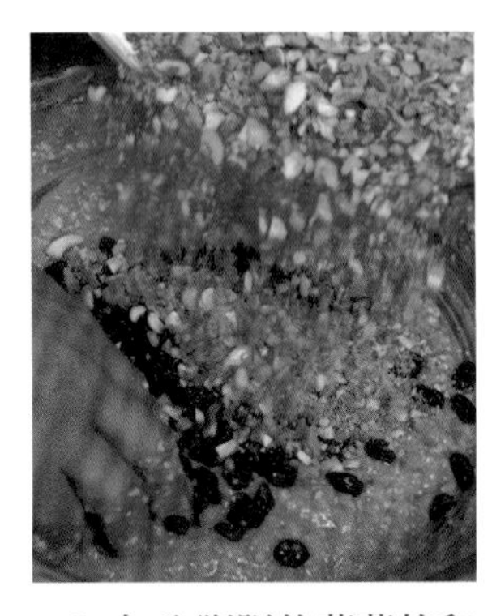

10 加入膨脹的葡萄乾和碎堅果充分混合。

炊蒸

11 將材料倒入活動式槽狀模型中，刮平表面，輕輕敲擊底部，讓裡面的空氣釋出。

12 為了沒有縫隙，上面蓋上烤焙墊，再放上1個活動式槽狀模型的上框壓住，如同均勻加壓般，數個地方用橡皮筋等綁住加壓。

13 用蒸爐以中火蒸30分鐘。

14 炊蒸完成。放涼後，用刀從模型周邊劃一圈，脫模。

15 分切成所需的寬度，反面朝上，刷上味醂（分量外）。

16 撒上滿滿的罌粟籽。

17 用上火加熱的開放型烤箱將罌粟籽稍微烤到上色。切成方塊後盛盤。

炸雞塊

這是雞腿肉油炸成的香酥炸雞，不論作為家常菜或啤酒的下酒菜都很適合。這道廣受大眾喜愛的雞肉料理，是甚至能開設專賣店的人氣商品。腿肉先油炸一次，利用餘溫加熱，接著第二次以高溫炸至酥脆，炸雞完成後裡面豐潤多汁，表皮酥脆可口。

材料：
雞腿肉　370g
醃漬調味料
- 日本酒　30cc
- 淡味醬油　10cc
- 鹽　1g
- 白胡椒　少量
- 薑泥　5g
- 洋蔥泥或蒜泥　15g
- 蛋　1個

片栗粉　適量
沙拉油　適量
獅子青辣椒　5根
檸檬　1片

分切雞腿肉

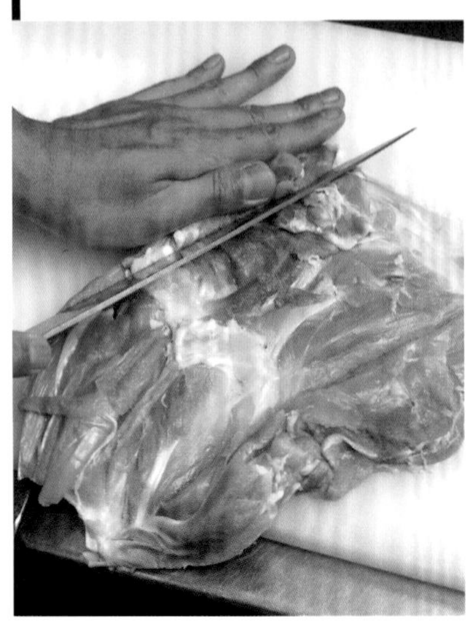

1　為了能在短時間內均勻地熟透，切開腿肉肉較厚的部分，讓厚度一致。

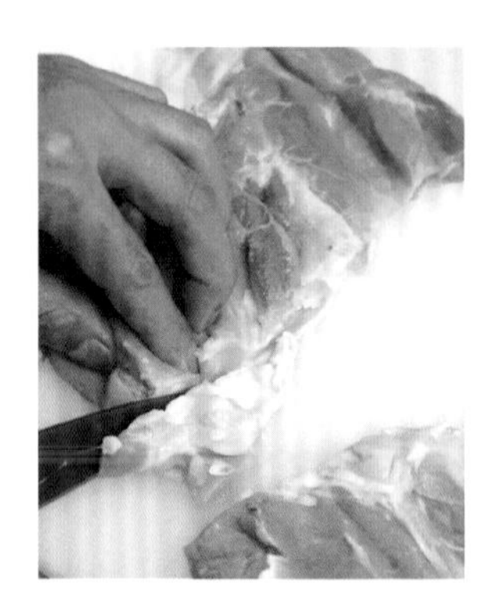

2　分切開上腿肉和下腿肉，若有殘留的關節軟骨、多餘的皮或油脂等均切除。

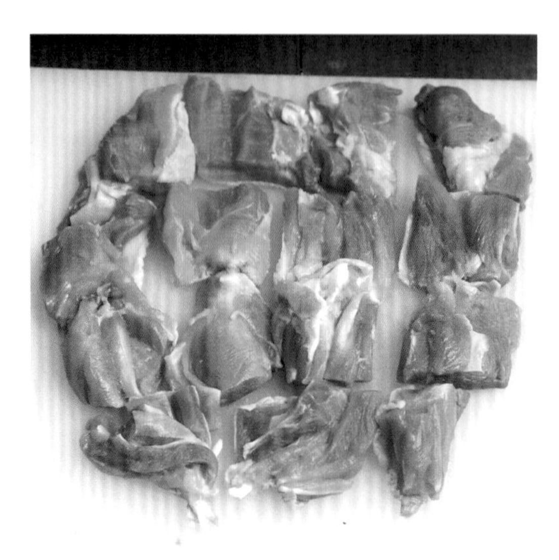

3　為儘量留長一點的纖維，1片約分切成25g。圖中是1片腿肉切成肉塊的狀態。

調味

4 在鋼盆中放入腿肉，加入醃漬調味料充分混合。

5 直接靜置30分鐘後，倒入濾網中瀝除水分。

6 將腿肉倒入鋼盆中，加片栗粉20g揉搓。

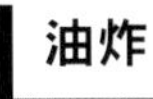

油炸

7 將用過一次含有雞的美味和香味的沙拉油，以及等量的新沙拉油混合，開火加熱。

8 如同片栗粉放在肉上般沾上粉。

9 放入加熱至170℃的**7**的油中。

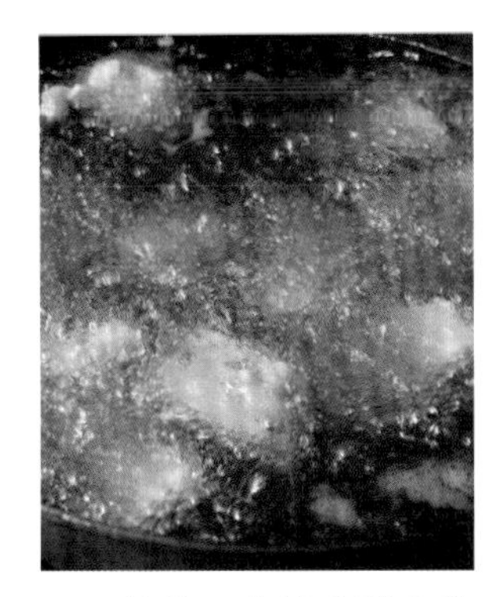

10 約炸3分鐘肉浮出後取出，瀝除油。

11 在此階段麵衣仍是白色的。確實瀝除肉的油。

12 炸到肉裡還呈粉紅色的程度。利用餘溫加熱約1分鐘。油炸殘渣全部撈除。

第二次油炸

13 將**12**的油加熱至180℃以上，放回腿肉。將腿肉的皮和麵衣炸至酥脆。

14 約經過1分半的時間，油泡變少後，取出瀝除油。用同樣的油炸獅子青辣椒，和檸檬一起佐配炸雞。

雞肉天婦羅

這道是在雞肉上沾天婦羅麵衣，油炸成的雞肉天婦羅。最近以大分縣的鄉土料理而聞名。為呈現柔軟的口感使用雞柳製作，不過若用腿肉或胸肉，又能享受另一番風味。肉質柔嫩，麵衣中加入蘇打水炸至酥脆，更添對比的口感。

材料：2人份

雞柳　3條

醃漬調味料
- 日本酒　50cc
- 濃味醬油　50cc
- 薑汁、薑泥　各適量
- 低筋麵粉　適量

天婦羅麵衣
- 低筋麵粉 100g
- 蘇打水　100g
- 水　適量

沙拉油　適量

雞柳。使用腿肉或胸肉時，需調整火候。

調味醬油和鹽。自左起：松露鹽、濃味醬油配芥菜籽，和風醬汁配白蘿蔔泥和薑泥。依個人喜好的味道享用。

雞柳的烹調前處理

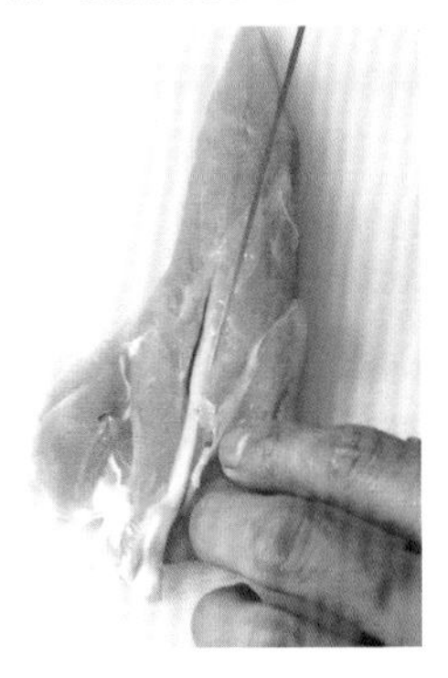

1　雞柳中有粗筋通過，沿著筋劃開，讓筋露出接著剔除。

2　切開筋的根部。

3　一面用手拉著筋，一面用刀刮削肉剔除筋。細筋和薄膜也要剔除。

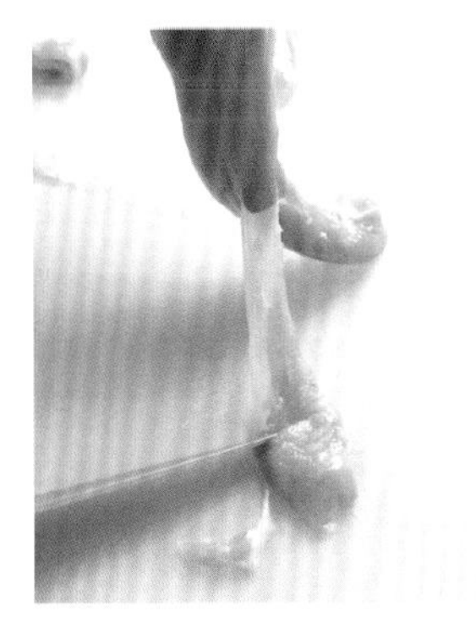

4　剝除邊端殘留的胸肉和雞柳的薄膜。

5　在約能浸泡的醃漬調味料中浸漬雞柳。

油炸

6　製作天婦羅麵衣。在低筋麵粉中加蘇打水，以適量的水調整濃度，大致混合。

7　在雞柳上沾上低筋麵粉，抖落多餘的麵粉。

8　手持雞柳的細端沾裹天婦羅麵衣。

9　將新的沙拉油加熱至160℃，粗端在油中上下提放多次加熱，再將整個雞柳放入油中。

10　雞柳浮起，油泡變少後取出。

11　切開後肉中央還是紅色，不過瀝油期間餘溫能將裡面加熱至剛好。

雞肉鍋

這裡介紹能享受兩種風味的雞肉鍋。雞腿肉用砂鍋煎出油脂，能增添高湯的鮮味，呈現芳香的壽喜燒風味。胸肉切薄片，放入煮沸的高湯中迅速涮燙，還能品嚐涮涮鍋風味。建議可將鍋、爐子和容器一起送至客席間，在桌上烹調製作。最後還可製成雞燴粥或加稻庭烏龍麵填飽肚子。

材料：2人份
雞胸肉　80g
雞腿肉　100g
小松菜　12棵
沾醬
濃味醬油15cc、醋橘（sudachi）榨汁2個份、白蘿蔔泥60g、紅葉泥少量、柚子胡椒1.5g、萬能蔥切蔥花10g
高湯
水1公升、日本酒100cc、15cm長的昆布3片・15g

雞肉鍋的盛盤（2人份）。雞胸肉、雞腿肉、小松菜。蔬菜適合用水菜或姬菜等無異味的菜。

加入調味料的沾醬。

盛盤和高湯

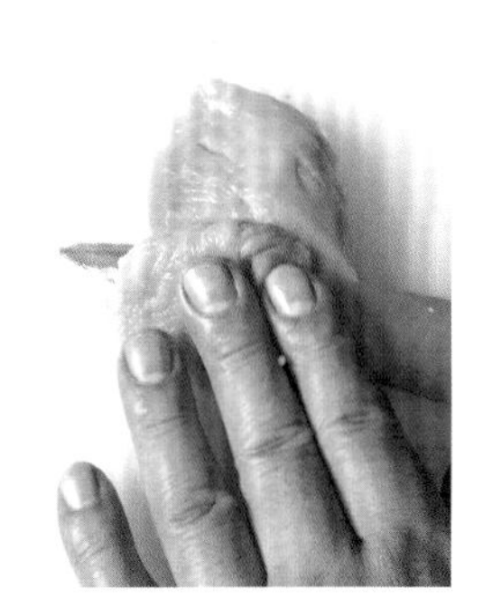

1　胸肉削切薄片。

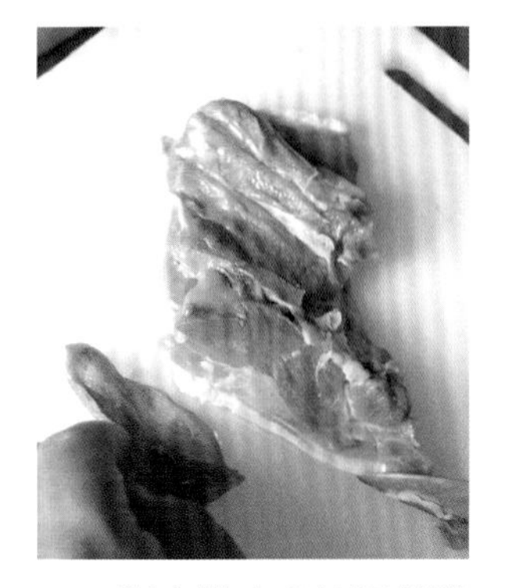

2　腿肉帶皮直接順著纖維切開。和小松菜、胸肉和腿肉一起盛盤。

3　準備高湯。在水中浸泡昆布一晚後，加入日本酒。

在餐桌上料理

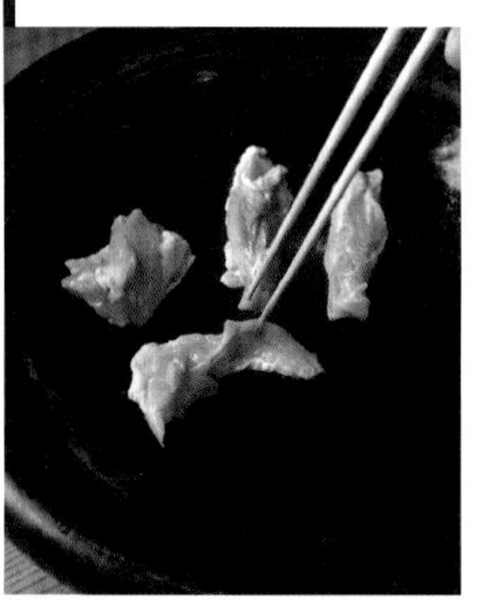

4　砂鍋加熱，雞腿部從皮側開始煎，煎出雞的油脂。注意勿煎焦。

5　從皮徹底釋出油脂後，肉翻面，倒入高湯。

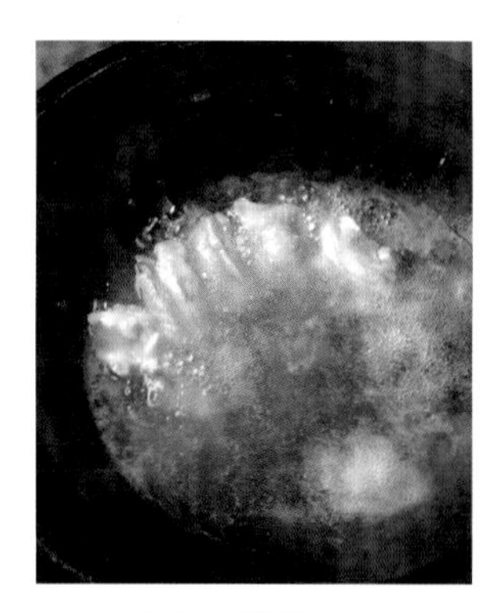

6　以大火煮沸。

7　煮沸後，將小松菜和胸肉迅速涮燙食用。建議搭配辣味沾醬。

外表與內部，分別加熱法

「炸雞為何要經過2次或3次油炸呢？」

美味的炸雞要外表酥脆，裡面豐嫩多汁。肉裡所含的水少、油多的狀態，才能產生酥脆的口感。肉表面的水分充分蒸發後，為了讓油滲入水分散失的部分，油溫一定要提高至某個程度。

另一方面，為了讓肉完成後軟嫩多汁，油溫又得低至某個程度。為何如此呢，這是因為肉在加熱的過程中，溫度超過65℃的部分，支撐肉組織的膠原會開始急劇收縮。膠原一旦收縮，肉變硬後，肉汁就會流出（→162頁）。

如前所述，要完成美味的炸雞，肉的表面和內部的最適油溫有很大的差異。因此，最好分兩次油炸，第一次用低溫油炸，以達成讓肉熟透的目標；接著第二次用高溫油炸，再達成表面炸至酥脆的目標。

在「加熱肉」的過程中，希望各位能留意到的重點是，肉放入油中第一次油炸至第二次油炸結束期間，肉裡的溫度仍會持續上升。第一次油炸完成，肉從油中撈起後，表面的熱力會持續傳至內部，表面的溫度下降的同時，肉裡的溫度仍持續上升。肉中心的溫度超過65℃時，從表面至中心的大部分肉，都已變成硬又乾澀的狀態。為了製作美味的炸雞，重點在於並非不顧一切只要油炸兩次就好，而是必須掌握第一次油炸，肉要炸至何種程度，以及留意肉油炸後要靜置至何種程度，再進行第2次油炸。

除了油溫外，沾肉粉的種類，對於炸雞的酥脆口感也有很大的影響。一般炸雞是使用麵粉或片栗粉。片栗粉是純粹的澱粉，而麵粉中除了澱粉外，還含有蛋白質。

在已調味的肉上沾上麵粉，麵粉吸收醃漬液和從肉中釋出的水分後，能產生形成網眼結構的麵筋這種蛋白質。麵筋經油炸後，網眼構造失去水分，同時麵筋也因受熱硬化，網眼構造變得緻密、堅固，所以肉的表面變成硬脆的口感。

另一方面，肉上沾片栗粉油炸的話，和醃漬液等水分一起受熱的澱粉，會變成黏稠的糊狀。糊狀部分是澱粉分子鬆弛交纏的狀態，油炸過程中，糊狀部分去除水分後，肉的表面會變得鬆脆的輕盈口感。

（佐藤秀美）

5

第5章

中式料理的 高湯和經典料理

中式料理

麻布長江 香福筵 田村亮介

毛湯

毛湯是被廣泛運用在麵類、燉煮料理或拌炒菜等各式中華料理中的萬用湯。因此，必須無異味又具有恰當的濃度。為了增加濃郁度，在雞骨和整隻老雞的基材中還加入豬腳，更添雞的鮮味。希望味道更濃厚時，還可加入干貝、金華火腿等，使風味更上一層樓。

材料：30公升容量的湯桶1個份
雞骨（清理前） 3kg
老雞全雞（去內臟） 2隻（3kg×2隻）
豬腳 3支
青蔥的蔥綠部分 300g
大豆（乾燥） 50g
乾香菇 2片
薑皮 50g
水 20公升

◎香味蔬菜和乾貨

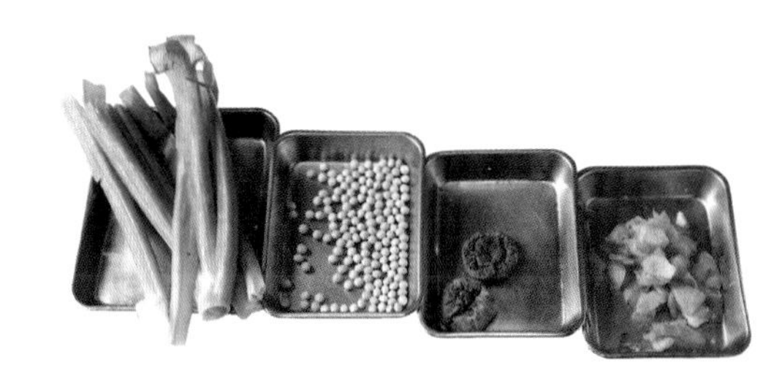

青蔥和薑皮能增添蔬菜香味和鮮味，同時能減少雞的腥味。高湯材料經長時間熬煮，動物的腥味會變濃，不過大豆能中和這種氣味。乾香菇增添鮮味成分。

◎雞骨

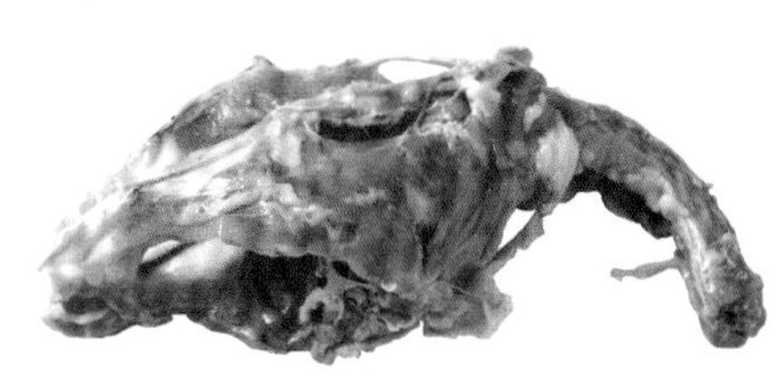

圖中是作為基材的雞骨（清理前）。剔除腎臟等再使用。

◎老雞

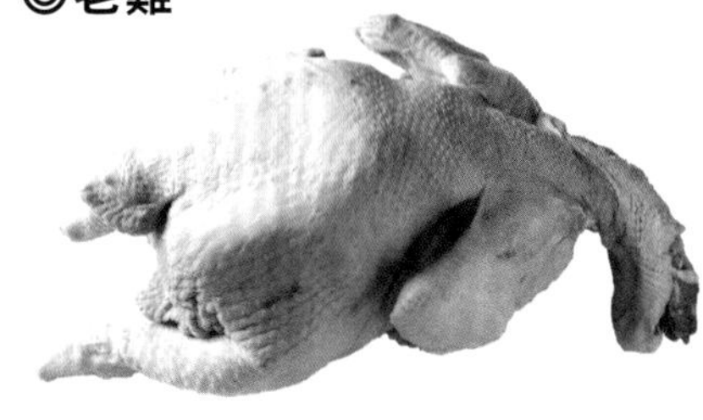

圖中為老雞。老雞比幼雞的肉硬，但能熬煮出好高湯。

◎豬腳

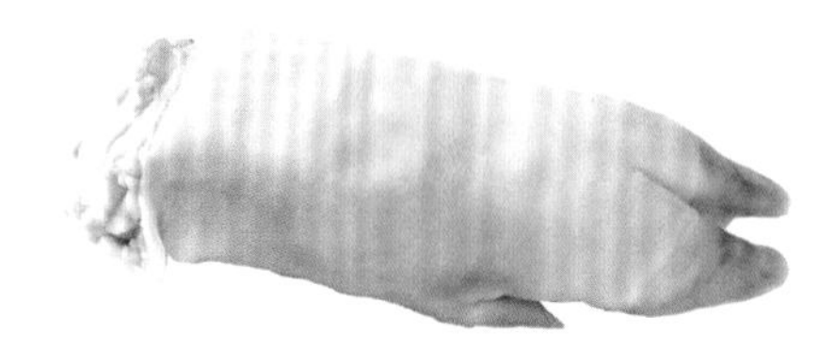

豬腳。增加毛湯鮮味和濃郁度的素材。

清理雞骨

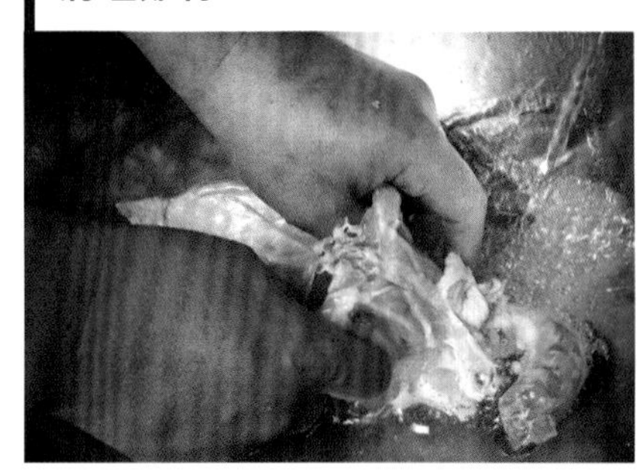

1
用流水清洗，剔除殘留在雞骨上的腎臟等內臟。

準備豬腳

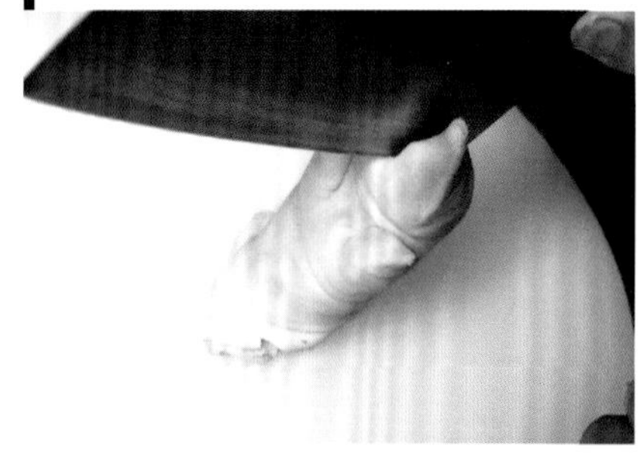

2
從豬蹄的正中央下刀，縱向剁切開骨頭將豬腳切半。

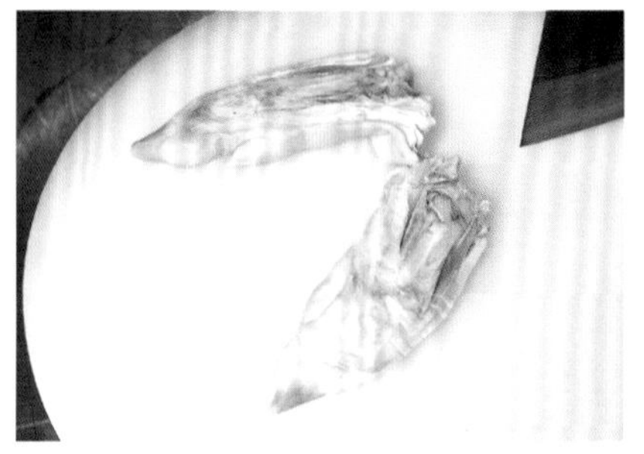

3
縱切一半的豬腳。若不從正中央下刀很難切開。

處理老雞

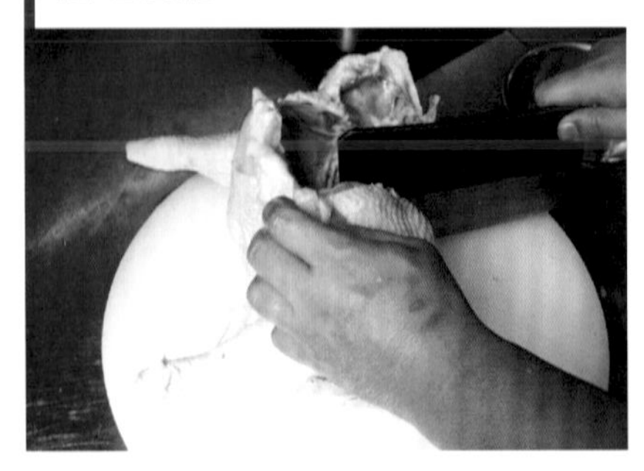

4

老雞頭朝下豎拿，從尾椎端下刀切開。

5

切至一半時繼續剁切。

6

從兩側的半身切下背骨（胸椎）。

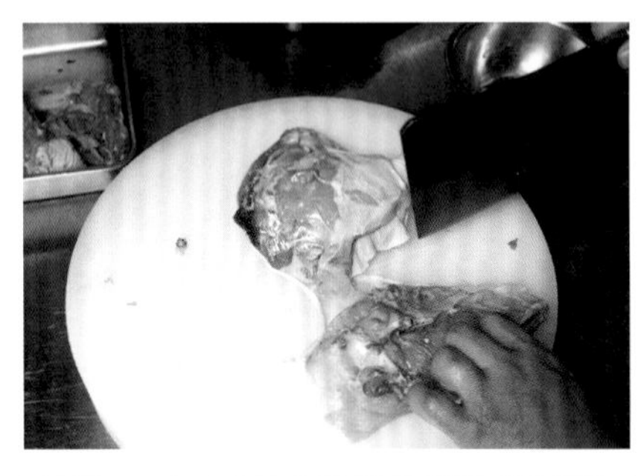

7

分切腿肉和胸肉。

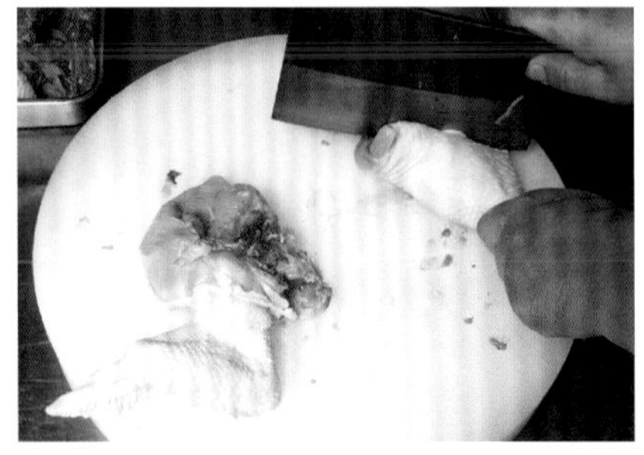

8

腿肉切半，從胸肉上切下翅腿和翅尾。

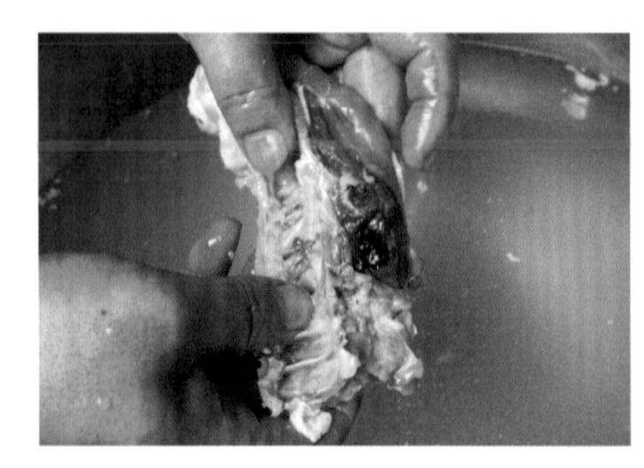

9

洗淨附在6切下的背骨上的殘餘污血和腎臟等內臟。

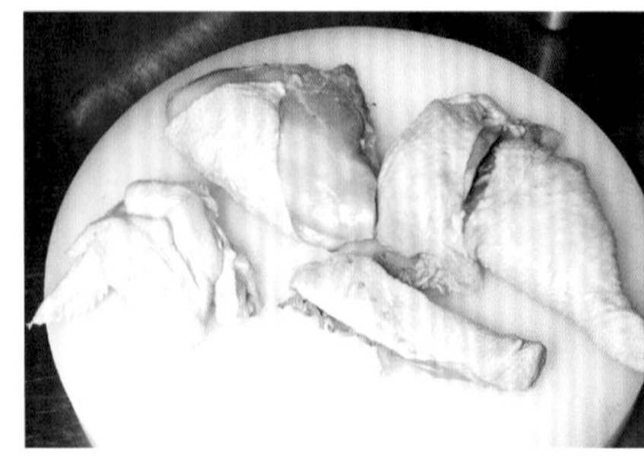

10

分切好的半隻老雞。為了大小塊均等，分切成雞翅、胸肉、背肉、腿肉2片等。

汆燙

11

在咕嘟嘟滾沸的熱水中放入雞骨、豬腳和老雞。從涼水煮起會流失鮮味，所以從熱水開始煮起。

12

水沸後再持續沸煮5分鐘，徹底撈除浮沫和污血雜質。要仔細撈除才能煮出無雜味的毛湯。

13

將整鍋肉和水倒入濾網中，用溫水沖洗肉表面的污血和浮沫。若用涼水清洗，浮沫和污血等會凝固附著。

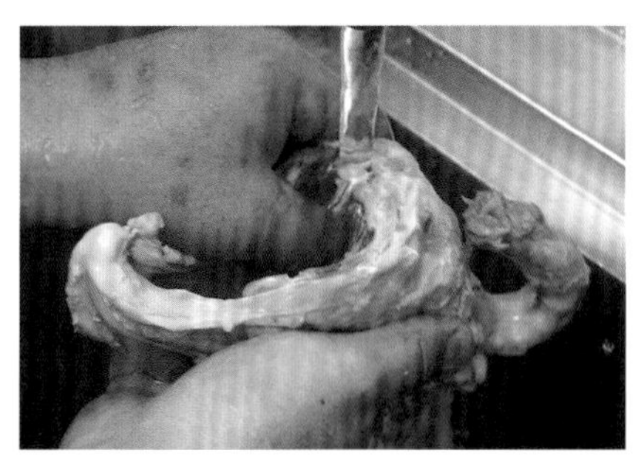

14

仔細洗淨肉的周圍和雞骨裡側殘餘的骨髓和腎臟等內臟。

熬煮毛湯

15

在湯桶中倒入14和水20公升，以大火加熱。放入大豆、乾香菇、薑皮和青蔥煮沸。

16

煮沸後，從中火轉為大火，此階段要仔細撈除浮沫。

17

保持水面靜靜滾動，水中能對流程度的火力。為了讓雞的香味隨水蒸氣一起揮發，鍋裡的水面勿用青蔥覆蓋。

18

燉煮3小時的狀態。

19

用鋪了紙巾的濾網過濾。保留少許浮油，視不同的用途，有時保留的油也會一起使用。

20

如圖示般從高處過濾，因對流會使湯汁混濁，這點要注意。

[雞油]

雞油是從雞身上取得的香味油。作法是將用蔥和薑增加風味的雞的油脂加熱融化，只取上層清澄的油，燉煮料理、湯品或拌炒菜等所有中式料理中，在烹調最後階段都能用雞油來增加香味。另一種取得方法是在油中加入雞的脂肪，再慢慢加熱煉取。

材料
雞的脂肪
（尾椎周圍的油脂） 1kg
切薄片的薑 15g
青蔥的蔥綠部分 100g

附在尾椎周邊厚厚的脂肪，用這裡的脂肪製作雞油。

薑和蔥能調和雞油特有的味道。

1
在淺鋼盤中放入長在尾椎的厚厚脂肪，間隔放上青蔥和切好的薑等，使整體風味均匀融合。

2
放入蒸籠中，加蓋蒸2小時。

3
脂肪融化釋出。

4
用濾網過濾至淺鋼盤中。

5
在此狀態下涼至微溫，放入冷藏庫一晚。

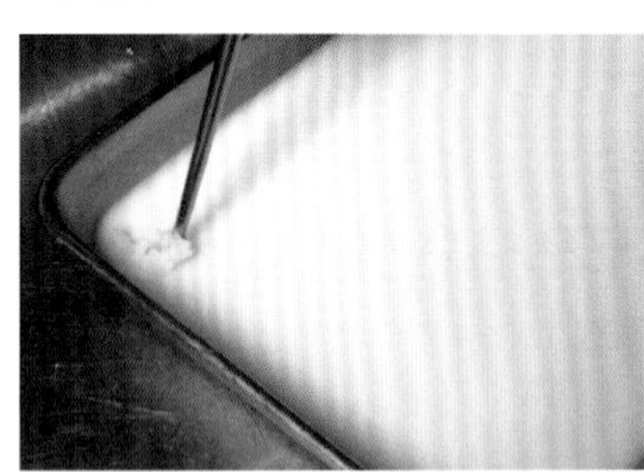

6
雞油已變白凝固。邊端用竹籤鑽個孔。

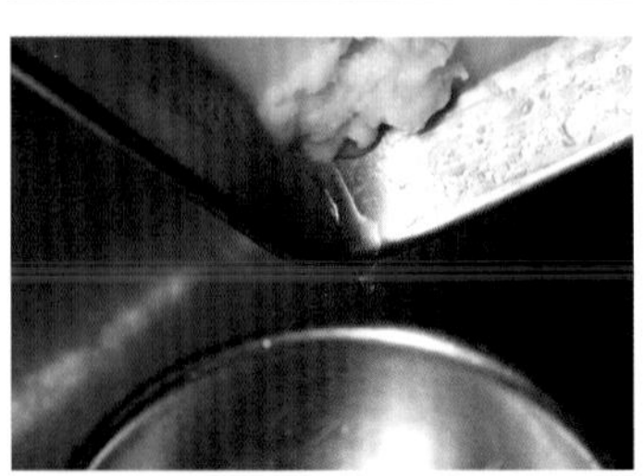

7
從孔中倒出積藏在油下的水分。若水分沒有徹底去除，雞油不耐保存。

8
用刀分切小塊，用保鮮膜包好冷凍保存。

油炸全雞

脆皮雞

脆皮雞的雞皮是這道料理的生命。富光澤、焦脆的雞皮，源自中式料理特有的技法。要製作出這樣的脆皮，須經過三階段的作業。首先雞身用鹽揉搓，去除雞身表面的水分，再用熱水澆淋使皮緊繃。接著澆淋炸雞水再吹乾。最後為避免皮破裂，一面以低溫油澆淋，一面加熱。取出前再將油溫上升，讓皮充分上色。雞皮具有獨持的風味，儘量不要觸碰，建議採懸吊方式作業。

材料：
全雞（去內臟）1隻（1.6kg）
鹽　雞的1%(16g)
炸雞水
- 水飴　130g
- 米醋　400cc
- 紹興酒　140cc
- 紅醋　130cc
- 白砂糖　1大匙
- 檸檬　1/2個

炸油　適量
煙燻半熟蛋*　3個
西洋芹　適量

*蛋（L）回到常溫後，用沸水煮5分30秒後，泡水去殼。放入加了各種辛香料的醬油調味料中浸漬一晚後，用烏龍茶葉、砂糖和山椒粒燻製（用大火燻1分鐘）。靜置涼至微溫，讓顏色穩定。

上圖是去內臟的全雞。使用埼玉縣特產的「香雞」，1隻1.6kg。拔除殘留的羽毛，用水洗淨後擦乾水分。

抹滿鹽、淋熱水

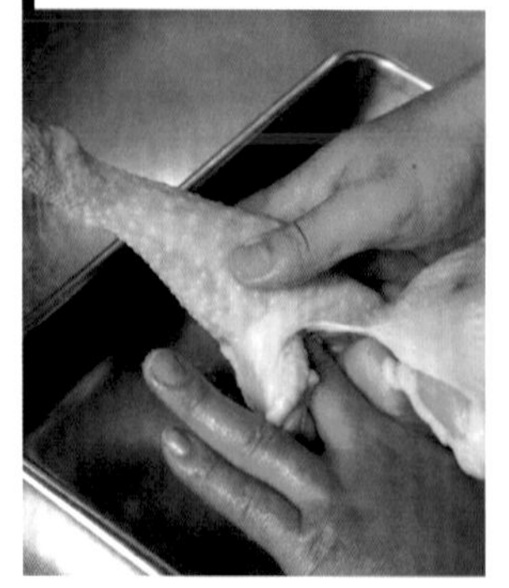

1　將雞重量的1%的鹽，用手指抹在雞的表面、腹中、雞腿內側、肉和皮之間。肉厚部分多抹一些。

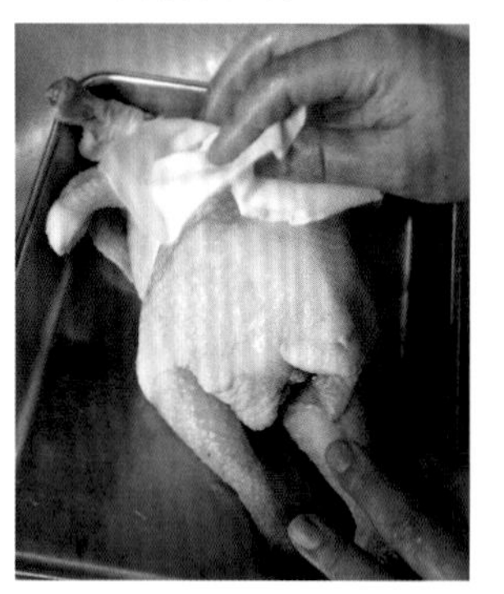

2　將雞放入冷藏庫半天讓它入味。雞出水後，用紙巾如拍擊般吸除。

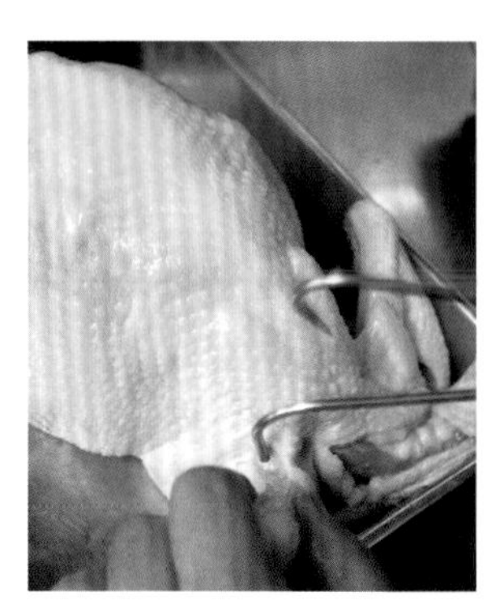

3　用鉤子鉤住雞翅根部的關節吊掛起來。

◎炸雞水

淋上炸雞水，乾了之後雞皮會散發光澤，呈現脆皮雞的特色。

1　在鋼盆中放入米醋、紅醋、紹興酒、白砂糖和水飴。

2　放入切成月牙形的檸檬。

3　隔水加熱讓材料融合後，在常溫中放涼。炸雞水即完成。

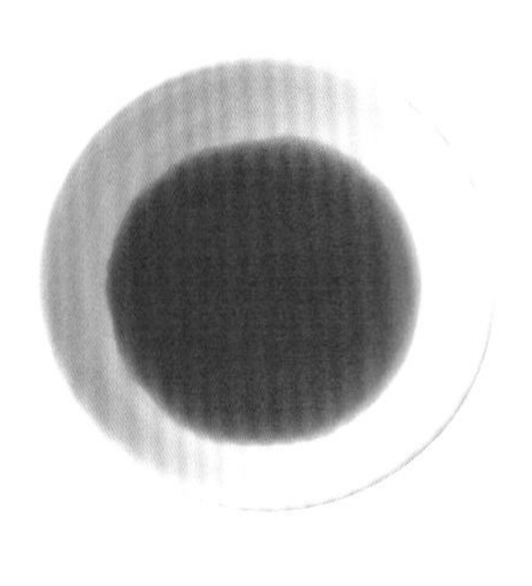

紅醋。特色是具有美麗的紅色和無異味的柔和酸味。

4 雞吊起後，用滾沸的熱水，從雞頸均勻地澆淋，利用熱水讓皮緊繃。

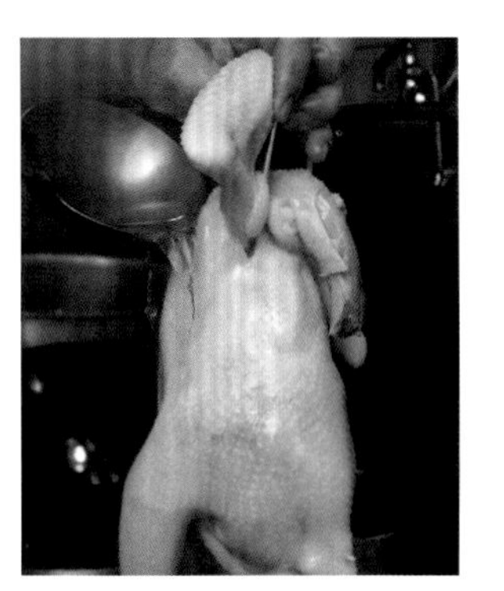

5 雞翅下、頸後都要仔細澆淋。

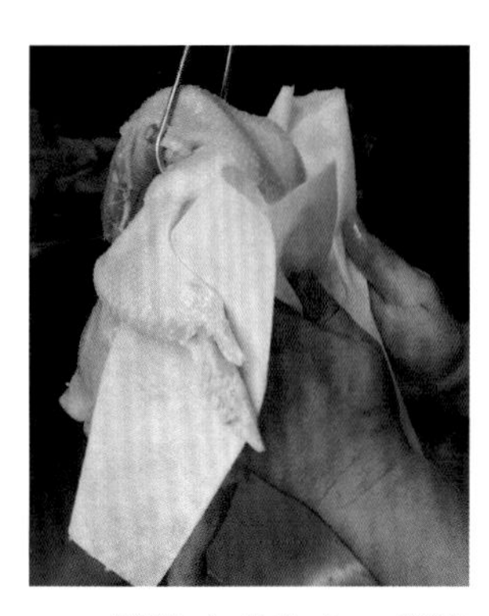

6 擦除水分和血。若沒仔細擦淨，完成時會殘留血痕。之後雞都在懸空狀態下作業。

淋炸雞水、吹乾

7 在擦除水分的雞的表面澆淋炸雞水。雞翅根部等處全都要澆淋。

8 用電風扇吹一晚。偶爾轉動雞，以利吹乾。放入冷藏庫，又會釋出水分，所以用電風扇吹。

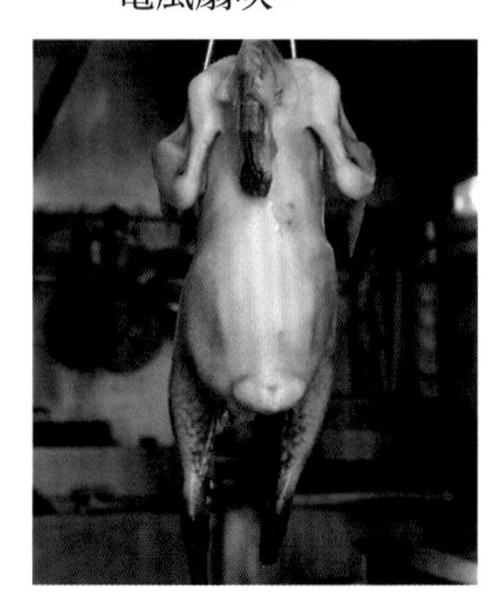

9 風吹一晚已乾燥的雞。在胸側頸下縱向劃切口，讓油炸時更易熟透。

油炸

10 中式炒鍋較小時，因雞貼著鍋底易烤焦，所以在底部放一個淺鋼盤，以免雞直接觸底。

11 一面留意雞身的皮勿剝落，一面以100～120℃的油澆淋。

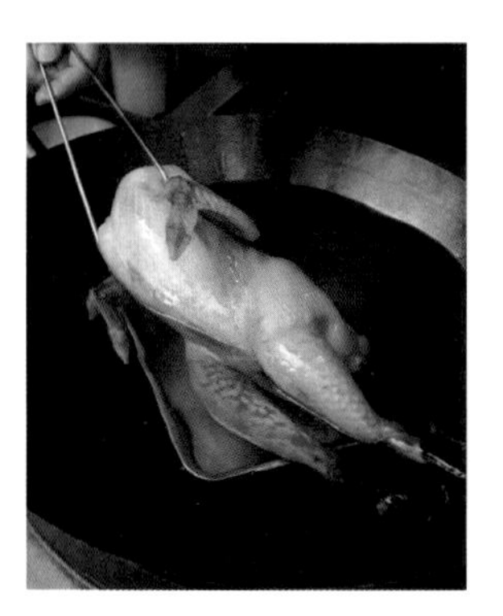

12 在**10**的淺鋼盤中放入雞，讓雞沉入油中。

13 雞的背側朝下，從胸側淋油。

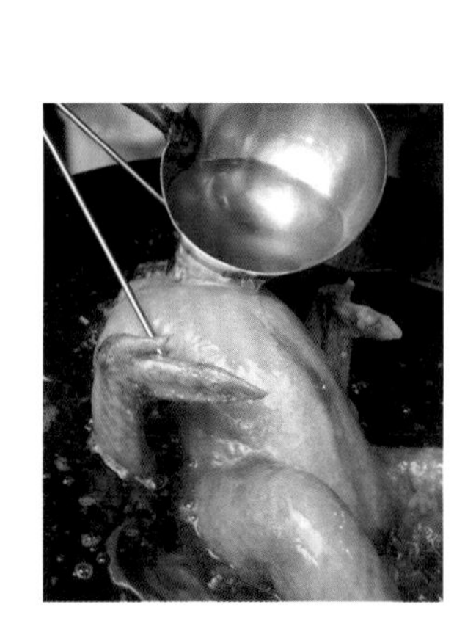

14 從較不易受熱的胸肉厚的部分和雞腿根部淋油。

15 約淋3.5分鐘後，將雞的背側朝上，繼續不停地淋油。從頸部切口倒入油。總計約淋8分鐘的油。

利用餘溫加熱

16 用鉤子將雞吊掛起來。此時雞大約三分熟。讓它靜置15分鐘，利用餘溫加熱至六分熟。

最後油炸

17 雞背朝上放入130℃的油中。快速放入高溫的油中，加熱至裡面快要變熱前。

18 從雞的側面淋油後，胸側朝上淋油加熱。最後以高溫作業。

19 用鉤子吊掛起來，瀝油1分鐘。

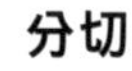

分切

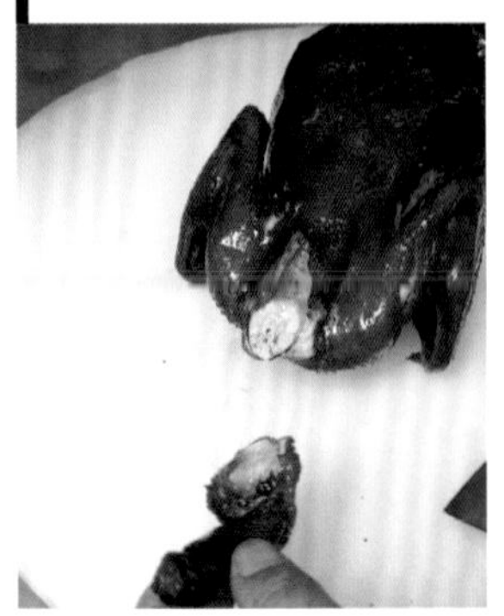

20 切下頸部，從雞腿的下腿切開。

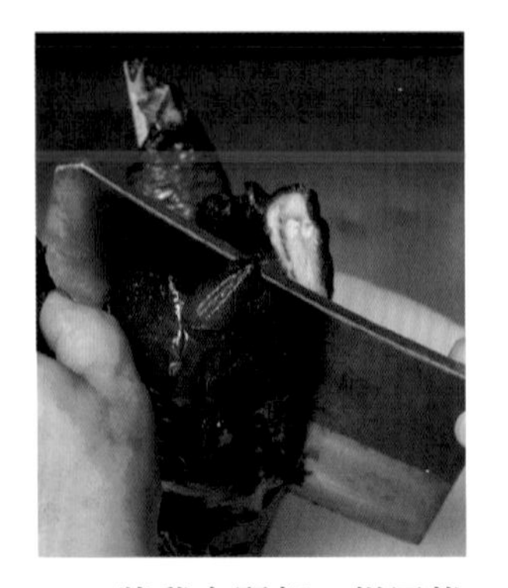

21 將雞身豎起，從尾椎側下刀縱切一半。

22 從半邊雞身上切下雞翅和雞腿。也同樣切下另半邊的翅和腿。

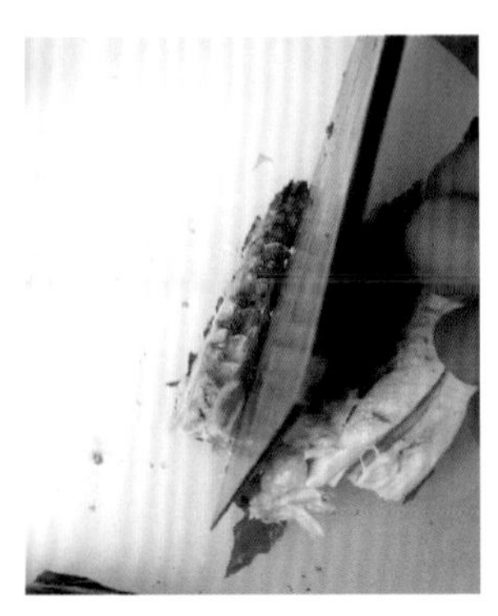

23 從雞胸上切下背骨（胸椎）。

24 小心避免皮破，腿部連骨分切成便於食用的大小。

25 胸肉從纖維分界處切開，再順著各纖維分切成便於食用的大小。

26 雞翅也切成便於食用的大塊，在大盤中盛入雞翅、雞胸、雞腿和煙燻半熟蛋，再撒上西洋芹。

白斬雞

這是用整隻雞以80℃的熱水費時煮成的白斬雞。煮出濕潤肉質的訣竅是，將餘溫計算進去來調整水煮的時間。為了讓雞煮好後表面泛白一如料理名稱，雞的表面撒鹽揉搓，徹底洗淨髒污等再開始烹調。潔白的外皮是這道料理的關鍵，請小心處理勿弄破皮。雞翅、雞腿、胸肉等各部位盛盤後，再淋上醬汁。

材料：4盤份
全雞（去內臟） 1隻（1.2kg）
鹽　適量
青蔥、薑皮　各適量
口水雞・麻辣醬汁
香菜　適量

桔醬
棒棒雞醬汁
蔥醬汁

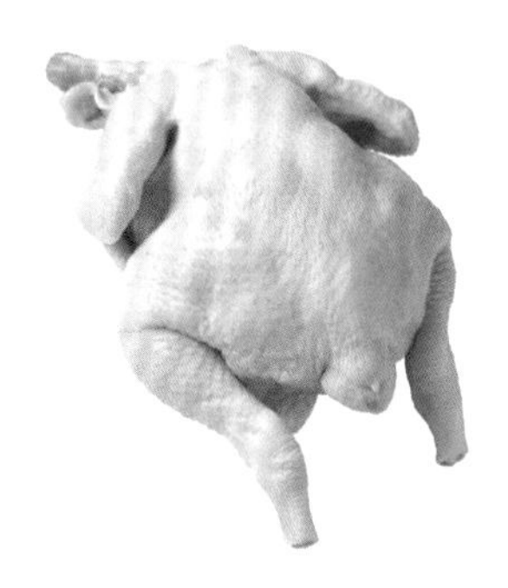

準備去內臟的全雞。這道料理適用重約1kg的雞。

保存水煮好的雞時，可放在冷湯（毛湯1.2公升中加鹽1大匙、濃味醬油15cc、紹興酒15cc、青蔥和薑煮沸後放涼）中浸泡保存，肉質才能保持豐潤多汁的狀態。約可保存三天左右，不過隨著肉質逐漸變硬，風味也會打折扣，所以儘量在1.5天內就使用完畢。

水煮

1　在全雞的表面和腹中抹鹽後揉搓，以去除污物等。

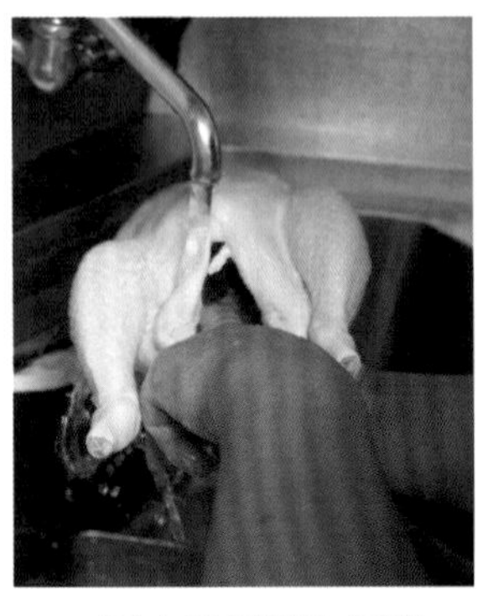

2　用水洗淨鹽和污物。腹中殘留的內臟也要徹底洗淨。

3　在80℃的熱水中放入青蔥和薑皮。放入雞慢慢加熱是煮出口感豐潤雞肉的訣竅。

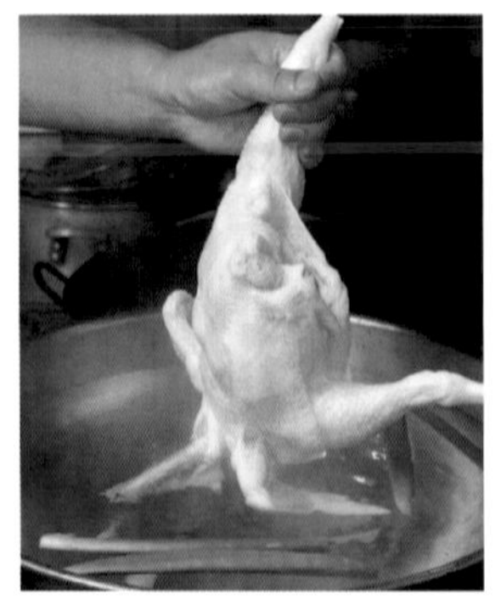

4　拿著後腿，從頭部開始放入熱水中浸泡。

5　為避免雞身浮起，從尾椎側讓熱水流入腹中，使雞身下沉。

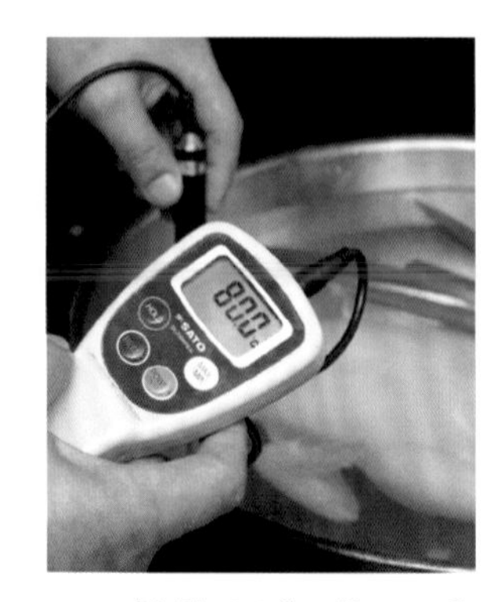

6　保持80℃煮25分鐘。火候大致是讓蔥晃動的程度。

7　撈出雞肉時避免弄破皮。

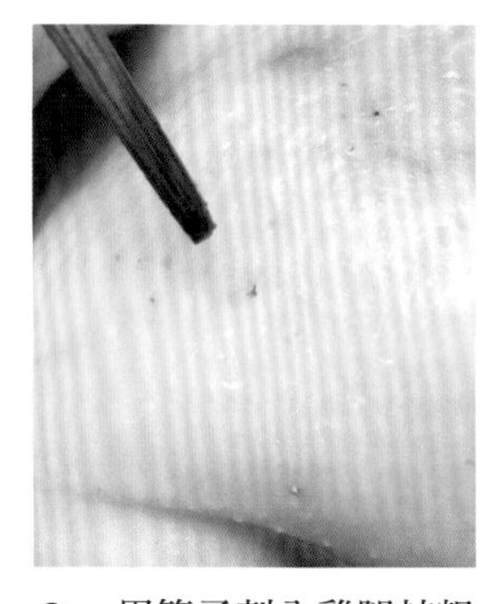

8　用筷子刺入雞腿較粗的部分，若流出透明的肉汁，利用雞肉餘溫再加熱20～30分鐘。若肉汁呈紅色，則放回鍋中續煮。

分切

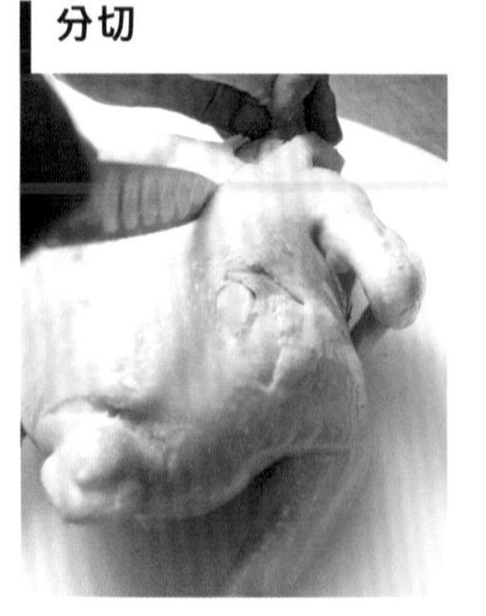

9　放涼至微溫後，從頸根部至尾椎沿著背骨切開。若雞肉很熱時處理，水分會蒸發。

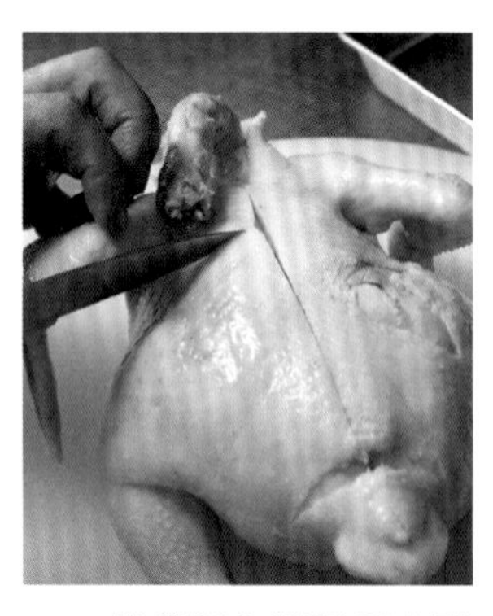

10　從雞翅和腿根部之間的線劃開，切十字切口。

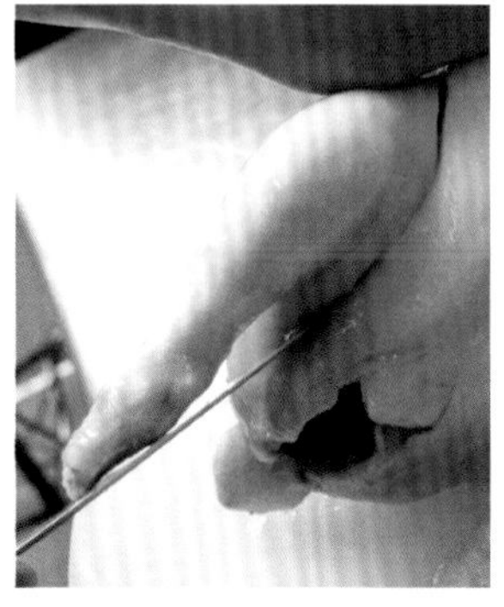

11　將雞胸朝上，用刀尖劃開雞腿周圍的皮。

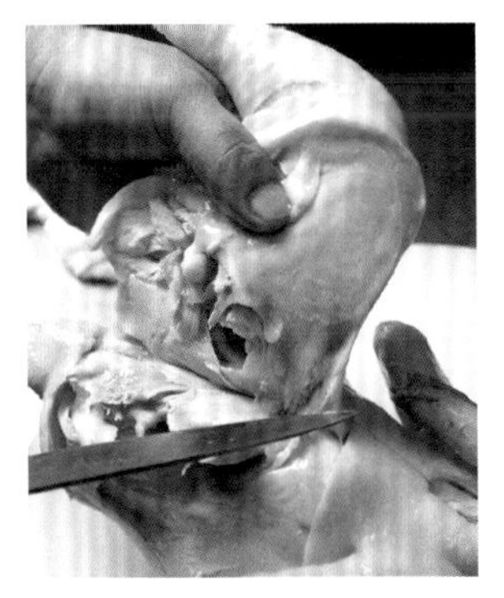

12 用手掰開腿部，連著腿根肉切下。也同樣切下另一側的腿部。

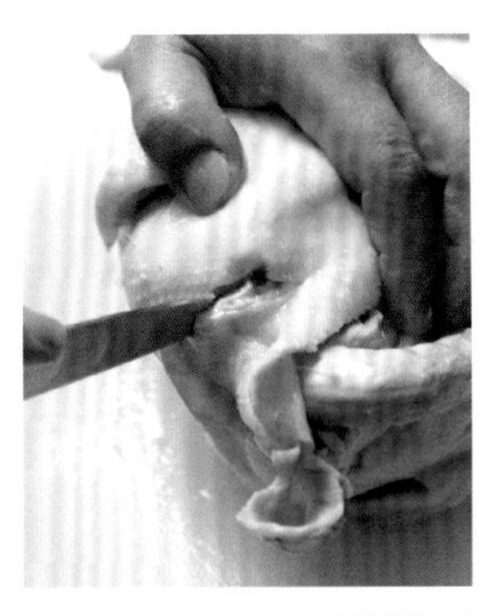

13 從翅腿根部的關節下刀切開。也同樣切開另一側的雞翅。

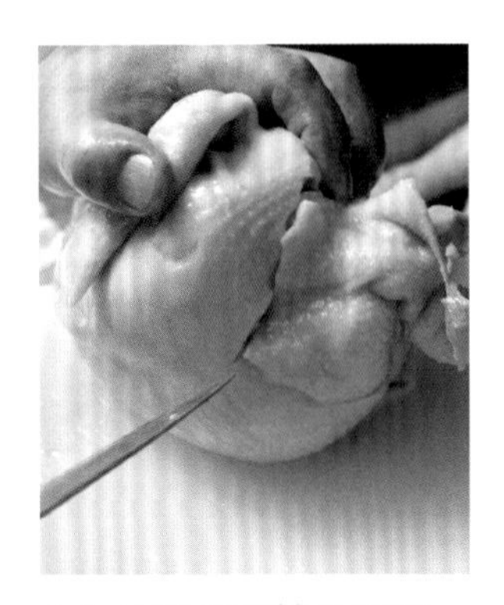

14 由此沿著鎖骨切開。

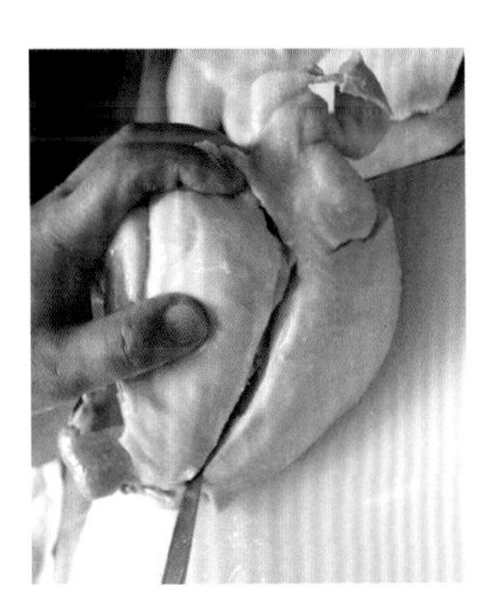

15 胸側朝上，沿胸骨切開。

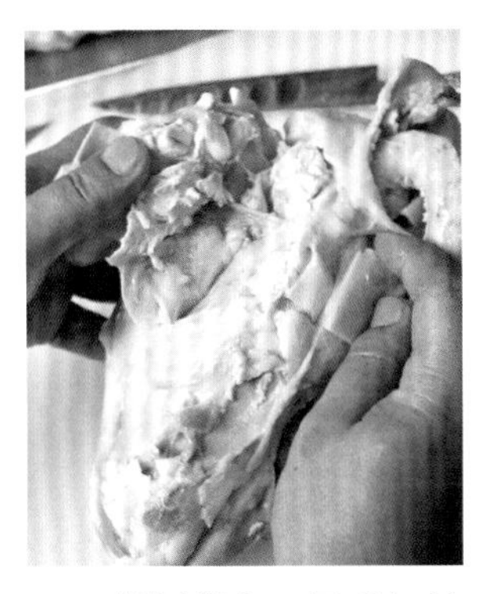

16 背側朝上，用手如拉開雞翅般分開胸肉和雞翅。

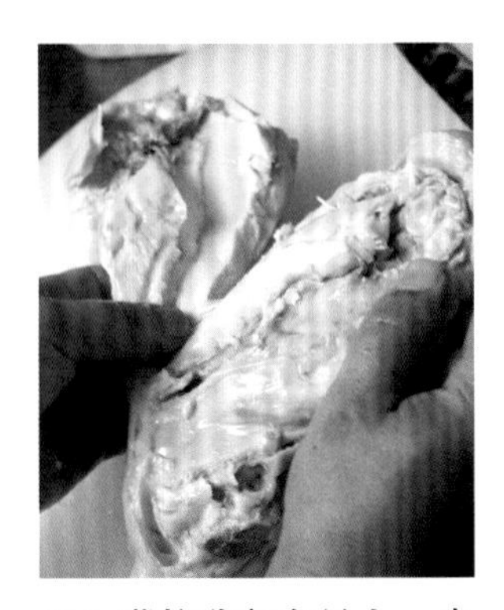

17 雞柳殘留在骨上。也同樣卸下另一側的雞翅和胸肉。

18 用手卸下附在胸骨兩側的雞柳。

19 用手指捏取剝除雞柳周圍的薄膜。

20 剝除殘留頸部的皮。仔細卸下骨上殘留的肉。

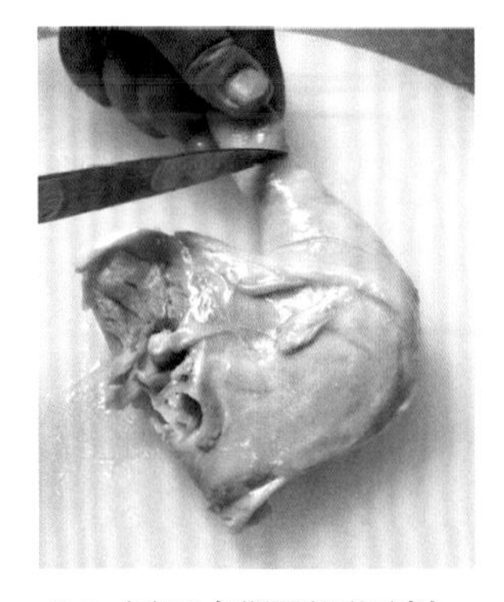

21 用刀在腳踝周圍劃一圈。

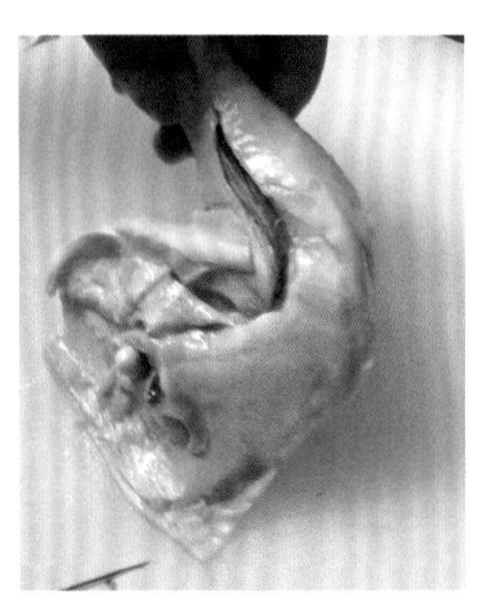

22 腿部內側朝上，沿著骨頭（股骨和脛骨）劃開。注意避免弄破皮。

23 切開腿部的關節。

24 用手拿起脛骨。刮落上腿關節周邊的肉後，剔除脛骨。也拔除粗筋。

25 也要剔除股骨。

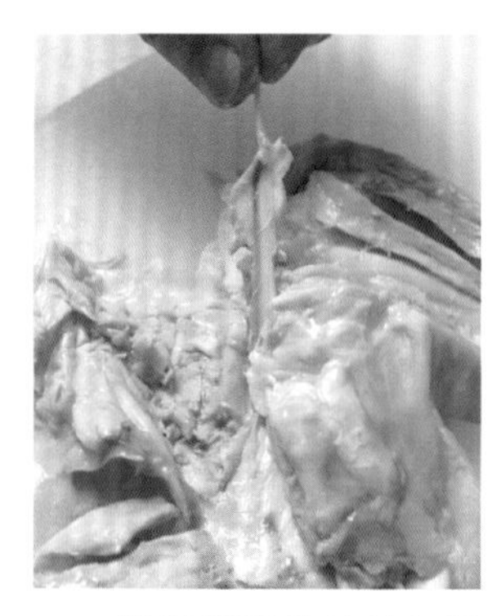

26 拔除關節的軟骨和粗血管。

27 已去骨的腿肉。

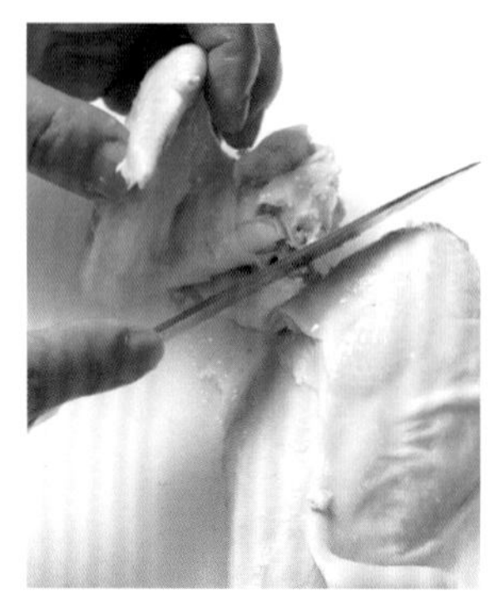

28 切開胸肉和翅腿的關節，切下雞翅。

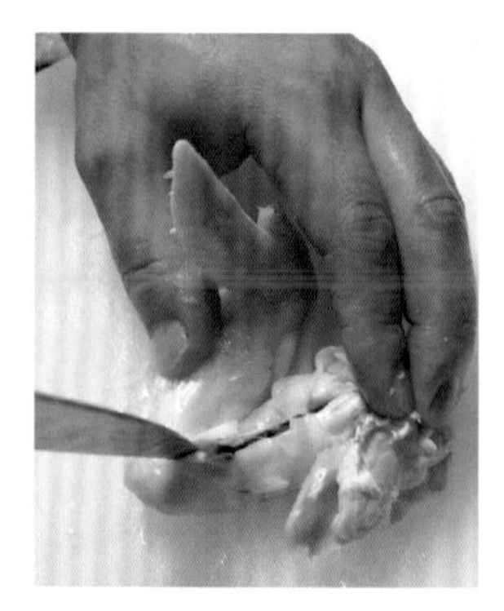

29 翅腿的內側朝上，沿著骨頭劃開。

30 翅中是從2根骨頭中間劃開，切開關節，切下翅尾。

31 切開肉，卸下翅中的2根骨頭、翅腿的粗骨，剔除血管等。

32 已去骨的翅腿和翅中。

盛盤

33 修整翅腿和翅中的外形，順著纖維分切成2cm寬。盛裝在最下面。

34 腿部分成上腿和下腿肉，都順著纖維切成2cm寬。盛放在雞翅上。

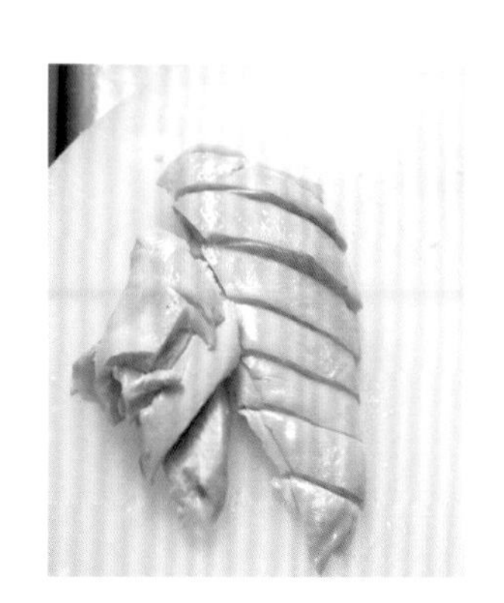

35 從纖維分界處切開胸肉，順著各纖維切成2cm寬。盛放在最上面，再淋上麻辣醬汁。

[適合白斬雞的醬汁]

◎口水雞・麻辣醬汁

材料：便於製作的分量

調味料A

- 中式醬油　120cc
- 鎮江黑醋　45cc
- 砂糖　3大匙
- 薑（切末）　2大匙
- 白芝麻（粒）　2大匙

調味料B

- 大豆油　90cc
- 麻油　75cc
- 花椒粉　1小匙
- 辣椒粉*　4小匙

*使用朝天辣椒粉。

1　在鋼盆中放入調味料A充分混合。
2　在小鍋裡放入調味料B，用小火加熱，溫度約升至180℃後，一面慢慢地倒入A的鋼盆中，一面混合。
3　放涼至微溫後即完成。

鎮江黑醋（又稱鎮江香醋）。中國的三大名醋之一，在糯米釀造的酒中，放入稻殼發酵而成。特色是具有濃厚的風味和香味。

◎蔥醬汁（圖上層）

材料：便於製作的分量

青蔥（切末）　6大匙
薑（切末）　2小匙
蔥油　30cc
鹽　1小撮
醋　1/3小匙
濃味醬油　1/3小匙

1　在鋼盆中放入切末的青蔥和薑。
2　在鍋裡加熱蔥油，倒入1的鋼盆增加香味。
3　加入剩餘的調味料充分混合。

◎棒棒雞醬汁（圖中層）

材料：便於製作的分量

砂糖　2大匙
醋　15cc
濃味醬油　75cc
胡麻油　15cc
青蔥（切末）　3大匙
薑（切末）　2大匙
芝麻醬　6大匙
辣油　適量

1　在鋼盆中放入辣油以外的材料充分混合，最後加入辣油。

◎桔醬（圖下層）

材料：便於製作的分量

金橘　500g
日本酒　50cc
白砂糖　25g

1　金橘去蒂，橫切一半，剔除種子。
2　在小鍋裡放入1、日本酒和白砂糖，用小火約煮30分鐘，將金橘煮至變軟為止。
3　用果汁機攪碎成醬。

宮保雞丁

四川辣椒花椒炒腰果雞腿肉

一大塊雞腿肉因部位不同，加熱後肉收縮的幅度也有差異。關節下方的下腿，因為比上腿收縮的幅度大，所以要切得比上腿大兩成左右。這道料理不採用中式料理常用的過油手法，而是採取「小炒」手法，將調好味的雞肉直接下鍋拌炒。這種技法能呈現雞肉純粹的口感和風味，所以適合使用味道濃厚的土雞製作。

材料：
雞腿肉　1片（200g）
濃味醬油（腿肉調味用）　4g
辣椒　15g
紅花椒　2g
油炸腰果　35g
調味料A
- 三溫糖　6g
- 濃味醬油　12g
- 日本酒　8g
- 酒釀＊　25g
- 米醋　6g
- 鎮江黑醋　8g
- 中國溜醬油　10g
- 調水片栗粉　12g

青蔥的蔥白部分（1.5cm蔥花）5g
薑（1cm切丁）2g
花椒油　15cc
炒油　60cc
花椒粉、辣椒粉　各適量
香菜　適量

＊酒釀是在糯米中加入麴製作的調味用甜酒。具有使料理味道變圓潤的效果。

右後方：切圓截的辣椒和紅花椒。左後方：油炸腰果、青蔥和薑。右前方：香菜。左前方：切小塊的雞腿肉。

分切雞腿肉

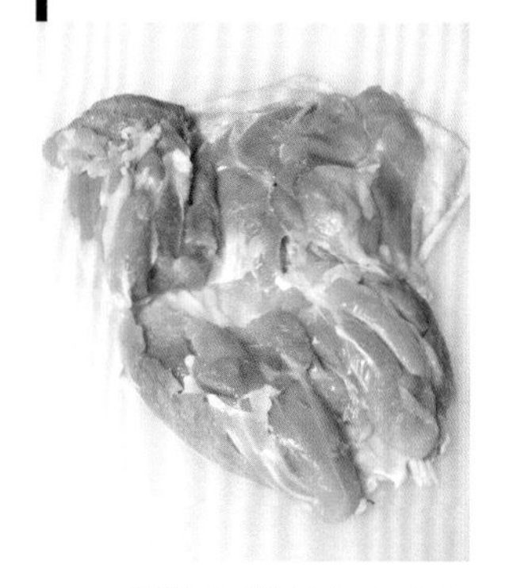

1　雞腿肉從關節分成上腿和下腿部分，上下的肉質不同，加熱後收縮的情況也互異。

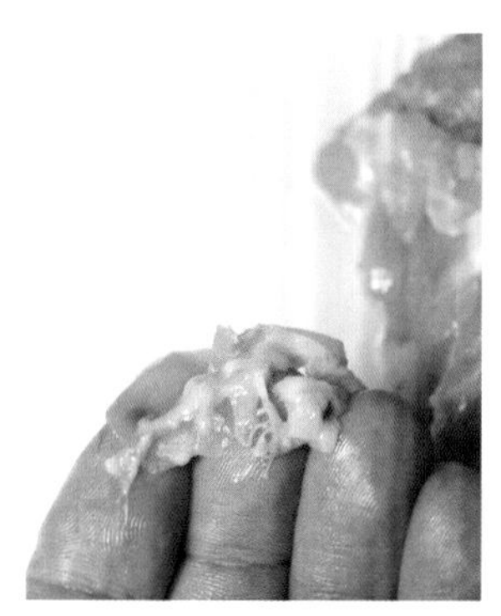

2　將剩餘的血管和關節的軟骨等清除乾淨。

3　下腿肉比上腿肉收縮幅度大，所以先切兩半。

4　切開上腿讓厚度均勻一致。

5 上腿和下腿分別切塊。下腿比上腿易縮小，分切時要調整大小。

6 左側是切成3cm塊的上腿肉；右側是切4cm塊的下腿肉。

調味・混合調味料

7 雞腿肉中加濃味醬油揉搓。

8 混合調味料**A**備用。

拌炒

9 在中式炒鍋裡倒油（分量外）加熱，讓油滲入鍋中後，再倒出油。這項作業稱為養鍋。在養好鍋的中式炒鍋裡倒入60cc的新油，放入**7**的雞腿肉拌炒。

10 最初以大火拌炒。溫度上升後，一面點開啟或關閉外火，一面調整火力，讓肉中融入醬油香味。

11 放入辣椒。雖然辣椒多少需要焦香味，但別炒黑。

12 加入紅花椒。

13 加青蔥和薑，翻鍋混合。

14 加調味料**A**，以大火拌炒。

15 加腰果，淋上花椒油，翻鍋混合後即完成。撒上花椒粉、辣椒粉，佐配上香菜。

三杯雞

台灣風味帶骨雞三杯煮

這道是用台灣的九層塔來增添香味的台灣經典料理，煮成甜辣風味的帶骨雞腿肉，可當作配飯的菜肴，也可以作為下酒菜。原本料理名稱的由來，是因為使用等量的各種調味料混合後烹調，不過這道料理有減少醬油的分量。

材料：
雞腿肉（帶骨） 2支（800g）
九條蔥 70g
新鮮紅辣椒 2根
九層塔 15g
大蒜 8瓣（30g）
薑 60g
黑麻油 90cc
台灣米酒 90cc
濃味醬油 15cc
中式醬油 15cc
醬油膏 60cc

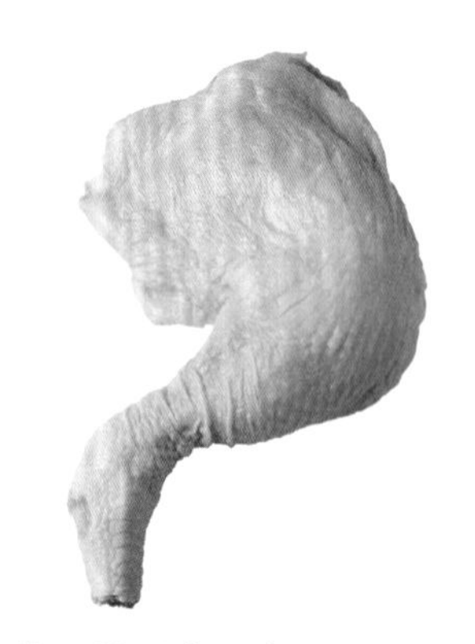

使用帶骨雞腿肉。

上：雞腿肉，左：九層塔，右：薑（2cm寬×5cm長）、大蒜、新鮮紅辣椒、九條蔥。

台灣米酒

醬油膏

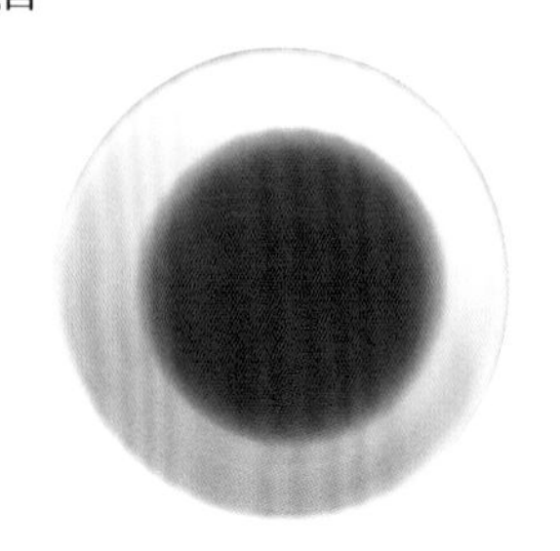

黑麻油

帶骨分切

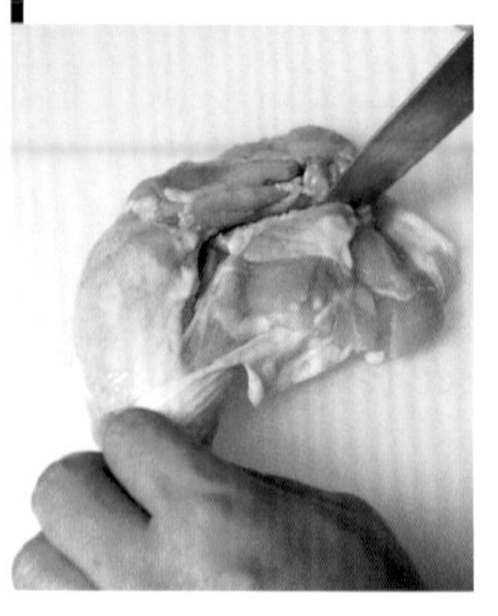

1 雞腿肉內側朝上，從上腿至下腿在骨頭上用刀劃開，從關節分切開來。

2 換用中式菜刀，將帶骨腿肉剁切成3cm的小塊。

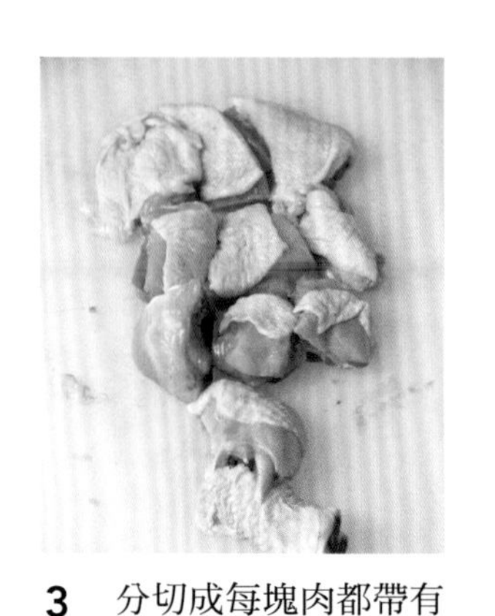

3 分切成每塊肉都帶有骨頭。帶骨的肉即使加熱也只會小幅縮小，因此能保留肉汁的鮮味。

拌炒

4 中式炒鍋開火抹油後，倒掉油（養鍋），倒入黑麻油。

5 放入薑、拍碎的大蒜，慢慢加熱避免煮焦，炒到散發香味。

6 散出香味後，放入腿肉轉大火。

7 一面翻鍋，一面用大火炒香。

8 炒到肉的表面變色，散發出香味後，加入新鮮紅辣椒。

9 再加米酒、濃味醬油、中式醬油和醬油膏。

10 翻鍋讓調味料混勻。

燜煮

11 倒入砂鍋（這裡是用鋁鍋）中。一開始就用這種鍋的話，材料會煮得太焦，所以中途換鍋。

12 加蓋，如同要燒烤周邊的鍋壁般用大火約燜煮7分鐘。

13 煮沸後轉中大火，一面偶爾掀蓋混拌，一面燜煮。

14 邊燜煮收乾，邊讓雞肉吸收煮汁。

15 煮到剩一半時間後，加入九條蔥混拌。

16 煮汁收乾到只剩雞肉釋出的油脂和麻油後，放入九層塔拌勻後上桌。

野山椒鳳爪

醃雞爪和辣椒

這是一道冷盤前菜。雞爪富有膠質，冰涼後口感Q韌，能享受獨特的嚼感。菜料以香料風味醬料醃漬來增添香味。

材料：4盤份
雞爪　500g
水、日本酒、青蔥、薑　各適量
蔬菜A
- 紅椒　25g（1/2個）
- 黃椒　25g（1/2個）
- 豇豆　15g（5根）
- 芹菜　25g（1根）
- 野山椒*　40g

調味醬汁
- 水　1公升
- 鹽　15g
- 砂糖　5g
- 醋　18g

香料B
- 八角3g
- 山奈**　3g
- 桂皮　3g
- 茴香籽　3g
- 草果***　3g
- 月桂葉　3片
- 紅花椒5g
- 辣椒　5g

香味蔬菜C
- 青蔥　15g
- 薑　15g
- 大蒜　8g

*稱為指天椒的醋漬青辣椒。
**薑科植物山奈（Kaempferia galanga L.（Zingiberaceae））的根莖切圓片後乾燥製成。
***草果（Amomum tsaoko Crevost et Lemarie）是薑科植物的果實乾燥而成。

右後：香味蔬菜C（青蔥、薑、大蒜）。左後：蔬菜A（紅・黃椒、豇豆、芹菜。右前：野山椒。左前：香料B（草果、八角、月桂葉、山奈、紅花椒、桂皮、辣椒、茴香籽）。

水煮雞爪、去骨

1　在水中加入日本酒煮沸，放入已處理好的雞爪（→35頁）。

2　加入切薄片的青蔥和薑加熱，煮沸後以中火煮20分鐘。保留脆韌的口感。

3　煮好的雞爪，表面用水洗淨後備用。

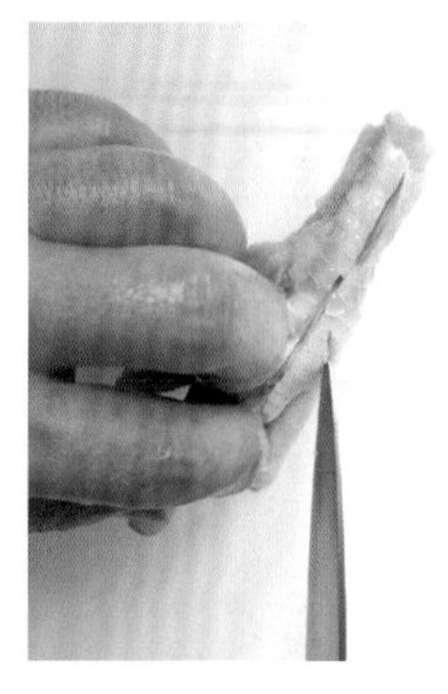

4　爪背朝上，趾上用刀劃開。

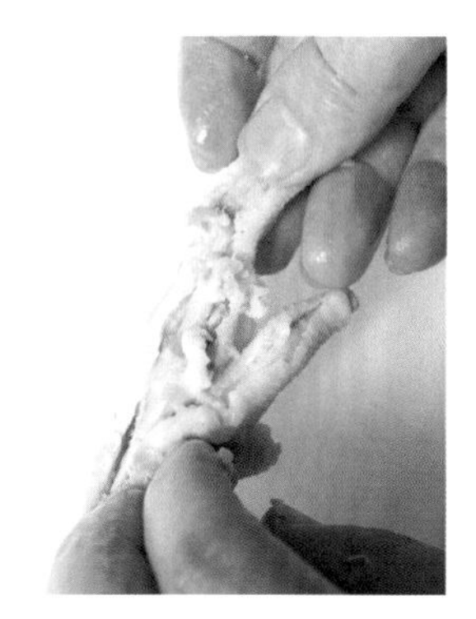

5　折斷關節，去除骨頭。

6　已去骨的雞爪。

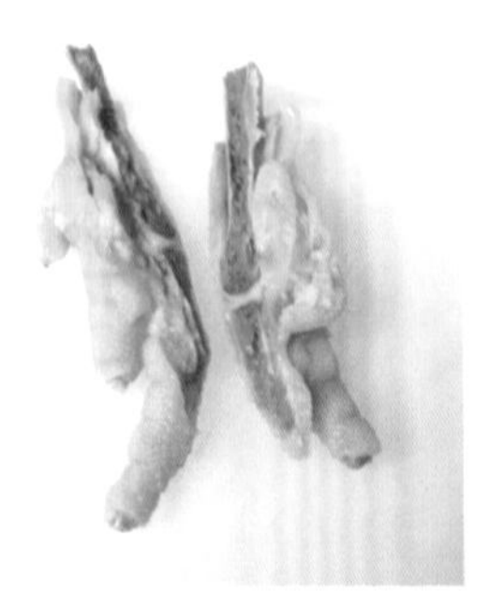

7 也可以縱切一半直接使用。放在冷藏庫約可保存1週時間。

準備蔬菜A、香料B和香味蔬菜C

8 將紅椒、黃椒、芹菜和豇豆統一切成1cm寬、6cm長。

9 倒入鋼盆中，撒入鹽1小撮（分量外）大致混合，靜置約30分鐘以去除水分。

10 大蒜去皮，用刀腹拍碎。草果也同樣拍碎備用。

準備調味醬汁

11 在水1公升中加鹽15g、砂糖5g。

12 放入香料B和香味蔬菜C加熱。

13 煮沸後立刻熄火，加蓋直接靜置一晚，讓香味釋入液體中。

14 過濾到鋼盆中，加醋18g。

用調味醬汁醃漬

15 將擦乾水分的9的蔬菜和野山椒放入14的醬汁中。

16 洗好的7的雞爪擦乾水分，放入醬汁中醃漬。放入冷藏庫2天讓味道和香味滲入。入味後即可盛盤。

6

第 6 章

部位別
創意料理

雞胸肉沙拉
佐青醬

Insalata di pollo, salsa genovese

雞胸肉真空密封後，以低溫長時間水煮成濕嫩的口感。然後用手順著纖維將肉撕成條，吃起來更加柔嫩。配菜中的紅茄酸味成為的重點風味，使料理的味道更濃郁。義／辻 大輔（Convivio）

材料：4人份
雞胸肉　1片（180g）
青醬*　適量
紅茄　1/2根
粉紅菇（pink oyster mushroom）　適量
四季豆　3根
紫葉菊苣（trevise）　2片
馬鈴薯　1/4個
義大利米（卡納羅利（Carnaroli）種）　30g
紅葡萄酒醋　適量
帕達諾起司（粉）　適量
鹽、橄欖油　各適量
菇泡沫**　適量

*羅勒（九層塔）30g、松子10g、橄欖油100g、吐司白肉部分5g和帕達諾起司（粉）1大匙用果汁機攪打成醬。
**牛肝菌（乾燥）用溫水浸泡回軟。在泡菇汁中加少量鹽，加液體1%的粉末乳化劑（sucro emul），用手持式攪拌器攪打發泡。

1. 胸肉去皮和筋，撒入1%的鹽放入真空袋中，抽盡袋內空氣，用63℃的熱水加熱35分鐘。
2. 將**1**的袋子放入冰水中冷卻。
3. 紅茄切圓片，兩面撒鹽靜置30分鐘，以去除澀汁。
4. 擦淨茄子釋出的澀汁和水分，用橄欖油香煎後，浸泡紅葡萄酒醋一晚。
5. 粉紅菇用熱水快煮一下，撒鹽和橄欖油調味。
6. 四季豆水煮後縱向剝開。馬鈴薯切小丁，用鹽水煮熟。
7. 義大利米不洗直接放入沸鹽水中，以稍弱的中火煮12分鐘，煮到米心稍硬的彈牙口感（al dente）。
8. 煮好的米浸泡冰水，一面冷卻，一面洗去澱粉質，瀝除水分備用。
9. 紫葉菊苣用橄欖油香煎，以鹽和紅葡萄酒醋調味。
10. 用手將**2**的胸肉撕細條，混合青醬和帕達諾起司調味。
11. 米中加入適量的鹽、紅葡萄酒醋和橄欖油混合，調味。
12. 在容器中盛入米和紅茄，上面放入粉紅菇、四季豆、馬鈴薯和**10**的胸肉。上面再放上菇泡沫增添香味。

雞胸肉鵝肝片沙拉

Salade de poulet et foie gras copeaux

這道沙拉風味料理，是以清淡的雞胸肉煮成豐嫩口感再冷卻製成。使用鵝肝凍派是為了補強胸肉的清淡風味，若切成有分量的厚片，味道會太厚重，所以削成薄片以襯托胸肉的美味。鵝肝入口後和醬汁一起融化的輕盈口感恰到好處。 法／高良康之（銀座L'écrin）

材料：2人份

雞胸肉　1片（250g）

鹽　雞的1%

雞清湯（→46頁）　80cc

鵝肝凍派（冷凍）　60g

A（醬汁用）

- 橄欖油　15cc
- 杏仁油　10cc
- 白葡萄酒醋　5cc
- 鹽、胡椒　各適量

配菜

- 節瓜（縱向切片，用鹽水汆燙）　4片
- 紅・黃椒（用圓切模切成大小圓片，用鹽水汆燙）　各4片
- 四季豆（鹽水煮熟）　16根
- 蘿蔔嬰　1/4盒
- 杏仁片（烤過）　適量

粗磨黑胡椒　適量

粗鹽（gros sel）（給宏德（Guérande）產）　適量

1. 剔除胸肉的皮、筋、薄膜和脂肪等，撒入1%的鹽。
2. 將胸肉裝入真空袋中，倒入雞清湯，抽盡空氣。若混入空氣，加熱時真空袋會膨脹，胸肉便無法完全浸漬在清湯中，所以要好好徹底抽盡空氣。
3. 以旋風蒸烤箱的組合模式（蒸氣65℃、水蒸氣100%）加熱20分鐘。加熱後立即泡冰水冷卻，讓它迅速通過雜菌繁殖的溫度帶。
4. 涼了之後取出胸肉，用紙巾擦乾，分切4片。
5. 將袋裡殘餘的清湯倒入鍋裡，以小火加熱。用大火會浮出浮沫和油脂，所以用小火。煮沸後撈除浮沫，熬煮到剩1/4量，鋼盆底下放冰塊，用紙巾過濾清湯到鋼盆中。
6. 清湯涼至微溫後加入全部的A，用鹽和胡椒調味，製成醬汁。
7. 在盤中盛入4的胸肉和配菜，放上用刨刀削片的冷凍鵝肝凍派。在周圍倒入醬汁，最後撒上黑胡椒和粗鹽。

自製火腿和根菜沙拉

胸肉的味道清淡，無獨特氣味，因此我試著以煙燻方式添加獨特的風味。火腿分切時因容易散開，所以水煮胸肉時要徹底捲緊。　日／龜田雅彥（Ifuu）

材料：便於製作的分量
雞胸肉 1kg
A
├ 鹽 30g（雞的3%）
├ 蜂蜜 50g（雞的5%）
└ 檸檬香茅 胸肉1片附1枝
燻製材料（蘋果木燻材30g、砂糖20g）
沙拉
├ Ayame雪*、紅白迷你蘿蔔、黃蘿蔔、橙蘿
└ 　蔔、水果甜椒**、皺葉萵苣、紅葉苗苣
調味醬汁
├ 沙拉油 200cc
├ 醋 100cc
├ 洋蔥末 1/2個份
├ 黃芥末醬 50g
└ 鹽、胡椒、檸檬汁 各適量

*上半部呈紫色的小蕪菁。富甜味、肉質緻密。
**肉厚、富甜味的圓形甜椒。有紅、綠、橙、金黃4種顏色。

1 製作火腿。胸肉從中劃開再展開，讓厚度均勻，塗滿A，放入冷藏庫一天。取出後放在鋪了保鮮膜的捲簾上，緊密捲包兩端固定，放入沸水中煮30分鐘。涼至微溫後，拿掉捲簾和保鮮膜。
2 在中式炒鍋裡放入燻製材料，鋪上網架，放上雞肉，加蓋，以中火燻5分鐘。
3 沙拉用的蕪菁、白蘿蔔和甜椒切成便於食用的大小。各種胡蘿蔔水煮後也切成便於食用的大小。萵苣撕碎冰涼備用。調味醬汁的材料放入果汁機中攪打。
4 在容器中鋪入萵苣葉，放上沙拉和切圓片的火腿，佐配調味汁。

酸辣燴雞絲

雞絲極品湯佐檸檬泡沫和胡椒粉

這是一盤就能享受三種不同風味的胸肉湯。最先能嚐到清澄、細緻的湯品風味，接著可以和檸檬泡沫一起品味湯，最後加入胡椒風味粉，享受四川的酸辣風味。它是能讓嚐到豐嫩雞胸肉的現代烹調，兼具美味與獨特口感的雞絲，也是能讓人欣賞到精湛刀工的料理。

中／田村亮介（麻布長江）

材料：2盤份

雞胸肉　100g

醃漬調味料

- 鹽　2g
- 蛋白　10g
- 水　20cc
- 片栗粉　少量

清湯＊　300cc

鹽　2小撮

調水片栗粉　2大匙

檸檬泡沫＊＊

- 檸檬汁　75cc
- 溫水　200cc
- 大豆卵磷脂　4g

胡椒風味粉＊＊＊

- 檸檬油（檸檬皮2個份、太白麻油80cc）25g
- 高效能油脂轉換粉（maltosec）＊＊＊＊15g
- 胡椒　2小撮

＊加入中式火腿等製作，如清湯般的清澄高級高湯。

＊＊將檸檬汁、溫水、卵磷脂混合，用手持式攪拌器攪打發泡。

＊＊＊將檸檬皮和太白麻油裝入真空袋中，抽盡空氣成為真空，靜置約三天，讓油增添香味後去除皮，即成為檸檬油。油中加入高效能油脂轉換粉和胡椒，用打蛋器充分混合成粉狀。

＊＊＊＊一種增黏、凝固劑。吸收油後會固體化，進而變成粉狀。隨著加入的分量增加，濃度會提高，形成固體狀，最後轉變成粉狀。

1　胸肉去皮，剔除油脂和筋，順著纖維切極細絲。

2　在鋼盆中放入**1**的胸肉和醃漬調味料（片栗粉除外），揉搓15分鐘入味後，加片栗粉混勻。

3　在鍋裡倒入40℃的溫水，放入**2**的胸肉，用筷子一面弄散，一面加熱。溫度達70℃後，再降至40℃的溫水，溫度勿加熱超過70℃以上。表面的顏色改變後，立刻取出瀝除湯汁。再次用溫水迅速水煮後取出。

4　在鍋裡放入清湯、鹽和**3**的胸肉，用調水的片栗粉勾薄芡。

5　倒入容器中，放入檸檬泡沫，容器邊緣放上胡椒風味粉。

◎食用法

1　直接飲用湯。

2　和檸檬泡沫混合後再飲用。

3　加入胡椒粉混合後飲用。雖然剛開始是風味清淡細緻的湯，但最後變成酸辣風味。

雞絨銀條

綠豆芽拌炒絨毛般的雞胸絞肉

這是將胸肉加工，以背脂補充濃郁度和潤澤感，拌炒成羽絨狀的熱賣料理。另外也可以混合豆腐和薯類來取代背脂。它是一道單純搭配綠豆芽，統一呈白色的拌炒料理。

中／田村亮介（麻布長江）

材料：便於製作的分量

雞絨
- 雞胸肉　1片（250g）
- 豬背脂　120g
- 蛋白　1個
- 調味料
  - 鹽　6g
  - 日本酒　40cc
  - 胡椒　少量
  - 濃味醬油　3g
  - 清湯　60cc
  - 片栗粉　15g

綠豆芽　60g
炒油　適量
鹽　2小撮
酒釀（→137頁）1/2大匙
粉紅胡椒　適量

1. 製作雞絨。剔除胸肉的皮和筋，用食物調理機攪成適當的大小。
2. 在食物調理機中放入**1**、豬背脂、蛋白和調味料，攪打至充分混合。
3. 整體混合後，倒入鋼盆中，用手充分攪拌讓空氣進入。
4. 在圓漏勺上放上**3**的絞肉，使用圓杓等工具下壓，讓絞肉落入沸水中，讓絞肉形成羽毛起毛般的輕絨狀態。
5. 雞肉煮熟後取出，瀝除水分，雞絨即完成。
6. 在完成養鍋作業的鍋裡，放入芽和去根的綠豆芽後翻拌，混合**5**的雞絨70g，用鹽和酒釀調味即完成。撒上粉紅胡椒。

三河味醂醃雞胸肉

Petto di pollo marinato con MIKAWA MIRIN

我試著將煮成濕潤口感的胸肉搭配大紅豆泥。因豆子和米非常對味，所以我用以米為原料的味醂組合胸肉來獲取甜味。佐配的紅葡萄酒醬汁中也加入味醂來增加甜味，讓豆子和胸肉的風味融合。

義／辻 大輔（Convivio）

材料：4人份

雞胸肉　1片（180g）

鹽　雞的1%

味醂（三河味醂）　20g

大紅豆（水煮）*　100g

高湯（→82頁）　40g

橄欖油　10g

醬汁

- 味醂　20g
- 紅葡萄酒　30g
- 鹽　少量

*將豆子放入加了少量小蘇打的水中浸泡備用。換水，加鹽和迷迭香後加熱，煮軟豆子。

1. 在胸肉上撒上1%的鹽，靜置1小時使其入味。
2. 在真空袋中裝入**1**的胸肉和味醂，抽盡袋內空氣。
3. 放入68℃的旋風蒸烤箱（蒸氣模式）中加熱約20分鐘後，泡冰水冷卻。
4. 在水煮好的大紅豆（保留一部分作為配菜備用）中，加高湯和橄欖油，用手持式攪拌器攪打成糊狀。
5. 製作醬汁。將紅葡萄酒和味醂混合，以中火熬煮增加濃度，加鹽調味。
6. 在容器中倒入豆糊，上面放上切好的胸肉，淋上橄欖油。佐配保留的大紅豆和野莧菜，滴上醬汁。

治部煮

金澤的鄉土料理「治部煮」，是在鴨肉或雞肉上裹上葛粉（片栗粉）再煮的料理，特色是煮汁濃稠。因胸肉外表裹粉，所以鮮味不會流失，而且使用柔和的火候，對鎖住肉汁也有效果。胸肉削薄後，用研杵敲打軟化纖維後再加熱，就能煮出柔嫩的口感。

日／龜田雅彥（Ifuu）

材料：
雞胸肉　60g（30g×2片）
片栗粉　適量
簾麩　2片
蓮藕＊　2片
胡蘿蔔＊＊　3片
蕪菁＊＊＊　2個
乾香菇＊＊＊＊　2朵
四季豆　4～5根
雞胸肉的煮汁
- 高湯　600cc
- 味醂　100cc
- 濃味醬油　100cc
- 調水樹薯粉　適量

柚子

＊蓮藕
切圓片、去皮，放入加醋的熱水中水煮。煮軟後放水中浸泡冷卻。調勻煮汁（高湯800cc、鹽3g、淡味醬油100cc、味醂50cc），放入蓮藕以小火煮透。
＊＊胡蘿蔔
切成棒狀，放入涼水中加熱，煮沸後倒掉煮汁。調勻煮汁（高湯500cc、鹽適量、淡味醬油50cc、味醂10cc），放入胡蘿蔔用小火約煮5分鐘，讓它入味。
＊＊＊蕪菁
去皮成六角形，用洗米水煮。煮軟後泡水，以去除洗米水的澀味。調勻煮汁（柴魚高湯800cc、昆布15cm1片、日本酒100cc、味醂50cc、淡味醬油80cc、鹽適量、追鰹30g）（譯註：追鰹是指熬煮高湯時，為增加湯頭鮮味，再次追加的柴魚），用小火咕嘟嘟約煮15分鐘，讓蕪菁入味。
＊＊＊＊乾香菇
泡水回軟。調勻煮汁（泡香菇水100cc、柴魚高湯400cc、砂糖50g、濃味醬油20cc），放入乾香菇用小火咕嘟嘟地煮到高湯收乾為止。

1. 胸肉從纖維的分界處分切開來，使用雞身肉較厚那側的肉。如切斷纖維般將肉削切成2mm厚。
2. 用保鮮膜包夾**1**的胸肉，用研杵敲打，敲散纖維使其變軟。大致敲成一半的厚度。
3. 混合除樹薯粉以外的雞胸肉煮汁的材料煮沸。在**2**的胸肉上裹上片栗粉，放入煮汁中煮熟。
4. 中途放入簾麩。約煮5分鐘後，最後加入用水調勻的樹薯粉增加濃稠度。熄火靜置一晚讓味道融合。
5. 煮蔬菜類。蓮藕切圓片，胡蘿蔔縱向分切，蕪菁去皮切六角形。乾香菇泡水回軟，切下菇柄，四季豆迅速水煮備用。
6. 蓮藕、胡蘿蔔、蕪菁和乾香菇各用各的煮汁煮熟。
7. 提供時將胸肉、簾麩，蔬菜盛入容器中，盛滿濃稠的雞肉煮汁，用蒸鍋炊蒸加熱。最後放上柚皮絲。

「請問用真空袋裝雞肉加熱時，最好用幾℃來加熱？以及加熱後如何妥善保存？」

真空烹調法是指將新鮮食材，或經事先處理表面已上色等的食材，裝入特殊膠膜製的真空袋裡，抽盡空氣後，再隔水加熱或用旋風蒸烤箱加熱的方法。
嚴格說起來，特殊膠膜製的真空袋裡並非真空，而是藉著抽除多餘空氣，達到減壓的狀態。因特殊膠膜和食品密貼，所以熱水或蒸氣的熱力能透過特殊膠膜傳入食品中。而且真空袋內的氣壓約60～84kpa，在87～95℃時即會沸騰。

不論是真空烹調或傳統加熱法，總之任何加熱法，肉中的蛋白質大約在40℃時都會開始產生變化，達60℃以上時肉會逐漸凝固。一旦超過65℃時，支撐肉組織的膠原蛋白（蛋白質）開始急劇收縮，肉質變硬且流出肉汁。不過一旦超過75℃～85℃，膠原蛋白迅速膠化後，肉質會開始變軟（→162頁）。順帶一提，65℃以下幾乎不會發生膠化現象，需長時間加熱才能產生。
不管腿肉或胸肉，溫度造成的變化都一樣。總之，以真空袋盛裝雞肉加熱時，若以60～65℃加熱，能減少肉汁釋出，完成後肉質柔軟多汁。

真空袋隔水加熱或用蒸烤箱加熱，最後肉的表面和中心的溫度，都能達到熱水的溫度或箱內溫度。需要花相當長的時間，肉才能達到目標的溫度。
另外，在需注重的衛生方面，根據食肉的加工販售基準（食品衛生法），若以63℃加熱30分鐘以上，肉裡大致已達安全標準。實際上，有研究報告結果顯示，真空烹調後急速冷卻（90分鐘內讓中心溫度至3℃），在5℃下約可保存2週的時間，而且僅能檢測出一般的細菌，再加熱後，則完全檢測不出細菌。
依照真空烹調發源地法國衛生局的基準，真空烹調食品冷藏在3℃以下，保存期限為6天（餐廳情況）。根據這項標準，日本餐廳似乎多半冷藏在0～3℃下，保存期限為6～7天。

真空烹調食品的味道上，依據冷藏（5℃）下保存2週的研究結果顯示，肉品烹調後無太大變化。若是冷凍保存，因能抑制細菌滋生，保存期限比冷藏還要長，不過，根據冷凍保存中的狀況，也可能發生品質劣化的情形。
例如，真空烹調後若沒急速冷凍，或保存溫度不穩定，肉品中會形成大的冰結晶，將破壞肉組織使口感變差。另外，冰箱臭味也會通過真空袋的微細孔附在肉上，或是肉的水分流到真空袋外，使肉品部分出現乾燥的現象。若考慮到真空烹調後的食材品質，或許冷藏保存（0～3℃）優於冷凍保存。

（佐藤秀美）

南蠻雞

這是宮崎縣的鄉土料理。如今已成為日本各地眾所周知的美味。炸雞上裹著酸甜醬，建議佐配美奶滋為底的塔塔風味醬。雖然也有人用腿肉製作，不過我是搭配塔塔風味醬，所以這裡使用味道清淡的胸肉製作。

日／龜田雅彥（Ifuu）

材料：

雞胸肉（去皮） 170g
醃漬調味料
- 日本酒 10cc
- 鹽、胡椒 各少量

麵衣
- 蛋（L） 1個
- 低筋麵粉 15g
- 片栗粉 5g

炸油 適量
甜醋醬汁
- 混合醋（醋1：濃味醬油1：水1） 70cc
- 砂糖 70g
- 切片檸檬 25g

塔塔風味醬 適量
包心菜（切絲） 適量

◎塔塔風味醬：

蛋（L） 5個
洋蔥（切末） 1個
酸黃瓜（切末） 75g
巴西里（切末） 10g
黃芥末醬 10g
美奶滋 160g
檸檬汁 50cc
白胡椒 適量

1. 胸肉去皮，塗抹醃漬調味料，靜置15分鐘入味。
2. 在**1**中加入麵衣的材料充分混合。
3. 在加熱至160℃的炸油中，放入**2**的胸肉加熱5分鐘，之後將溫度升至180℃，將表面炸酥。
4. 混合甜醋醬汁的材料，加熱煮沸，放入剛炸好的3裹上醬汁後取出，分切。
5. 容器中放入包心菜絲，再放上胸肉，佐配塔塔風味醬。

◎塔塔風味醬

1. 蛋水煮熟後碾碎備用。洋蔥泡水後瀝除水分。
2. 將所有材料充分混合。**1**～**2**的作業也可以用食物調理機進行。

費南雪酥餅

Vol-au-vent à la finansière

柔軟的雞肉丸、富膠質的雞冠，以及肉質豐嫩的胸肉。為了讓顧客享受不同的口感，我用一隻雞的各個部位來烹調，並用松露香味的醬汁統一風味填在派裡，是一道傳統的料理。還運用鮮奶油和蛋使料理的味道更圓潤。

法／高良康之（銀座L'écrin）

材料：2人份

雞胸肉　1片（250g）
鹽　雞的1.2%
白色雞高湯（→38頁）　300cc
粗鹽（給宏德產）　適量
雞肉丸（quenelle）　60g
雞冠＊　50g
仔牛胸腺肉（ris de veau）＊＊　60g
蘑菇（4等份）　60g
奶油　15g
馬得拉酒　50cc
鹽、胡椒　各適量
費南雪醬汁
- 奶油　10g
- 低筋麵粉　10g
- 馬得拉酒　50cc
- 雞骨＊＊＊　150cc
- 黑松露（切末）15g
- 松露汁　10cc
- 鮮奶油（乳脂肪成分35%）　50cc
- 蛋黃　20g
- 黃芥末醬　30g

派麵團　300g
調水蛋黃液　1個份

＊雞冠用加鹽的熱水汆燙後，去薄皮，用適量的白色雞高湯約煮8小時。
＊＊仔牛胸腺肉用加鹽的涼水開始加熱汆燙，取出泡冰水，去薄膜和血。
＊＊＊白色雞高湯350cc熬煮到剩150cc。

1　烤酥餅。派麵團擀成厚3mm，用直徑10cm的中空圈模切取。共準備4片。

2 在2片麵皮的表面塗上蛋黃液，各重疊貼上另一片。上面也塗上蛋黃液，用刀畫上圖案。

3 放入220℃的烤箱中烤20分鐘，上層中央鏤切約直徑6cm。切下的部分作為蓋子。酥餅即完成。

4 胸肉加熱。去除皮、筋和薄膜，在整體上撒鹽。在鍋裡放入白色雞高湯，為避免釋出雞肉風味，用粗鹽確實調味。

5 高湯加熱至68℃，放入胸肉加熱20分鐘，取出保溫備用。

6 製作費南雪醬汁。在鍋裡放入奶油煮融，撒入低筋麵粉炒到變鬆散，注意勿炒焦，製作奶油麵糊。

7 接著加入馬得拉酒稍煮，加雞骨補充風味。一煮沸後加黑松露和松露汁。

8 在鋼盆中放入鮮奶油、蛋黃和黃芥末醬混合備用（A）。將7離火，加A充分混合增加濃度。加鹽和胡椒調味完成醬汁。

9 將5的胸肉切成3cm塊，雞冠切成2cm塊，仔牛胸腺肉切成1.5cm小丁。

10 在平底鍋中放入奶油15g，香煎蘑菇後取出。

11 在仔牛胸腺肉上撒鹽和胡椒，沾上低筋麵粉（分量外），放入10的平底鍋裡香煎上色。倒回蘑菇，加馬得拉酒。稍煮後，加9的胸肉、雞冠、肉丸子和所有8的醬汁，加鹽和胡椒調味。

12 酥餅用烤箱加熱，放在盤中央，盛入11，再添加蓋子。

◎雞肉丸

材料：

麵糊
- 奶油　20g
- 鮮奶　120cc
- 低筋麵粉　60g
- 鹽、胡椒　各適量

雞胸肉（去皮）100g
蛋　25g
蛋黃　15g
奶油　15g
鹽、胡椒、肉荳蔻　各適量

1 在鍋裡放入麵糊材料用小火拌炒，加鹽和胡椒調味備用。

2 用食物調理機攪打雞肉丸所有材料後，用網篩過濾製成肉餡。

3 在左文步驟5的煮胸肉高湯中加鹽後加熱，用茶匙等工具舀取指尖大的肉餡，放入高湯中煮。若肉丸浮起表示已煮熟。

◎派麵團

材料：

水麵團（detrempe）
- 低筋麵粉　125g
- 高筋麵粉　125g
- 鹽　5g
- 冷水　150cc（視季節減少分量）

摺疊用奶油　225g
防沾粉（高筋麵粉）適量

1 製作水麵團。混合粉類過篩，放入鋼盆中備用。

2 水充確實冰涼，加鹽充分混勻。

3 在1的粉中加入2的冷水混合，取出放在作業台上混成一團，注意勿揉搓。

4 在上面切十字深切口，包上保鮮膜，放入冷藏庫1晚讓它鬆弛。

5 從冷藏庫取出，用擀麵棍從切口朝四方擀開。

6 將摺疊用奶油敲扁成四方形，錯開45度角放在水麵團的中央，拉起水麵團四角包住奶油。

7 撒上防沾粉，用擀麵棍擀將6擀成原來的3倍長的長方形。

8 用毛刷等刷上防沾粉，摺三摺，變成原來的四方形大小。

9 旋轉90度，和7同樣的擀開，以8的要領摺三摺。

10 步驟7～9的2次作業為一組，一面放入冷藏庫讓麵鬆弛，一面進行共三組的作業。

11 摺三摺共計6次後，放入冷藏庫鬆弛，視需要取出使用。

醋味雞

Poulet au vinaigre

燉煮料理時，使用帶骨肉較能釋出鮮味，受熱也會較溫和。這道料理希望各位注意大蒜拌炒法這個重點。由於醋酸的作用，大蒜較不易熟透，所以加入葡萄酒醋前，先將大甚至不拌炒變軟相當重要。大蒜若不這樣先炒過，待煮到熟透，肉就會煮得太老。若使用帶骨肉，也能避免煮過頭的情形。

法／高良康之（銀座L'écrin）

材料：

雞胸肉（帶骨） 2片（280g×2）
鹽、胡椒　各適量
橄欖油　適量
大蒜　5片
番茄（L） 3個
百里香　5枝
白葡萄酒醋　300cc
白色雞高湯（→38頁） 100cc
鮮奶油（乳脂肪成分35%） 200cc

配菜
- 蕪菁（切4等份用鹽水煮熟） 2個份
- 小洋蔥（橫切一半香煎） 4個份
- 四季豆（鹽水煮熟） 20根

巴西里（切末） 適量

1 在帶骨胸肉的兩面撒上鹽和胡椒。

2 在烤鍋中抹上橄欖油，將**1**的胸肉表面煎至上色。放入切半、剔除芽的大蒜，以及去蒂橫切一半的番茄和百里香一起拌炒。

3 大蒜炒到用竹籤能一下子刺穿的柔軟度後，加白葡萄酒醋後加蓋，煮25分鐘讓胸肉稍熟。

4 雞肉八分熟後取出，放在溫暖處，利用餘溫加熱。

5 鍋裡殘留的白葡萄酒醋，用中火熬煮讓水分蒸發濃縮到只剩1/5量，加白色雞高湯再稍煮。

6 熬煮過的煮汁用圓錐形網篩過濾到別的鍋裡，再將大蒜和番茄過濾回鍋裡。

7 在**6**中加入鮮奶油，再稍煮出適當的濃度，加鹽和胡椒調味。

8 在鍋裡放入事先煮熟的配菜及**4**的胸肉，加熱拌勻，撒上巴西里即完成。

9 剔除胸肉的骨頭，分切成4人份，和配菜一起盛盤。

越南雞飯

放上胸肉、香味蔬菜和薄荷的薑黃風味飯

東南亞有許多料理都會使用雞肉。這裡介紹的是馬來西亞等地十分大眾化的「雞肉飯」，我改用薄荷變化成越南風味。與中國相鄰的越南等西南方系料理中，常使用薑黃，於是我試著在加薑黃的黃色米飯上放上雞胸肉。胸肉以80℃慢慢水煮，用手沿肉的纖維撕開，吃起來口感相當豐嫩多汁。

中／田村亮介（麻布長江）

材料：2人份

雞胸肉　1片
紅洋蔥　100g
萬能蔥　10g
紅心蘿蔔　20g

綜合調味料
- 濃味醬油　10g
- 米醋　10g
- 辣油　6g
- 魚露（魚醬油）　6g
- 三溫糖　2g

米　1杯
薑黃　1/4小匙
大蒜　2片
薄荷葉　10片

1. 胸肉用80℃的熱水煮12～15分鐘後取出。保留這個煮汁備用。肉涼了之後去皮，用手順著纖維撕開。
2. 米清洗後，泡水30分鐘備用。
3. 在**1**保留的煮汁180cc中加薑黃，蒸煮已泡過水的米。
4. 紅洋蔥如切斷纖維般切片後，放入水中去除辣味。萬能蔥統一切成5cm長。紅心蘿蔔切成5cm長的細絲。大蒜切薄片，以低溫油（分量外）炸成大蒜片。油當作蒜油運用。
5. 在鋼盆中放入**1**的胸肉和**4**的蔬菜類，加綜合調味料大致混合。
6. 在容器中盛入煮好的薑黃飯，上面盛上**5**。上面撒上大蒜片和薄荷葉，滴數滴大蒜油。

蛋白質變性的溫度

「我想煮出豐潤多汁的雞肉，但是腿肉和胸肉，分別適合用幾℃的溫度加熱呢？」

作為雞肉食用的肉全是雞的肌肉，受到這個肌肉組織結構，對雞肉加熱後的狀態有很大的影響（參照圖1）。

肌肉的結構是，由膠原蛋白（硬蛋白質）形成的薄膜，將大量聚集如線般細長的「肌纖維」細胞包覆成束，多條肌束再被膠原蛋白膜包覆成大的肌束。肌肉整體再被較厚的膠原蛋白膜包覆，這個膜的兩端稱為「肌腱」，附於骨骼上。

煎烤過的雞肉能輕鬆用手撕開，撕開的方向是被膠原蛋白膜包成束的肌纖維的方向。

雖然生雞肉感覺很柔軟，但是入口中仍需要費力才能咬斷。總之，有一定的硬度。但是，加熱的話，溫度將近65℃時，肉會變得比生的時候柔軟，超過65℃後又會急劇變硬，超過75℃後再次變軟（參照圖2）。

這個現象是因構成肌纖維的蛋白質，以及包覆它的膠原蛋白受熱產生變化的緣故。肌纖維的蛋白質從將近40℃時開始變化，約至60℃時會凝固變硬。肌纖維變硬有助牙齒咬入肉裡，換言之肉質變得較軟。加熱溫度超越65℃的話，膠原蛋白膜開始急劇收縮。牛肉加熱溫度若超過65℃，膠原蛋白會縮短成1/3的長度。

若膠原蛋白縮短，這使得膠原蛋白膜變厚，所以肉也會變硬。溫度超過75～85℃時，膠原蛋白迅速產生膠化現象，肉質又變軟。

若想將肉煮出豐潤多汁，要注意別讓肉裡的溫度超過65℃。因為膠原蛋白一旦超過65℃便會縮短，縮短的薄膜緊勒住包覆的肌纖維。肌纖維細胞被勒得太緊，其中所含的肉汁，就像「擰毛巾」般被擠壓流到細胞外。

肉在煎、煮的過程中，表面溫度當然會超過65℃，所以表面部分變得乾硬。但是中心溫度若能控制在65℃以下，肉裡柔軟便能保有肉汁。如果肉裡保持良好狀態，食用時會覺得整塊肉都很豐嫩多汁。不管是胸肉、腿肉或雞柳等部位，全都是共通的現象。

（佐藤秀美）

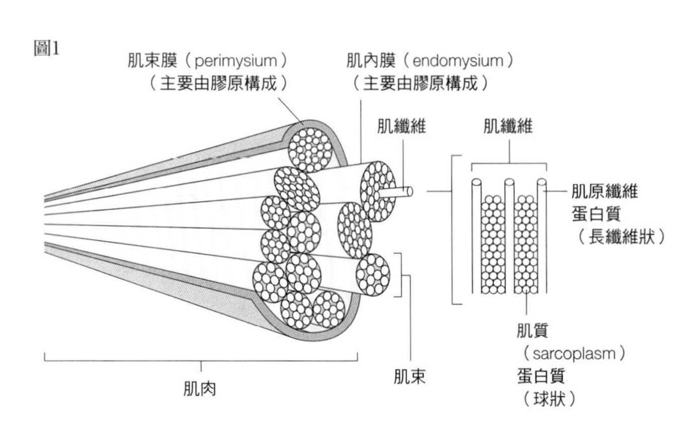

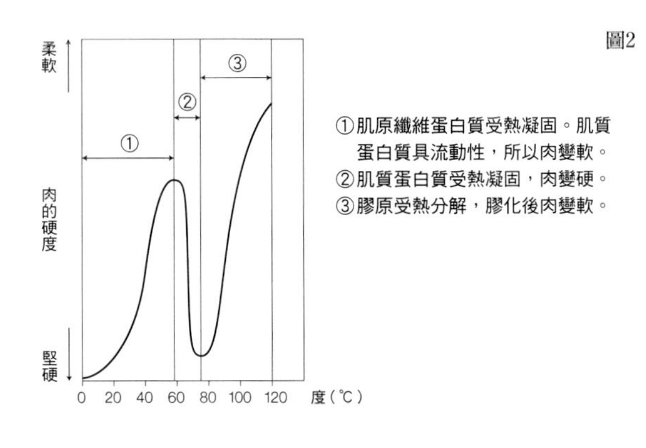

圖出處：「烹調美味的熱科學」（柴田書店），p.134、p.135

木薑油雞柳

汆燙雞柳 木薑油凍 百匯風味

這是用汆燙雞柳，和加入有檸檬香的木薑油這種植物油的果凍混合成的冷前菜。為了充分發揮雞柳的細滑感，我在料理中還加入不同口感的蔬菜、碎鍋巴等，嘗試在口感中加入強弱對比。　中／田村亮介（麻布長江）

材料：
雞柳　1條
醃漬液（等量的濃味醬油和毛湯混合而成）　適量
木薑油凍
- 味醂　25g
- 淡味醬油　20g
- 清湯（→151頁）　180cc
- 吉利丁片　3g
- 木薑油　7.5cc

小黃瓜　10g
紅心蘿蔔　8g
山藥　20g
鍋巴　少量
菊花　少量

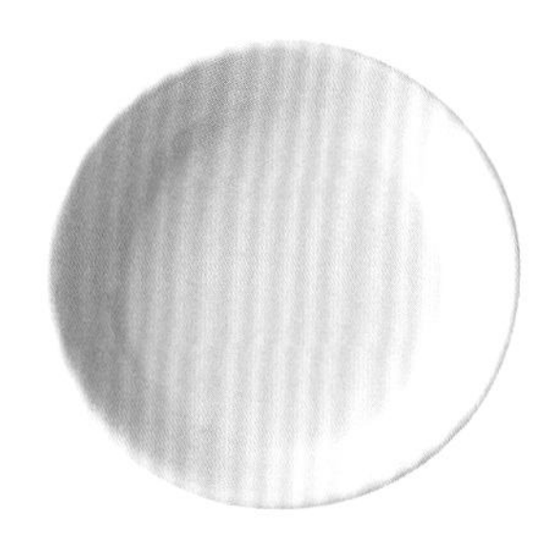

木薑油。這是樟科山蒼子樹的種子所含的油，特色是具有檸檬般的清爽香味。

1. 剔除雞柳的筋，用沸水水煮後，泡冰水讓肉緊實。瀝除水分，泡在醃漬液中5分鐘備用。
2. 將小黃瓜、紅心蘿蔔和山藥切成5mm的小丁。鍋巴用加熱至230℃的炸油油炸，瀝除油分後切碎備用。
3. 製作木薑油凍。混合味醂、淡味醬油和清湯煮沸，加入泡水回軟的吉利丁片融合，再用冰水冷卻凝固。
4. 若已凝固成果凍狀，加木薑油攪碎充分混合。
5. 在玻璃杯中盛入**2**的蔬菜類，淋上適量的**4**的果凍，盛上削片的雞柳。上面散放上鍋巴、菊花、小黃瓜、紅心蘿蔔和山藥。

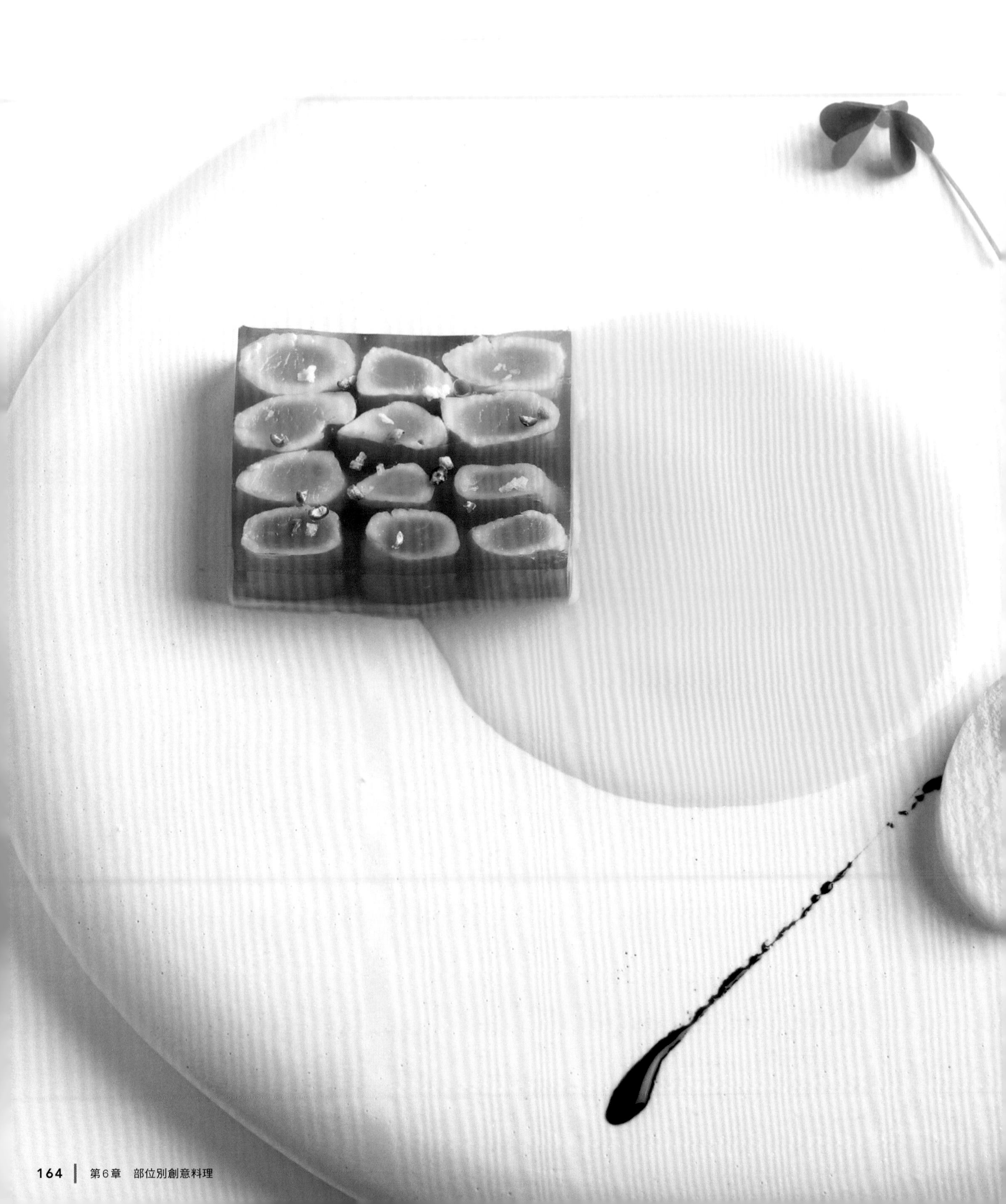

以果凍凝結的雞柳凍和白桃醬汁

Gelée d'aiguillette au coulis de pêches

這是一道夏季的清爽冷前菜，纖細的雞柳以清湯凝結，搭配上散發淡淡甜味的白桃醬汁。白胡椒的濃烈辛辣味成為料理的特色風味。酢漿草的酸味溫和地突顯醬汁的甜味。凝凍雞柳因為還沒完全熟透，所以用小型凍派模型製作，當天就使用完畢。　法／高良康之（銀座L'écrin）

材料：長16cm×寬8cm×高7cm的凍派模型1個份／8人份

凝凍
- 雞柳　12條
- 鹽　雞的1%
- 雞清湯（→46頁）　300cc
- 吉利丁片　15g

粗磨白胡椒　適量
海鹽片　適量
糖煮白桃　1/12個份
白桃醬汁　適量
巴薩米克醋＊　500cc
酢漿草　適量

◎糖煮白桃：
白桃（L）　6個
糖漿
- 水　1公升
- 白砂糖　220g
- 檸檬汁　1個份

◎白桃醬汁：
糖煮白桃　1個
煮白桃的糖漿　36cc
檸檬汁　15cc
桃子利口酒　3～4滴

＊在淺鋼盤（25cm正方、高3cm）中倒入巴薩米克醋500cc，放入80℃的保溫櫃中，約1.5～2天讓水分自然蒸發。營業結束後改放入冷藏庫中保存，隔天再放回保溫櫃中。讓500cc的醋蒸發剩1/8左右（62.5cc）。

1 剔除雞柳的薄膜和筋。撒上1%的鹽靜置30分鐘。

2 為了讓雞柳味道不過度釋出，雞清湯中用鹽（分量外）稍微調味後加熱，溫度升至68℃後保持此溫度。分數次在其中放入雞柳加熱。若清湯分量多，從雞柳釋出鮮味會變淡，這點請留意。

3 煮沸剩餘的清湯，熄火後浮沫等會下沉，所以用圓錐形網篩將上面的清澄液過濾到鋼盆中。取200cc，放入已回軟的吉利丁片融化。隔盆用冰塊冷卻，來增加凝凍的濃度。

4 在裝滿冰水的淺鋼盤中，放入凍派模型，約倒入**3**的清湯70cc，讓它凝固至八成左右。凝固後上面排3列雞柳。

5 倒入能蓋過雞柳程度的清湯，讓它凝固至八成左右。重複這項作業4次，再放入冷藏庫半天讓它凝結。

6 在容器中將冰涼的白桃醬汁倒成圓形，凝凍切成1.5cm厚，撒上大致碾碎的白胡椒和海鹽片。用熬煮好的巴薩米克醋畫上線條，再配上去皮、切開的糖煮白桃和酢漿草。

◎糖煮白桃

1 白桃帶皮直接切半。糖漿的材料混合後煮沸，用小火煮白桃20分鐘。

2 直接冰涼，放入冷藏庫保存。

◎白桃醬汁

1 糖煮白桃去皮和種子。

2 將**1**放入果汁機中，加入煮白糖的糖漿、檸檬汁和桃子利口酒，攪打變細滑

燻雞柳
布瑞達起司和莎莎甜椒

Pollo affumicato con burrata e salsa peperone rosso

以瞬間燻製器製造燻煙燻製雞柳，將雞柳放入密封容器中，再灌入燻煙來燻製。這個作法為的是在客席間開蓋時，燻香能彌漫開來。料理組合了味道清淡的雞柳，風味溫和的布瑞達起司，以及烤過的甜味紅椒。

義／辻 大輔（Convivio）

材料：4人份

雞柳　2條

布瑞達起司（Burrata Cheese）*　1個

鹽、橄欖油　各適量

紅椒醬汁

- 紅椒　2個
- 大蒜　1/2片
- 鯷魚　4尾
- 鮮奶油　少量
- 鹽、橄欖油、水　各適量

*布瑞達起司是用水牛乳或牛乳製作的義大利產新鮮起司。和莫札瑞拉起司類似，但非常柔軟，乳脂肪成分高。

1. 在雞柳上撒1%的鹽，表面用碳火稍烤。
2. 布瑞達起司用鹽和橄欖油調拌。
3. 製作紅椒醬汁。烘烤整顆紅椒將皮烤焦，泡冷水去皮。擦乾水分切亂刀塊。
4. 在鍋裡倒橄欖油，放入大蒜拌炒出香味。在裡面放入紅椒、鹽和鯷魚拌炒。
5. 熟透後加鮮奶油和少量水，以稍弱的中火約煮5分鐘。
6. 放入果汁機中攪打成泥狀，製成醬汁。
7. 在密封罐中放入6的醬汁、布瑞達起司和雞柳，注入燻煙，立刻加蓋密封。

用瞬間燻製器在密封瓶中填充燻煙。

雞柳義大利湯餃

Ravioli di pollo in brodo

義大利餃中包入加了膏狀雞柳的白醬餡。再組合用雞熬煮的高湯，就完成這道雞肉濃湯餃。在義大利，這道是聖誕節時常見的義大利麵類料理。雞柳的白醬餡料，和千層麵醬汁、香煎雞醬汁都很對味。

義／辻 大輔（Convivio）

材料：
生義大利麵團（→173頁） 1片（20cm四方）
白醬餡料 1小匙×3個份
濃湯（→209頁焗烤蔬菜雞頸肉佐濃湯） 100g
橄欖油 適量

◎白醬餡料：16人份（48個）
鮮奶 100g
奶油、低筋麵粉 各10g
雞柳 3片
鹽 適量
帕達諾起司（粉） 30g
迷迭香（切末） 適量

1 用製麵機將生義大利麵團壓成不到1mm的厚度。在擀薄的麵皮上，分別舀取1大匙白醬餡料排放在上面，每個餡料中間保持空隙，用噴霧器噴濕。蓋上另一片麵皮，擠出空氣，讓餡料周圍的麵皮緊密貼合。
2 用直徑6cm的中空圈模切取圓形餃。
3 在煮沸的鹽水中放入義大利餃，約煮5分鐘後盛入容器中。
4 加熱濃湯，倒入**3**的義大利餃中。淋上橄欖油後即完成。

◎白醬餡料
1 製作白醬。在鍋裡放入奶油煮融，加低筋麵粉用木匙一面混合，一面慢慢地拌炒。低筋麵粉炒到變鬆散後，分數次加入已加熱的鮮奶，混合增加濃度，加鹽調味。
2 雞柳去筋和薄皮，清理乾淨，撒入雞柳的1%量的鹽。
3 在平底鍋中倒入橄欖油，放入**2**的雞柳充分煎至上色。
4 用食物調理機將雞柳攪打變細滑，加入白醬、帕達諾起司和迷迭香，視需要與否加鹽後，充分混勻。

蛋豆腐雞柳湯

這道木豌湯品的菜料，是用蛋豆腐凝結撕細條、柔嫩的雞柳，鏤切成圓形，再以雞高湯為湯底的高湯提升風味。

日／龜田雅彥（Ifuu）

材料：

蛋豆腐　19cm四方的活動式槽狀模型1個份

- 雞柳（大）　3條（135g）
- 雞高湯（→98頁）　600cc
- 蛋（L）　9個
- 鹽　5g
- 淡味醬油　15cc
- 味醂　20cc

高湯

- 雞高湯150cc、高湯150cc、淡味醬油・鹽各適量

松蕈　1/2朵

嫩芽菜　少量

八方高湯*

- 高湯600cc、淡味醬油20cc、鹽3g、味醂30cc、日本酒10cc、追鰹適量

青蔥　適量

*混合材料煮沸一下後過濾。

1. 雞柳去筋，剝除表面的薄皮。加熱雞高湯（分量外），徹底煮熟雞柳，注意勿煮得太老。
2. 取出雞柳撕細條備用。
3. 將撕細條的雞柳放入槽狀模型至一半高的高度。
4. 在冷的雞高湯600cc中，加入蛋、鹽、淡味醬油和味醂充分混合，倒入**3**中。
5. 以開中火的蒸鍋約蒸15分鐘後，用小火再蒸10分鐘後取出放涼。
6. 準備高湯。將雞高湯和高湯混合加熱，加淡味醬油和鹽調味。
7. 嫩芽菜用熱水燙過，泡在八方高湯中。青蔥切絲，放入水中。
8. 將**5**的蛋豆腐鏤切成圓形，用蒸鍋加熱，盛入木碗中。組合切片、迅速用高湯燙過的松蕈和嫩芽菜，倒入熱高湯。再放上瀝除水分，切絲的捲青蔥絲。

石燒雞柳　佐酒盜醬汁

雞柳迅速汆燙後盛盤，讓顧客各自在餐桌上燒烤，沾取酒盜醬汁享用。雞柳很容易熟透，短時間內即能烤透，最適合在桌上烹調。因雞胸肉柔嫩、味道清淡，所以我試著搭配稍具個性的酒盜醬汁。

日／龜田雅彥（Ifuu）

材料：

雞柳　60g

昆布　適量

酒盜醬汁

- 酒盜※　250g
- 日本酒　250cc

檸檬　2片

※譯註：鹽漬魚內臟，原為高知縣土佐的特產

1. 雞柳去筋，放入沸水中迅速汆燙再沖冷水，瀝除水分後用昆布夾住。放入冷藏庫靜置6小時增加鮮味。
2. 製作酒盜醬汁。酒盜和日本酒混合，以小火加熱，熬煮到只剩半量後過濾，放涼備用。
3. 取出1的雞柳，削切成片後排放在盤裡，淋上2的酒盜醬汁靜置5分鐘。
4. 將肉放在已用爐烤熱的石頭（用瓦斯爐燒烤）上，和盛著3的盤子一起提供。另外附上盛在別的盤裡的酒盜醬汁和切片檸檬。

加熱後胸肉、腿肉和皮的變性

「雞胸肉過度加熱，為何肉質會變得柴澀乾硬？而雞腿肉為什麼不會變得乾硬呢？」

過度加熱時，胸肉比腿肉吃起來感覺更乾硬，這和肉的組織結構不同有密切的關係，相對於由一塊肌肉（大胸肌）構成的胸肉，腿肉是由數塊肌肉（股二頭肌等）組合而成。

數塊肌肉外圍，包覆著厚的膠原蛋白膜，膜的內側沒有脂肪。換言之，由一塊肌肉構成的胸肉，若剔除附有脂肪的外皮後，幾乎不含脂肪。而腿肉除去外皮之後，在多塊肌肉之間還有脂肪。而且，腿部的肌肉有充分的運動，所以比起胸肉，腿肉包覆多塊肌肉整體的膠原蛋白膜，也比較發達、比較厚。

雞肉加熱後，在30～32℃時脂肪開始融化，超過60℃時，蛋白質受熱凝固變硬，超過65℃後，膠原蛋白也會收縮變硬，這時肉汁會從肌纖維（非肌肉，而是內側的纖維細胞→162頁）的細胞裡流到細胞外。因受熱產生的變化，不論哪個部位的雞肉均相同。

過度加熱的腿肉口感不覺得乾硬的原因，大致可從兩方面來考量，①存於肌肉間的脂肪融化瀰漫在口中，油脂的滑潤感讓肉質吃起來不覺得乾澀。②包覆一塊塊肌肉的厚的膠原蛋白膜，具有將肉汁鎖在肌肉裡，以免流到細胞外的作用，所以鎖在多塊肌肉裡的肉汁，入口後才釋放出來。

雞柳也和胸肉一樣，雞柳由一小塊肌肉（小胸肌）構成，肉裡沒有脂肪。不過雞柳過度加熱，並不會像胸肉那樣讓人感覺乾硬，主要原因和腿肉讓人不覺得乾硬的原因②一樣。

換句話說，雞柳的體積大約只有胸肉的1/5，所以食用時，會連同鎖在肌肉裡的肉汁一起入口。而胸肉卻不具備任何像腿肉、雞柳那樣不易感到乾硬口感的條件，所以口中很敏銳能感受到肉汁流失後的乾澀口感。

加熱胸肉時，要特別留意中心溫度勿超過65℃。此外，享用時，若和脂肪多的皮一起入口，細滑的脂肪能夠消彌部分的乾澀感。

順帶一提，雞皮加熱後會呈現獨特的口感，其原因是皮的主成分為膠原蛋白，溫度超過65℃皮會縮小。溫度越高，膠原蛋白縮得越嚴重，獨特口感也更明顯。若雞皮加熱超過100℃，皮中的水分蒸發變得乾燥，這時獨特口感中還會兼具酥脆的口感。

（佐藤秀美）

蔭鳳梨苦瓜雞湯

雞腿、苦瓜、自製鳳梨味噌湯　客家風味

雞腿肉和苦瓜中，加入鳳梨釀造的發酵調味料，完成這道風味高雅的湯品。在這道台灣客家人傳承的湯品中，這3種材料是最基本的組合。另外也可以用豬小排骨代替雞肉。不是用高湯熬煮而是用水，單純活用雞的鮮味和鳳梨味噌的風味。

中／田村亮介（麻布長江）

材料：2人份
雞腿肉　200g
水　900cc
薑（1.5cm×4cm的薄片）　15g
苦瓜50g
鳳梨味噌（1cm塊）　40g
枸杞子　適量

◎鳳梨味噌*：
鳳梨果肉　2.9kg
豆麴　400g
鹽　400g
上白糖　500g
切碎的甘草　40小塊

*在台灣會使用鳳梨等水果製作調味料，鳳梨味噌就是其中之一。也可以在底料中加入醬料或醬汁，也可以利用調味汁等製作。

1. 腿肉剔除筋和油脂，切成4cm的大塊。水煮氽燙，撈除浮起污血雜質和油脂等。
2. 在鍋裡放入水、1的腿肉、薑、鳳梨味噌和苦瓜（縱切一半，剔除種子，切成長3cm的梳形片），以大火煮至沸騰。
3. 煮沸後轉小火約煮20分鐘。僅用鳳梨味噌調味。盛入容器中，加入枸杞子。

◎鳳梨味噌

1. 在豆麴中混合鹽、上白糖和切碎的甘草備用。
2. 鳳梨切成厚1cm，裝入容器中，疊放上1，再放鳳梨，如此交錯疊放好幾層。
3. 蓋上保鮮膜，放在常溫中讓它發酵約2週後，放入冷藏庫中約熟成1個月。其間每週混拌1次，讓鳳梨和液體融合，鳳梨泛出光澤後即完成。

雞腿肉捲

Tronchetti di pollo

Tronchetti這個字在義大利語中是指「小殘株」的意思。顧名思義，這道菜是用擀薄的生義大利麵皮捲包蔬菜燉雞腿肉，料理的外形如殘株一般。

義／辻 大輔（Convivio）

材料：
生義大利麵團　1片（20cm×30cm長方形）
蔬菜燉雞肉　50g
節瓜醬汁　15cc
番茄、節瓜（各切丁）　各少量
馬鬱蘭　少量

◎生義大利麵團：
中筋麵粉　400g
粗麥粉（semoule）　125g
蛋白　260g
水、橄欖油、鹽　各適量

◎蔬菜燉雞肉：
雞腿肉　1片（150g）
鹽　適量
橄欖油　適量
蔬菜醬（→88頁）　20g
紅葡萄酒　20cc
番茄糊（→88頁）　15cc
迷迭香　1枝
小扁豆（水煮）　1大匙

◎節瓜醬汁：
節瓜　1根
大蒜（拍碎）　1/4瓣
橄欖油　20g
鹽　適量

1 用製麵機將生義大利麵團壓成不到1mm的厚度。
2 用煮沸的鹽水煮1的義大利麵皮，取出泡冰水冷卻，瀝除水分。切成10cm×30cm的大小。
3 用2的麵皮捲包蔬菜燉雞肉，切成3cm長，這樣的義大利麵捲共準備7個。
4 將3的義大利麵捲豎放，周圍用切成3cm寬的帶狀義大利麵皮捲包固定。
5 在容器中倒入節瓜醬汁，盛入4。周圍散放上汆燙過的節瓜、番茄和馬鬱蘭，最後滴上橄欖油。

◎生義大利麵團

1 在鋼盆中放入所有生義大利麵的材料，充分揉捏成一團，放入冷藏庫一晚醒麵。醒麵後麵筋會鬆弛，麵團更容易揉成團。

◎蔬菜燉雞肉

1 在腿肉中撒鹽，放入已倒橄欖油的平底鍋中，將皮側煎至焦脆、上色。
2 接著加入蔬菜醬、紅葡萄酒、番茄糊、迷迭香、小扁豆和泡豆的水，以稍弱的中火燉煮1小時。煮汁若煮乾，適時加水。
3 將煮到變軟的腿肉切碎。

◎節瓜的醬汁

1 在鍋裡倒入橄欖油，放入大蒜開火炒到散發香味。
2 香味散出後，放入切圓片的節瓜拌炒，加鹽調味。在上色前熄火，用果汁機攪打成細滑的醬汁。

雞肉丸

這個芋頭雞肉丸中，包入煮成甜辣紅燒肉風味的雞腿肉。肉丸皮是用芋頭和馬鈴薯混合而成。若只用芋頭，口感太黏又厚重，混合男爵品種的馬鈴薯後，更容易入口。

日／龜田雅彥（Ifuu）

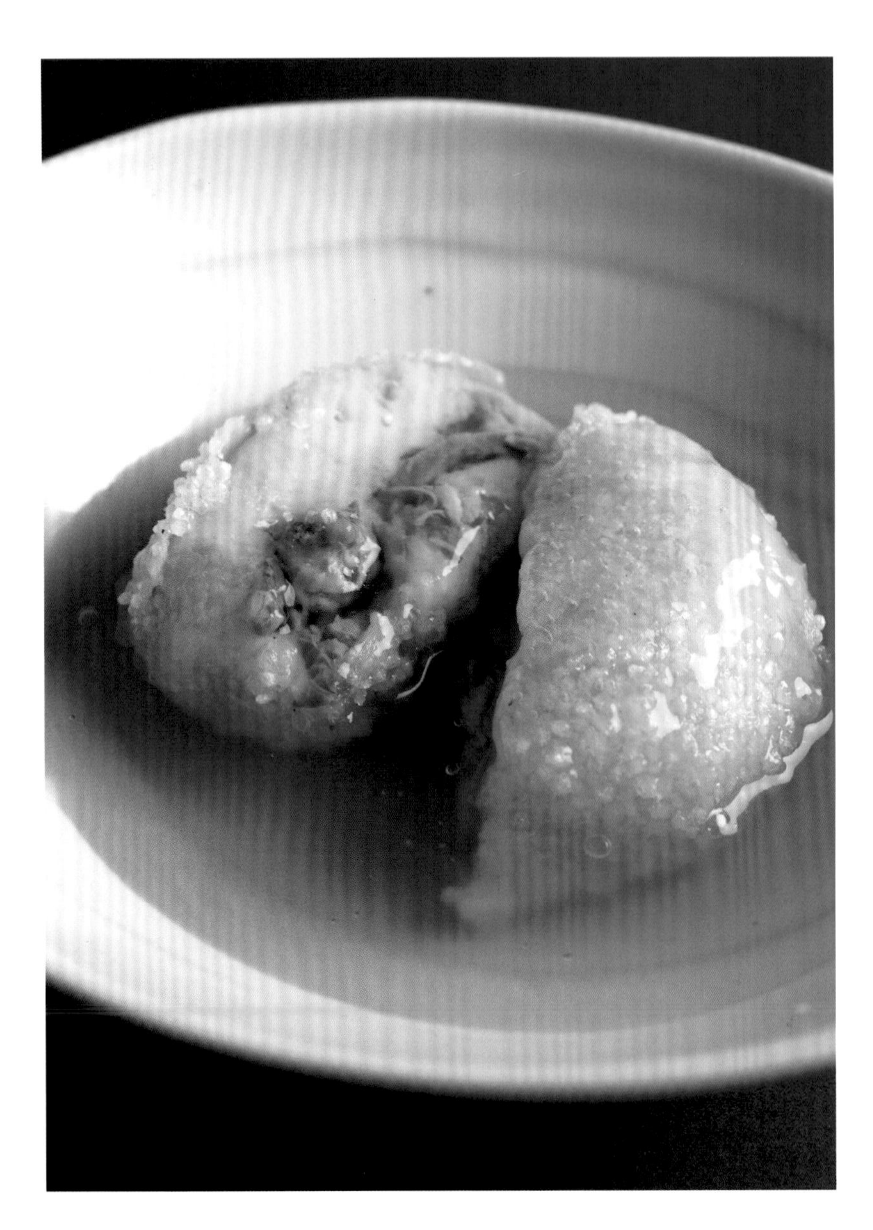

材料：便於製作的分量

雞腿肉　1kg

煮汁
- 水　1.3公升
- 蘇打水　200cc
- 濃味醬油　150cc
- 砂糖　80g
- 溜醬油　30cc
- 青蔥、薑皮　各適量

雞肉丸的皮
- 蒸後過濾的芋頭　3
- 蒸後過濾的馬鈴薯　1

新挽粉（粳米粉）、炸油　各適量

芡汁（→202頁冬瓜雞鬆羹）　適量

1. 將腿肉分切成下腿和上腿2塊（3分割）。皮側朝下放入平底鍋中加熱，煎出雞油和上色。
2. 將**1**的腿肉放入壓力鍋中，加入所有煮汁的材料煮30分鐘。加蘇打水是為了讓肉變軟。
3. 腿肉煮軟後，涼至微溫。
4. 製作雞肉丸的皮。芋頭和馬鈴薯分別蒸熟、過濾，依配方的比例用木匙充分混合。分成1個65g揉圓。
5. 將**3**的腿肉分切成1個15g。將**4**的皮壓扁，中間放入1個腿肉包起來，塑成圓形沾上新挽粉，用保鮮膜包好即準備完成。
6. 提供時，將包著保鮮膜的雞肉丸直接用微波爐加熱40秒，加熱後用180℃的炸油炸5分鐘。浮出後取出。
7. 盛入容器中，淋上加熱的芡汁。

豐年蒸

用薄薄展開的腿肉捲包糯蒸過後，為了讓裡面的糯米入味，改用小火花時間慢慢炊蒸完成。口感黏Q的糯米中，比起雞胸肉，更適合使用帶油脂鮮味濃的腿肉。

日／龜田雅彥（Ifuu）

材料：
雞腿肉　150g
糯米（蒸過的）*　60g
煮汁
- 高湯　1公升
- 砂糖　80g
- 濃味醬油　20cc
- 日本酒　10cc

小松菜
八方高湯
- 高湯　600cc
- 淡味醬油　20cc
- 鹽　3g
- 味醂　30cc
- 日本酒　10cc
- 追鰹

柚子

*糯米泡水一晚，用濾網濾除水分，用紗布包著蒸1小時。完成前撒上酒。

1 腿肉縱向切半。接著再從中劃切口朝左右分切展開，讓厚度保持均勻。
2 腿肉展開後，捲包塑成棒狀的糯米。用棉線綁好後，用棉布包住，再用捲簾修整外形。放入蒸鍋中以大火蒸25分鐘。
3 蒸好後分切，放入已混合的煮汁中，以小再炊蒸1小時，直到裡面的糯米入味。連鍋直接放涼，讓糯米捲更入味。
4 提供時，用蒸鍋加熱後盛盤。佐配汆燙後用八方高湯浸泡備用的小松菜，再放上柚子絲。

栗子雞春捲

柔嫩雞腿和栗子的春捲

這道是從中式燉煮料理名菜栗子雞變化而成。雖然春捲一般都是包入攪碎的濃稠餡料，不過為了直接呈現雞肉和栗子的味道，並不攪碎來增加濃稠度。取而代之的是將煮汁熬煮成濃郁的醬汁，佐配春捲來補充風味。春捲若以高溫油油炸，表皮的顏色會迅速變深，在皮還沒炸酥前就得取出，這樣口感會變差，所以最初用低溫的油開始炸起。

中／田村亮介（麻布長江）

材料：8條份

雞腿肉　2片

栗子桂花甘露煮＊　8顆

栗子　適量

春捲皮　8片

蒸煮用調味料

- 毛湯（→122頁）　400cc
- 醬油膏（→140頁）　10g
- 紹興酒　10g
- 濃味醬油　20g
- 三溫糖　20g

炸油　適量

＊栗子20顆去鬼皮和澀皮。水500cc、桂花陳酒130cc、鹽1/2小匙、桂花醬15cc和冰砂糖230g加熱煮融，放入栗子用小火煮30分鐘。在煮汁中浸泡2天後使用。

1. 用刀切斷腿肉的筋。在鍋裡加水，放入腿肉汆燙後撈除浮沫，取出放入淺鋼盤中。
2. 在別的鍋裡放入蒸煮用調味料加熱煮沸。將調味料倒入**1**的淺鋼盆中，用蒸籠蒸30分鐘。
3. 從蒸籠取出後，直接浸泡在煮汁中約半天讓肉入味。
4. 將1顆栗子桂花甘露煮分切成2～3等份。將**3**的腿肉切成4cm的棒狀。
5. 用春捲皮捲包切成3～4條的腿肉和1顆份的栗子，用150℃的油炸成黃金色。
6. 在鍋裡放入**3**的煮汁，熬煮到剩一半量。
7. 栗子去鬼皮和澀皮，切薄片放入水中以防變色。
8. 栗子片放入低溫的油（100℃）中慢慢加熱，最後以高溫炸至酥脆，製成栗子酥片。
9. 在容器中盛入春捲，配上栗子酥片和**6**的煮汁。

雞腿肉串燒

Polo allo spiedino

「Spiedino」是發源於托斯卡納地區的串燒料理，經常串刺義式香腸和蔬菜等食材，不過這道料理是用生火腿捲包雞腿肉，在雞肉中加入生火腿的鹹味和鮮味。以碳火燒烤肉裡油脂釋出後，味道更芳香。在義大利，經常採取這種在肉或海鮮中加入肉類加工品鮮味的烹調手法。

義／辻 大輔（Convivio）

材料：6人份

雞腿肉　1片（150g）
鹽　少量
生火腿　6片
紅洋蔥　1個
紅洋蔥醃漬液
- 紅葡萄酒醋　80g
- 鹽　4g
- 砂糖　40g
- 迷迭香　1枝
- 水　400g

福卡夏麵包（Focaccia）（→208頁）　12片
鼠尾草葉　12片
韭蔥醬汁　適量

◎韭蔥醬：
韭蔥　1根
橄欖油　適量
鹽　適量

1　雞腿肉切成一口大小，撒鹽，周圍用生火腿捲包。
2　紅洋蔥切梳形片，泡水後迅速取出。在鍋裡放入醃漬液的材料加熱，煮沸後放入紅洋蔥，加熱2分鐘後熄火，直接放涼。
3　依序用鐵籤串入竹福卡夏麵包、**2**的紅洋蔥、**1**的腿肉、鼠尾草、福卡夏麵包、紅洋蔥、鼠尾草和腿肉。
4　用碳火慢慢烤好。盛入容器中，佐配韭蔥醬。

◎韭蔥醬
1　在鍋裡倒入橄欖油，放入大致切碎的韭蔥和少量鹽，慢慢炒到韭蔥釋出甜味。
2　將**1**放入果汁機中攪打，製成細滑的醬料。

黃金醬汁雞腿

Pollo dorato

這是組合和雞肉非常合味的檸檬的托斯卡納料理。香煎過的雞腿肉中，加入蛋黃和檸檬汁，在平底鍋中便能完成醬汁。

義／辻 大輔（Convivio）

材料：2人份
雞腿肉　1片（150g）
鹽、橄欖油　各適量
白葡萄酒　30g
高湯（→82頁）　100g
蛋黃　2個份
檸檬汁　15g
金箔　適量

1　在腿肉的兩面撒鹽。
2　在平底鍋中倒入橄欖油加熱，從腿肉的皮側開始煎起。
3　煎至上色後翻面，肉側面迅速加熱至泛白後，加入白葡萄酒，以大火加熱讓酒精揮發，加入高湯稍煮6～7分鐘。
4　在鋼盆中放入蛋黃和檸檬汁打散混勻。
5　**3**的高湯熬煮（剩餘某程度的水分）後，放入**4**的蛋黃一面攪拌，一面用小火熬煮出濃度。
6　盛入容器中，上面裝飾金箔。

烤雞腿鑲無花果 香料風味

Cuisse de poulet et figue rôti aux épices

這道料理風味溫和，適合使用兼具腿肉風味的幼雞。因為煎雞腿的平底鍋中殘留的鮮味，以雞醬汁融解能熬煮出濃郁的醬汁，所以加入新鮮萊姆和香料，使料理呈現清爽風味。 法／高良康之（銀座L' écrin）

材料：2人份

幼雞腿肉（帶骨） 2支（150g×2）
紅蔥頭（切末） 40g
半脫水無花果（1cm切丁） 1個
網脂 適量
鹽、白胡椒 各適量
橄欖油 適量
雞醬汁（→43頁） 50cc
萊姆汁 數滴

混合香料*
- 孜然（整顆）
- 馬林格特胡椒（manigetto）**（整顆）
- 肉荳蔻（粉末）
- 瑪薩拉綜合香料（garam masala）（粉末）
- 芫荽籽（整顆）

配菜
- 庫斯庫斯（couscous）***少量
- 萊姆 1/2個份
- 西洋芹沙拉**** 適量

*所有材料充分混合備用。
**和小荳蔻香味類似的薑科植物的種子。
***在庫斯庫斯和等量的水中，加入少量番紅花（粉末），浸泡庫斯庫斯使其回軟。
****用油醋醬調拌西洋芹葉。
油醋醬：切末的紅蔥頭30g、鹽10g、白胡椒2g和黃芥末醬15g，用打蛋器充分混合，再加蘋果醋70cc、紅葡萄酒醋70cc混合。混合沙拉油750cc和橄欖油120cc，如線流般慢慢少量加入其中，邊加邊用打蛋器攪拌使其乳化。

1 在腿肉內側（非皮側的肉側）上，沿著骨頭（股骨）下刀切切口。接著從比上腿和下腿關節稍微上側（上腿側）切除股骨。
2 切下下腿的肉，讓下腿骨頭露出。用刀剁碎下腿肉。
3 在**2**的碎肉中，加紅蔥頭、鹽和半脫水無花果混合。
4 在**1**切除骨頭的部分撒上鹽和白胡椒，填入**3**蓋上肉。用網脂包覆，修整外形。
5 在平底鍋中放入橄欖油加熱，放入**4**將網脂整體均勻煎至上色。
6 將**5**放入淺鋼盤中，撒上混合香料，用110℃的旋風蒸烤箱（蒸氣30%）烤5分鐘後，取出放在溫暖處保溫2～3分鐘。
7 在煎好雞腿的**5**的平底鍋中，倒入雞醬汁、萊姆汁和混合香料1小撮，稍煮製成醬汁。
8 在盤中散放上配菜的庫斯庫斯和混合香料，放上烤過的**6**的腿肉、西洋芹沙拉和萊姆，最後淋上醬汁。

雞腿肉和蝸牛可樂餅

Composition de cuisse de poulet et croquette d'escargot

雞肉和巴西里和大蒜非常對味。為了連結可樂餅中使用的蝸牛奶油和茄子糊的風味，茄子糊中加了大蒜，還添加義大利巴西里，讓香煎雞肉、可樂餅和茄子糊具有整體感。我覺得比起味道清淡的胸肉，蝸牛更適合搭配味道濃厚的腿肉。此外，蝸牛也可以改用文蛤來烹調。

法／高良康之（銀座L'écrin）

材料：4人份
雞腿肉　1片（220g）
鹽　雞的1%
白胡椒　適量
橄欖油　適量
奶油　適量
蝸牛可樂餅　8個
蝸牛奶油＊　適量
茄子糊　15g×4
清湯醬汁　少量
配菜
- 綠蘆筍（鹽水煮過）4根
- 義大利巴西里　16片

◎蝸牛可樂餅：
蝸牛（水煮）8個
蝸牛奶油　適量
低筋麵粉、蛋汁、麵包粉（乾・細）各適量
炸油　適量

◎茄子糊：
茄子　2條
大蒜（切片）1瓣
橄欖油　120cc
鹽　適量

◎清湯醬汁：
雞清湯（→46頁）120cc
檸檬醋　6g
鹽　適量

＊將所有材料（奶油1kg、切末紅蔥頭60g、切末大蒜50g、切末巴西里100g、鹽15g、杏仁粉10g）混合，用食物調理機攪打。用保鮮膜將100g捲包成圓柱狀，放入冷藏庫保管。

1 在腿肉的兩側中撒鹽和白胡椒。在平底鍋中倒入橄欖油加熱，從皮側開始用小火煎烤。若用大火煎肉會縮，這點請注意。以不至於煎上色的感覺來煎。
2 將肉放在附網架盤上，用90℃的旋風蒸烤箱（蒸氣30%）加熱4分鐘。使用附網架盤，肉不會直接接觸變熱的鋼盤，在烤箱內以架高的狀態來烤，才能整體均勻地烤軟。
3 將肉翻面放在溫暖處讓它鬆弛4分鐘。
4 再將皮側朝上，和**2**同樣用蒸烤箱加熱3分鐘。取出，將肉翻面，放在溫暖處3分鐘讓它鬆弛。
5 在平底鍋裡放入少量橄欖油和奶油，將肉整體均勻地煎至上色。讓肉裡流動的肉汁勻稱後再分切。
6 將蝸牛奶油鋪在盤中2處，上面放上可樂餅。盛入分切好的腿肉，佐配茄子糊。裝飾上綠蘆筍和義大利巴西里，滴入清湯醬汁。

◎蝸牛可樂餅

1 在蝸牛周圍抹上蝸牛奶油，沾滿低筋麵粉，沾裹蛋汁，再沾滿麵包粉塑成圓形，用160℃的炸油慢慢油炸。

◎茄子糊

1 茄子去蒂，剝皮後切亂刀塊。
2 在鍋裡放入橄欖油加熱，放入茄子和大蒜，以中火慢慢地拌炒，加鹽調味。
3 加蓋，放入180℃的烤箱中加熱7～8分鐘。取出，將茄子、大蒜和橄欖油放入果汁機中攪打成糊狀。加鹽調味。

◎清湯醬汁

1 在鍋裡放入雞清湯熬煮至一半的量。濃度若變濃稠後加檸檬醋，再加鹽調味。

烤腿肉和肝醬

Pollo arrosto con salsa fegato

這是將雞腿肉去骨，裡面塞入用鹽和帕達諾起司調味的牛肝菌，再烘烤而成的料理。佐配上以鹽漬五花肉增添鮮味，散發檸檬清爽風味的雞肝醬。

義／辻 大輔（Convivio）

材料：2人份
雞腿肉（帶骨） 2支
鹽 雞的1%
香煎牛肝菌＊ 60g
橄欖油 適量
雞肝醬
粗磨黑胡椒 適量

＊牛肝菌切丁，用橄欖油香煎，加鹽和帕達諾起司粉調味。

◎雞肝醬：2人份
雞肝 200g
鹽漬五花肉 100g
蔬菜醬（→88頁） 20g
鮮奶 500g
白葡萄酒 20g
橄欖油 適量
鹽 適量
檸檬汁 20g
奶油 15g

1 從雞腿肉中剔除骨頭（股骨），撒上雞的1%的鹽。
2 鹽滲入後，腿肉中塞入香煎牛肝菌，放入180℃的烤箱中加熱10分鐘。
3 在容器中盛入烤腿肉，淋上雞肝醬。散放上蔬菜醬，最後淋上橄欖油。

◎雞肝醬
1 雞肝清洗後，浸泡鮮奶一天。
2 在鍋裡倒入橄欖油，放入**1**的雞肝、切小丁的鹽漬五花肉和蔬菜醬，以中火加熱。
3 雞肝熟透後，倒入白葡萄酒，火轉大讓酒精揮發。
4 最後加入檸檬汁，加奶油融化以增加濃度。若味道不夠，加鹽調味。

增加鮮味成分的加熱法

「雞肉慢慢加熱和急速加熱，兩種增加的鮮味的方法是否不同？」

慢慢加熱（以下稱緩慢加熱）和急速加熱（以下稱急速加熱）雞肉，兩種增加鮮味的方法並不相同。
雞肉的美味度，和鮮味成分的肌苷酸和麩胺酸的含量有密切的關係。而且，胜肽（2個以上的氨基酸結合而成）也會影響鮮味的感覺。胜肽本身沒有味道，但它具有使肉味滋潤，增強鮮味感覺的作用。加熱過程中，肌苷酸減少的同時，麩胺酸和胜肽卻會增加。

生肉中含有大量的肌苷酸和麩胺酸。肉加熱後，因酵素作用肌苷酸被分解，隨著時間逐漸減少。肌苷酸的分解酵素有2種，分別在50℃和70℃時會失去作用。
另一方面，肉加熱後經由蛋白分解酵素的作用，麩胺酸的量比生肉時還要多。目前已證實該酵素在40℃時作用最強，60℃以上則失去活力。而胜肽在接近60℃時會增多。

雞肉若緩慢加熱，因通過肌苷酸被分解的溫度帶時間拉長，所以肌苷酸的量會減少；另一方面，因蛋白質分解作用增強，麩胺酸和胜肽的量會增多。
相反地，雞肉若急速加熱，因迅速通過肌苷酸被分解的溫度帶，所以肉中殘留的肌苷酸量變多，但是這樣會抑制蛋白質的分解，所以麩胺酸和胜肽的量沒什麼增加。
緩慢加熱和急速加熱，鮮味成分的減少或增加產生拮抗作用。
此外，目前研究結果發現，不管急速加熱或緩慢加熱，麩胺酸的增加量差異不大，急速加熱時肌苷酸的殘存量明顯較多。綜合以述各點，加熱雞肉時，不必考慮麩胺酸的量，快速讓肉的溫度升至60℃左右，以殘留較多的肌苷酸，之後再緩慢加熱，讓胜肽增加，這樣應該就能增加肉的鮮味成分量。

考慮調整肉的溫度時，不只調整火力，最好還要留意肉組織傳熱的速度。胸肉和腿肉，又有帶皮或去皮、帶骨或無骨之分。肉、脂肪和骨頭三者相較，肉傳熱的速度最快，脂肪的速度大約是肉的一半，骨頭和脂肪相仿，或者比脂肪稍慢。
因此，帶皮肉的肉側傳熱較快，脂肪多的皮側傳熱較慢。而帶骨肉的骨頭周圍的肉傳熱較慢，即使肉量相同，帶骨肉約是無骨肉的1.4倍重，所以肉的溫度也較難上升。

用平底鍋煎烤無骨、帶皮的肉時，若想增強鮮味，從肉側朝下開始煎起，待肉的溫度升至某程度後，再翻面煎烤皮面即可。這種作法肉的溫度在開始加熱後能急速上升，翻面後皮面傳熱較慢，煎烤皮側期間，肉的溫度上升會趨緩。
若是帶骨肉想增強鮮味的話，和無骨肉採相同的方式煎烤就行。但是，不論翻面前或後，煎烤的時間都要拉長。骨頭周圍的肉的溫度上升較慢，所以該部位的肌苷酸或許會減少。不過在65℃以下慢慢地加熱，骨周圍的肉的胜肽增加，就能增強鮮味。

（佐藤秀美）

雞腿肉鑲萵苣

Pollo arrosto con puré di patate

這是用薄切的雞腿肉片捲包炒萵苣和油炸麵包丁，再烘烤的料理。能烹受到吸收大量美味雞肉汁的油炸麵包丁。在義大利，據說經常像這樣用麵包吸收肉汁一起食用。這道料理是從托斯卡納地區的料理變化而來。為了表現樸素的感覺，用加竹碳的麵包粉作為基底。

義／辻 大輔（Convivio）

材料：4人份
雞腿肉　1片（150g）
鹽　雞的1%
餡料
├ 萵苣（切絲）　1/8個
├ 大蒜（切末）　1瓣
└ 橄欖油、鹽　各適量
油炸麵包丁*　8大匙
橄欖油　適量
馬鈴薯泥　適量
加竹碳的黑麵包粉**　適量
雞油菌　16～20朵
小洋蔥　4個
微型菜（microgreens）　少量

◎馬鈴薯泥：
馬鈴薯　1個
奶油　1大匙
鮮奶　50g
鹽　適量

*福卡夏麵包切小丁，放入100℃的烤箱30分鐘將它烤乾。
**208頁的福卡夏麵包的配方中，混入少量竹碳粉烘烤，切片後放入100℃的烤箱30分鐘將它烤乾，用手持式攪拌棒攪打後過濾。

1. 薄薄地切開雞腿肉，整體撒上1%的鹽，靜置1小時備用。
2. 製作餡料。在平底鍋中放入橄欖油和大蒜爆香，拌炒萵苣。加鹽調味，讓水分蒸發。
3. 在**1**的腿肉上，放上油炸麵包丁和餡料捲包起來，用棉線繫綁固定。
4. 在平底鍋中倒入橄欖油加熱，煎烤腿肉。一面轉動，一面將表面煎至均勻上色。
5. 連同平底鍋放入180℃的烤箱中，加熱10分鐘讓肉完全熟透。
6. 取出，剪斷棉線，橫切成4等份的圓柱形。
7. 在容器中鋪入馬鈴薯泥，覆蓋上加竹碳的麵包粉。上面盛入腿肉，佐配烤過的小洋蔥和雞油菌，散放上微型菜，淋上橄欖油。

◎馬鈴薯泥

1. 馬鈴薯連皮用鹽水煮熟，去皮。過濾。
2. 在鍋裡放入馬鈴薯加熱，加奶油、鮮奶和鹽大致攪拌。

茶燻雞

烏龍茶燻製帶骨雞腿

這裡介紹的是以茶或米燻雞的傳統料理，改採低溫加熱這種現代烹調技法所完成的食譜。用油炸烹調的炸物，都希望能炸出酥脆的表皮，不過炸的時候，常疏忽了進入肉裡的火候。因此，為了製作出豐嫩多汁的肉質，我先以真空袋低溫加熱雞肉後再燻製，最後才用低溫油慢慢將表皮炸至酥脆。

中／田村亮介（麻布長江）

材料：
雞腿肉（帶骨） 2支（250g×2）
醃漬調味料
- 水　500cc
- 鹽　10g
- 三溫糖　6g
- 烏龍茶葉　2g

燻製材料
- 烏龍茶葉　8g
- 黃砂糖 10g
- 花椒（粒） 1g

炸油　適量
甘薯＊　2條
銀杏＊＊　8顆

＊包入鋁箔紙中，放入230℃的烤箱中加熱20分鐘製成烤甘薯。
＊＊去殼，以120℃的油炸過後，以溫水清洗，剝去甜皮，再以160℃的油油炸。

1. 將醃漬調味料的材料混合，煮沸後加蓋放涼。涼了之後浸泡帶骨腿肉一天備用。
2. 取出腿肉，放入真空袋中抽盡空氣，以68℃的熱水加熱30分鐘。這裡加熱後即完成。袋子直接放入冰水中冷卻。
3. 涼了之後從袋中取出，擦去多餘的水分。
4. 在中式炒鍋裡鋪上鋁箔紙，放上燻製材料，再放上烤網，皮側朝上放上**3**的腿肉。
5. 加蓋用小火燻7～8分鐘，火熄後燜3分鐘。
6. 用電風扇等吹風讓皮變乾，水分適度蒸發。
7. 皮乾後，用140℃的油慢慢地油炸，將皮炸得酥脆。
8. 在砂鍋底放入炒乾的烏龍茶葉，放入網架，盛入腿肉、烤薯和銀杏，再放上銀杏葉、紅葉和蓮子等，加蓋提供。
9. 在顧客面前開蓋，讓顧客享受茶葉的燻香味。

風味烤雞腿

帶骨雞腿佐綜合香料

辣味代名詞的四川料理，近年來也追求輕盈的風味。隨著顧客不喜油多，重視原味的喜好變化，也出現了不用紅花椒，改用具溫潤麻辣感的青籽花椒等風味清爽的料理。而所謂的「香鬆調味料」，正符合最近的潮流。在這道料理中，我為了讓辣味更少，味道更溫潤，使用麵包粉為底料，不過在四川是使用各種辣椒或堅果類來製作。

中／田村亮介（麻布長江）

材料

土雞腿肉（帶骨） 1支
鹽　雞的0.8%
炸雞水（→128頁） 適量
綜合香料　適量
香菜　適量

香酥辣椒。油炸過的辣椒。素材本身不加辣，使用混合香酥辣椒的綜合香料，能讓料理增添溫潤的辣味和香味。

◎綜合香料

A

- 豆鼓（切末） 7g
- 大蒜末　12g
- 麻油　3g
- 辣油　5g

B

- 麵包粉（乾） 75g
- 純椰子粉　20g
- 辣椒粉　3g
- 粉紅胡椒　2g
- 鹽　1g
- 上白糖　10g

C

- 孜然粉　少量
- 花椒粉　少量
- 腰果（炸過的） 50g
- 香酥辣椒　25g

1. 以和脆皮雞相同的要領風乾腿肉（進行第129頁步驟**1**～**8**的作業）。
2. 將**1**放入180℃的烤箱中烤20分鐘後，溫度上升至230℃烤5分鐘。
3. 表皮烤至酥脆後，連骨切成2～3cm寬，盛入容器中（→130頁）。
4. 撒上香酥香料，佐配香菜。

◎綜合香料

1. 在中式炒鍋裡放入**A**，用小火炒香。
2. 香味散出後加入**B**，用小火一面不停混拌，一面避免炒焦。
3. 整體炒到酥脆散發香味後，加入**C**拌炒。

八幡捲

八幡捲原是用肉、鰻魚或海鱔等捲包煮熟的牛蒡的料理名。這裡我使用和牛蒡非常對味，切成薄片、肉質富彈性的腿肉捲包後，用碳火燒烤。這道料理也適合製成蒲燒風味，或煮成甜辣風味。

日／龜田雅彥（Ifuu）

材料：2人份
雞腿肉　350g
牛蒡　1根
青蔥　1根
鹽、濃味醬油　各適量

1 腿肉縱向切半。接著再從中朝左右切開後展開，讓厚度均勻。
2 牛蒡用洗米水煮軟，剔除內芯，切成5mm四方的細長棒狀。青蔥整齊切成牛蒡的長度。
3 將**1**的腿肉攤開，放上數條**2**的牛蒡和青蔥捲包，用棉線繫綁固定。
4 包上保鮮膜，再用捲簾捲包，放入冷藏庫一晚。
5 拿掉捲簾和保鮮膜，呈扇狀插上鐵籤，撒鹽，用碳火將皮烤至酥脆。最後用毛刷刷上增加香味的醬油即完成。
6 分切成便於食用的大小，盛入盤中。

親子丼

先用碳火將雞腿肉的皮烤到芳香焦脆，再用高湯煮成濕嫩的口感。肉上點綴蛋再置於飯上的親子丼，風味特色是雞皮的口感。我還加上青蔥，完成後更有日本料理的風味。

日／龜田雅彥（Ifuu）

材料：
雞腿肉　80g
青蔥（斜切）　30g
蛋　2個
丼汁
- 味醂　400cc
- 日本酒　100cc
- 濃味醬油　200cc

高湯　50cc
米飯　250g
鴨兒芹　適量

1. 用鐵籤串好腿肉，僅燒烤皮側，散發香味後削切成片。
2. 將丼汁的味醂和日本酒混合，加熱讓酒精揮發。加入濃味醬油完成丼汁。取丼汁100cc放入親子鍋裡，用高湯50cc稀釋。
3. 在親子鍋裡，放入青蔥和**1**的腿肉（肉側朝下）開火加熱。煮沸後放入半量蛋汁，稍微凝固後（約30秒後），加入剩餘的蛋汁，撒上切碎的鴨兒芹，加蓋。蛋加熱至喜歡的狀態後離火。
4. 在丼碗中盛入米飯，放上**3**，再撒上切碎的鴨兒芹。

山椒雞蒸飯

這是用煮成甜辣風味的有馬山椒和雞腿肉，和牛蒡、胡蘿蔔一起炊煮成的蒸飯。能夠享受到剛蒸好的米飯緩緩散發出的牛蒡芬芳和醬油香味。甜辣風味的山椒雞，適合使用帶油的雞腿肉製作。

日／龜田雅彥（Ifuu）

材料：2人份
山椒雞　80g
牛蒡、胡蘿蔔（都切絲）計45g
米　150cc
A
高湯600cc、鹽2g、淡味醬油15cc、濃味醬油　20cc
高湯　150cc
花椒粉、胡椒木葉　各適量

◎山椒雞：
雞腿肉（1cm切丁）1kg
水　500cc
砂糖　70g
有馬山椒　40g
濃味醬油　200cc
日本酒　100cc

1 在砂鍋裡放入洗米水，倒入A150cc和高湯150cc，放入牛蒡和胡蘿蔔加熱。用大火煮5分鐘，煮沸後轉小火再煮10分鐘後，放入山椒雞燜煮7分鐘。
2 煮好後撒上花椒粉，散放上胡椒木葉。

◎山椒雞
1 將腿肉切成1cm小丁。放入熱水汆燙，再用冷水沖淋除去雜質等。
2 在鍋裡混合腿肉和其他的材料後加熱，煮沸後轉小火收乾煮汁即完成。

東方風味雞翅

Aileron de poulet à l'oriental

這道料理只混合數種香味佳的香料，避開有辣味的香料，以加入楓糖溫和甜味的綜合香料，來增添雞翅的風味。糖分受熱焦糖化後，能夠更緊密地裹覆在雞翅上。香料分量大約1～3小匙，以任何比例混合都行，不過最好能視狀況準備當時能用完的分量即可。

法／高良康之（銀座L'écrin）

材料：

翅中　6支
白色雞高湯（→38頁）　300cc
鹽　適量
沙拉油　10cc
混合香料*
- 鹽5g、芫荽粉5g、肉荳蔻粉1g、白胡椒1g、楓糖15g

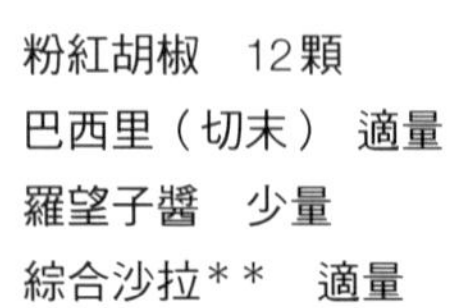

粉紅胡椒　12顆
巴西里（切末）　適量
羅望子醬　少量
綜合沙拉**　適量

*所有材料充分混合備用。混合時請留意，香味濃的香料若分量太多，其他香料會被其濃郁香味同化。

**混合萵苣等數種葉菜，撒鹽後，用油醋醬（→179頁）調拌。

1. 從雞翅分切下翅中。從兩側關節的稍內側（靠近翅中）切開較易去除骨頭。
2. 為避免翅中味道變淡，用以中火煮沸的已加鹽白色雞高湯水煮3分鐘。為了讓骨頭容易和肉分開，在此階段煮至七～八分熟。
3. 取出**2**的翅中，用刀從一半的地方切一圈，如在左右各留一根骨頭般分切開來。
4. 在平底鍋中倒入少量沙拉油，以中火加熱，放入**2**的翅中加熱。沙拉油太多，香料會浮在油中不易裹在肉上，所以油少些。
5. 綜合香料撒在翅中，慢慢地煎至上色。
6. 裹上香料後，加入粉紅胡椒和巴西里沾裹在雞翅上，從平底鍋中取出。
7. 在盤中央盛入用鹽和油醋醬調拌好的綜合沙拉，周圍盛入**6**的雞翅。
8. 用蠟紙製作擠花袋，填入羅望子醬，在盤周圍擠上小圓點。

青檸薄荷雞

萊姆和薄荷香炸雞翅

這是用翅腿製作的油淋雞。在剛炸好的雞翅上裹上醬汁，完成後風味輕盈。以萊姆增加清爽的酸味，以薄荷香味作為重點風味，不過除了薄荷外，還可以混合羅勒和檸檬香茅等具有清涼感的香草。

中／田村亮介（麻布長江）

材料：

翅腿　5支

醃漬調味料

- 鹽　2小撮
- 薑（切末）　5g
- 紹興酒　5g
- 玉米粉　2大匙

炸油　適量

醬汁

- 薄荷葉（切末）　10片
- 清湯　50cc
- 萊姆汁　20cc
- 三溫糖　20g
- 鹽　2g
- 調水片栗粉　1小匙

1. 從翅腿前端部分周圍下刀切斷筋，剝下肉讓骨頭露出。
2. 在1上抹上玉米粉以外的醃漬調味料，靜置30分鐘入味。
3. 在2上抹上玉米粉，放入160℃的油中油炸。炸到麵衣變硬後取出，靜置1分鐘讓餘溫繼續加熱，再放回160℃的油中。如此重複3次。
4. 最後以180℃的油炸至酥脆。
5. 製作醬汁。在鍋裡放入醬汁的材料（除調水片栗粉和薄荷以外）加熱，煮沸後加入薄荷葉，用調水片栗粉增加濃度。
6. 在5中加入炸好的翅腿，儘速裹上醬汁。
7. 盛入容器中，撒上裝飾用薄荷（分量外）。

燉白蘿蔔和雞翅

為了讓雞翅有漂亮的外形，讓翅尾到翅腿保持完整的連接狀態，煮好後再分切。搭配的白蘿蔔，在98頁熬煮雞高湯的作業途中再放入燉煮。白蘿蔔和雞高湯的加乘效果使料理更美味。

日／龜田雅彥（Ifuu）

材料：2人份

雞翅　2支（1隻份）

雞翅煮汁

- 日本酒　400cc
- 水　100cc
- 味醂　50cc
- 砂糖　50g
- 薑皮　3片份
- 濃味醬油　30cc
- 溜醬油　20cc

白蘿蔔　1條

白蘿蔔煮汁

- 雞高湯（→98頁）1公升
- 砂糖　100g
- 濃味醬油　120cc
- 溜醬油　10cc

青蔥　適量

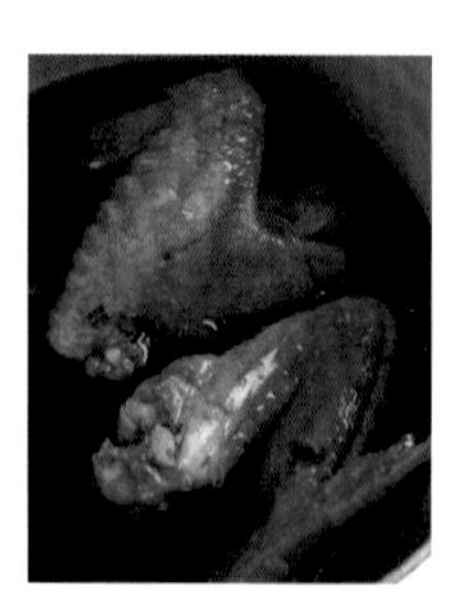

雞翅的翅腿、翅中和翅尾不分切開來，直接燉煮，才能煮出外形完整不碎爛的雞翅。

1. 白蘿蔔切成10cm長，去皮切除稜角。用洗米水煮到能用鐵籤刺穿的軟度。
2. 在製作雞高湯作業的步驟**3**中，放入**1**的白蘿蔔燉煮。雞高湯煮好後取出白蘿蔔，用白蘿蔔煮汁再煮到變軟入味。
3. 雞翅放入沸水中，煮至表面泛白後取出，洗去浮沫和油脂。
4. 在鍋裡放入**3**，倒入雞翅煮汁加熱，慢慢煮到雞翅整體熟透變軟為止。
5. 提供時，將**4**的雞翅切成便於食用的大小，放上**2**的白蘿蔔用蒸鍋加熱。
6. 青蔥切絲放入水中，瀝除水分成為捲曲蔥絲，再放到**5**上。

雞翅義大利餃

Raviolone di pollo

這是90年代初在義大利流行的料理。燉煮變軟的雞翅去骨，和瑞可達起司、蛋黃一起包入麵皮中，再用高湯快煮的義大利餃。用刀切下，裡面流出黏稠濃厚的蛋黃可作為醬汁。 義／辻 大輔（Convivio）

材料：1人份
生義大利麵團（→173頁） 1片（30cm×30cm方形）
蔬菜燉雞翅　2大匙
瑞可達（ricotta）起司　1大匙
蛋黃　1個
奶油　15g
高湯（→82頁） 30g
帕達諾起司（粉） 1大匙
白松露（片） 3片

◎蔬菜燉雞翅：
雞翅（翅中和翅尾） 200g
鹽、胡椒、橄欖油　各適量
白葡萄酒　20g
蔬菜醬（→88頁） 20g
迷迭香　1枝

1. 用製麵機將生義大利麵團壓成不到1mm的厚度。切成30cm×30cm的方形，用噴霧器噴濕備用。在麵皮較後方側，放上蔬菜燉雞翅、瑞可達起司，再放蛋黃，蓋上前方側的麵團。
2. 按壓周圍擠出空氣。用直徑12cm的菊花模型切割，放入煮沸的鹽水中約煮2.5分鐘。
3. 在平底鍋中放入奶油和高湯開火加熱。在平底鍋裡放入**2**的義大利餃，裹上帕達諾起司後，盛入容器中，上面裝飾上松露。

◎蔬菜燉雞翅

1. 在雞翅上撒鹽和胡椒。在鍋裡倒橄欖油，香煎雞翅增加美味的焦黃色。
2. 上色後，加入白葡萄酒、蔬菜醬和迷迭香，倒入能蓋過材料的水，以中火約煮1小時，去除骨頭。

雞翅義式燉飯

Risotto di pollo

將整個大起司挖空，盛入義式燉飯，再放上雞翅。雞翅煎香後，用檸檬和鼠尾草燉煮。雞和檸檬非常合味，在義大利是很受歡迎的組合之一。檸檬的酸味使味道濃厚的義式燉飯變得更清爽、有味。

義／辻 大輔（Convivio）

材料：2人份
雞翅（翅中和翅尾） 5～6支
鹽、橄欖油 各適量
白葡萄酒 20g
蔬菜醬 15g
鼠尾草葉 4片
檸檬（切片） 2片
義式燉飯

◎義式燉飯：2人份
紅蔥頭（切末） 1小匙
橄欖油 20g
義大利米（卡納羅利（carnaroli）種） 60g
高湯 300g（一面視情況，一面調整分量）
鹽 適量
白葡萄酒 15g
奶油 20g
帕瑪森起司（粉） 20g
鼠尾草葉（切末） 3片

1 在雞翅上撒鹽，放入加橄欖油的平底鍋煎至上色。
2 再加入白葡萄酒，放入蔬菜醬、鼠尾草葉、檸檬片，能浸泡材料的水，以中火燉煮30～40分鐘。煮汁煮至蓋不住材料後加水。
3 在挖空的起司中盛入義式燉飯，放上雞翅，周圍滴上橄欖油。

◎義式燉飯
1 在有耳鍋裡倒入橄欖油，放入切末的紅蔥頭拌炒。
2 散出香味後放入義大利米拌炒，倒入高湯、白葡萄酒後加鹽。
3 一面用木匙混合，一面以稍小的中火燉煮，混入奶油、帕瑪森起司和切末的鼠尾草混合。

麻油雞舞茸米飯

翅尾和舞茸燉飯 麻油風味

這道料理和台灣深受大眾歡迎，以雞肉、酒和麻油煮成的湯料理「麻油雞」一樣，是活用雞和麻油這個組合的米料理。這裡將全雞改為翅尾。翅尾是雞肉中含最多膠質的部位，鮮味濃，不輸麻油的風味，最適合用來烹調這道料理。 中／田村亮介（麻布長江）

材料：5～6人份
雞翅（翅中和翅尾） 6支
醃漬調味料（鹽少量、濃味醬油7.5cc）
舞茸（原木） 70g
乾香菇 2片
銀杏 12粒
薑 25g
萬能蔥 適量
黑芝麻油 45cc
米（新米） 3杯
調味料
- 清湯 600cc
- 濃味醬油 15g
- 醬油膏（→140頁） 5g
- 鹽 5g

1. 切下翅尾，再分切成2cm的大塊。抹少量鹽和濃味醬油靜置30分鐘入味。
2. 準備其他餡料。舞茸分成小株。乾香菇泡水回軟切細。銀杏去殼，以低溫油油炸去薄皮。薑薄切成1cm×4cm的方片。萬能蔥切末。
3. 米清洗後，泡水30分鐘備用。
4. 在鍋裡放入黑芝麻油，加薑用小火拌炒散發香味。加入翅尾，用大火拌炒到上色。
5. 在**4**中倒人清湯，加舞茸、乾香菇、銀杏和所有剩餘的調味料，用小火煮5分鐘。倒入大碗等中放涼。在此階段湯是430cc。
6. 在砂鍋裡放入米，加入**5**炊飯。開大火，煮沸後用小火煮11分鐘後，再燜7分鐘。煮好後撒上萬能蔥。

絞肉

蔬菜鑲肉 肉捲

這道料理是雞腿和頸肉粗絞後，製成富嚼感的餡料，和蔬菜組合後製成串燒。近年來，不斷有新蔬菜上市，可配合季節，使用各種珍稀蔬菜，讓顧客享受外觀變化的趣味。

日／龜田雅彥（Ifuu）

材料：

絞肉餡：便於製作的分量
- 雞腿肉（粗絞） 550g
- 雞頸肉（粗絞） 550g
- 麵包粉（乾） 30g
- 鹽 5g
- 胡椒 適量
- 蛋 1/2個

太郎青椒* 2個
特大香菇 1個
蓮藕 適量
茄子 適量
節瓜 適量
片栗粉 適量
濃味醬油 適量

*沙拉用，較少苦味的細長形新種青椒。

1 製作絞肉餡。所有材料充分混合。
2 準備蔬菜。太郎青椒切半，剔除種子填入絞肉（1個8g×3個）。特大香菇去菇柄，填入絞肉餡（1個180g）。蓮藕和茄子切成4～5cm寬的長條帶狀，捲包在揉成圓柱形的絞肉餡周圍（各1個15g×3個）。節瓜縱向切薄片，捲包在揉成圓柱形的絞肉餡周圍（15g×3個）。此外，填入絞肉時，在蔬菜上沾上片栗粉取代漿糊。
3 分別串刺，用碳火燒烤。最後用毛刷塗上濃味醬油增加香味。

空芯雞元

空洞的雞肉丸

這道是丸子裡會釋出肉汁，讓人出乎意料的驚喜料理。為了製作出柔軟的丸子餡，絞肉中還加入山藥，不過為了簡單製作不製成餡泥，所以山藥不磨碎，只是搗碎再大致切碎，以便口感有不同的變化。丸子餡中也可以加入豆腐取代山藥，使口感更柔軟。

中／田村亮介（麻布長江）

材料：2盤份

丸子餡
- 雞腿絞肉　300g
- 山藥（搗碎再大致切碎）　100g
- 蛋　1個
- 鹽　3g
- 濃味醬油　5g
- 薑（切末）　10g
- 低筋麵粉　15g

凍餡（填入丸裡）
- 清湯　150cc
- 吉利丁片　12g
- 濃味醬油　5g
- 鹽　2g

炸油　適量

1. 製作凍餡。將清湯、濃味醬油和鹽混合加熱，溫度達70℃後放入泡水回軟的吉利丁片，離火使其融化。倒入淺鋼盤中冷卻凝固。
2. 製作丸子餡。在鋼盆中放入低筋麵粉以外的材料，以一定方向充分攪拌直到產生黏性。再加入低筋麵粉繼續攪拌，放入冷藏庫冷藏變硬。
3. 變硬的**1**的凍餡切成2cm方形。在**2**丸子餡的中央放入這個凍餡包起來，製成直徑3～4cm大小的丸子。
4. 用160℃的油經2次油炸後，瀝掉油。

食用時，裡面溶化的凍餡化為湯流出後，丸子裡變成空洞。

檸檬香茅風味烤雞肉串

Shishikebab de poulet à la citronnelle

捲包肉餡的檸檬香茅的清涼感和雞胸肉的柔和風味非常搭調。以番茄製作的酸甜醬風味醬汁的酸甜味，成為料理的重點風味。包覆在肉餡上的網脂除了補充油份外，煎烤後還會散發誘人香味。撒上香味佳的綜合香料和富辣味的艾斯佩雷辣椒粉，肉串風味更具層次感。

法／高良康之（銀座L'écrin）

材料：2人份

肉餡
- 雞胸絞肉（直徑5mm網孔） 250g
- 鹽 4g
- 白胡椒 1.5g
- 炒紅蔥頭
  - 紅蔥頭（切末） 120g
  - 大蒜（切末） 5g
  - 奶油 6g
  - 鹽 1g
- 生麵包粉 40g
- 鮮奶30cc
- 冷凍綠胡椒（粗切末） 20顆

檸檬香茅 6根
網脂 適量
庫斯庫斯* 60g
綜合香料** 適量
沙拉油 適量
酸甜醬（chutney） 適量
蘿蔔嬰 12根

◎酸甜醬：
番茄 200g
鹽 1g
白砂糖 15g
蜂蜜（洋槐） 10g
薑泥 3g
蒜末 2g
艾斯佩雷辣椒粉（piment d'espelette） 2g
巴薩米克醋 35cc
綜合香料** 3g
咖哩粉 1g

*庫斯庫斯中加入等量的熱水（60cc），蓋住保鮮膜。回軟後加少量鹽調味，弄散。
**肉桂棒1/5根、芫荽籽（整顆）5g、八角1/5個、肉荳蔻皮2g、肉荳蔻0.5g、百里香（乾燥）1g，放入研缽中粗磨。

1 混合肉餡。準備炒紅蔥頭。用奶油拌炒紅蔥頭和大蒜，加鹽調味。炒到材料如變透明後放涼後備用。
2 將絞肉確實放涼，放入鋼盆中加鹽，充分攪拌到產生黏性，加白胡椒。
3 將生麵包粉泡入鮮奶中備用。
4 在**2**的絞肉中，加入**1**的炒紅蔥頭和**3**的麵包粉充分混合，再加綠胡椒。
5 分成一份45g，捲包在檸檬香茅上。修整外形，周圍用網脂包覆，放入冷藏庫鬆弛。
6 在平底鍋中倒入沙拉油，如煎網脂般用小火一面煎烤整體，一面轉動。提供時，撒上綜合香料，用開放型烤箱烤過。
7 在盤中散放上庫斯庫斯，盛入**6**的烤雞肉串。整體撒上綜合香料，放上酸甜醬，裝飾上蘿蔔嬰。

◎酸甜醬
1 番茄去蒂，用熱水汆燙後去皮。橫切一半，剔除種子，如用刀剁切般切成粗末。
2 加入剩餘的所有材料充分混合。

冬瓜雞鬆羹

為了讓芡汁不混濁，另外準備事先調味炒煮過的雞鬆，提供時，才混合雞鬆和芡汁淋在冬瓜上。為使冬瓜和雞鬆更合味，冬瓜事先用雞高湯為底的煮汁煮軟，讓它入味以備用。

日／龜田雅彥（Ifuu）

材料：10人份

冬瓜　1個（約1～1.5kg）

冬瓜煮汁

- 雞高湯（→98頁）1公升、日本酒100cc、味醂50cc、鹽10g、淡味醬油100cc、昆布20g、追鰹＊30g

雞胸絞肉　200g

絞肉煮汁

- 高湯300cc、日本酒50cc、砂糖50g、濃味醬油50cc、薑泥2g

芡汁

- 高湯　500cc
- 味醂　100cc
- 淡味醬油　100cc
- 調水片栗粉　適量

薑泥　適量

＊用Reed烹調紙包住柴魚。

1. 冬瓜切大塊。剔除種子，削除稜角，薄薄地削去外皮，切上淺格紋，用洗米水煮軟。用水沖洗掉洗米水備用。
2. 冬瓜的煮汁煮沸一下後過濾，放入**1**的冬瓜，用小火煮30分鐘，直接靜置一晚入味。
3. 製作雞鬆。在鍋裡放入雞胸絞肉，加水和日本酒（分量外）加熱，絞肉煮熟後放在濾網上瀝除水分。
4. 混合絞肉的煮汁，放入**3**的絞肉用小火煮，入味後熄火。
5. 製作芡汁。將調水片栗粉以外的材料混合加熱，煮沸一下後加入調水片栗粉勾芡。
6. 提供時，用蒸鍋加熱冬瓜，盛入容器中。淋上混合加熱好的芡汁和雞鬆。冬瓜上再放上薑泥。

雞肉韭菜冷麵

雞絞肉和韭菜的冷拉麵

為配合冷麵的風味，淋上以鹽味為底和雞肉對味的酸辣冷高湯。高湯中加入蠔油調味來增加濃郁度。這道麵料理最適合作為套餐的最後餐點，或夏季午餐等。絞肉若加熱過度，口感往往會變得乾澀，烹調時注意勿過度加熱。

中／田村亮介（麻布長江）

材料：
雞腿絞肉　50g
韭菜　20g
中華麵　1團
高湯
- 毛湯（→122頁）250cc
- 鹽　5g
- 砂糖　1小匙
- 胡椒　1/3小匙
- 蠔油　1小匙
- 醋　45cc

1. 絞肉中加少量水（分量外）弄散，開火加熱。水量最好只加讓絞肉呈糊狀的分量即可，煮沸後立刻瀝除水分。
2. 在鍋裡放入高湯的材料（醋以外）煮沸，再加入**1**的絞肉放涼。涼了之後加醋放入冷藏庫保存。
3. 提供時，用熱水汆燙韭菜後泡冰水，瀝除水分。切成1cm寬，和**2**混合。
4. 中華麵煮軟，過冰水冷卻，徹底瀝除水分，盛入容器中。
5. 在整體上淋上冰涼的**3**的高湯後提供。

雞鬆義大利麵

Spaghettini con ragù di pollo

這是以雞絞肉醬汁組合生義大利麵的義大利麵料理。這個醬汁也能輕鬆搭配其他料理，很方便實用。加入義式燉飯等中，還能享受另一番不同的風味。

義／辻 大輔（Convivio）

材料：
生義大利麵團（→173頁） 30g
雞絞肉醬汁 30g
水果番茄（切丁） 1/2個
黑橄欖 8顆
帕達諾起司（粉） 適量
奶油 1小匙
鹽漬瑞可達起司（ricotta salata）* 適量
橄欖油 少量

◎雞絞肉醬汁：
雞腿絞肉 200g
大蒜（切末） 1/4瓣
橄欖油 15g
鹽 適量
迷迭香 1枝
白葡萄酒 20g

*去除瑞可達起司的水分再以鹽醃漬，經1個月以上熟成的起司。

1 用製麵機將生義大利麵團壓製成厚1.5mm、寬1.5mm的義大利麵。用鹽水煮熟。
2 取需要量的雞絞肉醬汁加熱，加水果番茄、去種子的黑橄欖和**1**的義大利麵調拌。最後加奶油和帕達諾起司融解拌勻。
3 在叉子上捲上義大利麵盛盤。撒上鹽漬瑞可達，裝飾上迷迭香（分量外），淋上橄欖油。

◎雞絞肉醬汁
1 在鍋裡放入大蒜和橄欖油以中火拌炒，散出香味後加絞肉，撒鹽拌炒。
2 絞肉上色後，加白葡萄酒、迷迭香和約能浸泡材料的水煮20分鐘。煮汁若煮乾可加適量的水。

雞皮凍

不同部位的雞皮內側，所附的油脂量也不同。這裡使用的頸皮附有大量油脂，所以先用沸水澆淋去除油脂，只保留皮來製作雞皮凍。再用其他的雞皮清炸作為裝飾，能讓人享受到雞皮不同的口感。

日／龜田雅彥（Ifuu）

材料：14cm的活動式槽狀模型1個份
雞頸皮　500g
雞高湯（→98頁）　500cc
淡味醬油、鹽　各適量
吉利丁粉　8g
萬能蔥（切蔥花）　適量
炸油　適量

1. 頸皮用沸水澆淋，去除內側的油脂，再切絲。
2. 雞高湯中加淡味醬油和鹽調味，和**1**的頸皮混合加熱，用小火熬煮到高湯剩400cc。
3. 再加入泡水的吉利丁粉融解，倒入槽狀模型中冷卻凝固。凝固達8～9成後，上面鋪上萬能蔥後冷藏備用。
4. 另外準備雞皮，切絲。用160℃的炸油慢慢油炸。用高溫油炸會噴濺，需留意。
5. 提供時，將**3**切成四角形，上面再放上**4**的油炸皮。

怪味雞脖

怪味砂糖裹雞頸

這是能用手拿著吃，也能作為下酒菜的前菜。雞頸肉裹覆加了各種香料的糖衣，特色是具有麻舌的辛辣味。也可以用堅果取代頸肉來製作。為了讓裹覆的糖衣無濕氣，頸肉要炸至酥脆，不過長時間油炸肉質會變得乾澀，所以這道料理的烹調訣竅是分成三次油炸，這樣完成後既能保留肉汁，也有酥脆的口感。 中／田村亮介（麻布長江）

材料：便於製作的分量

雞頸肉　180g

醃漬調味料
- 日本酒　5g
- 鹽　2g
- 濃味醬油　少量
- 打散的蛋汁　10g
- 片栗粉　10g

炸油　適量

糖衣
- 砂糖　100g
- 水　40g
- 花椒粉　5g
- 辣椒粉　5g
- 孜然粉　2g
- 鹽　4g

1. 頸肉（雞頸肉）統一切成2～3cm塊。混合醃漬調味料，撒到頸肉上揉搓。
2. 炸油加熱至160℃，放入**1**的頸肉炸45秒讓表面變硬。用圓漏勺取出，以餘溫加熱1分鐘，再瀝除油。
3. 第2次放入160℃的油中炸30秒取出，靜置1分鐘。
4. 第3次放入180℃的油中炸30秒取出，分3次利用餘溫加熱，讓肉裡保留肉汁，表面炸至酥脆。
5. 製作飴糖衣。在中式炒鍋裡放入糖衣材料的砂糖和水，以中火～小火加熱，製作飴糖。其他的香料類和鹽混合備用（**A**）。
6. 飴糖的氣泡變細後，放入**A**充分混合，放入炸好的**4**的頸肉，一面翻鍋，一面讓頸肉裹上飴糖。
7. 飴糖裹好後，離火，吹風急速冷卻。透過急速降溫，砂糖會再次結晶變白，散熱後表面凝結變得脆硬。

番茄雞皮

狀如番茄的雞皮香料煮

雞胸肉絞碎，用雞皮包成小球狀後水煮，再以加八角、桂皮和甘草等增添香味的「紅雞水」浸泡，使其入味。雞皮炸至酥脆的口感深受大眾喜好，不過豐盈的口感也很棒。是一道顏色和外觀好似迷你番茄的前菜。

中／田村亮介（麻布長江）

材料：
雞皮（胸部） 100g
雞胸絞肉 60g
醃漬調味料
- 鹽 1g
- 日本酒 5g
- 濃味醬油 3g
- 打散的蛋汁 5g
- 片栗粉 2g

紅雞水*
- 水 1公升
- 濃味醬油 450cc
- 冰糖 350g
- 麥芽糖 450g
- 鹽 7g
- 紅米 420g
- 八角 1個
- 桂皮 3g
- 甘草 5g

迷你番茄、番茄枝 各適量

*所有材料混合加熱，冰糖融化後熄火，直接靜置一晚備用。

1. 刮掉附在雞皮裡側的脂肪，切成能包成球狀的大小（約6cm正方大小）。
2. 在鋼盆中放入雞絞肉，加入所有醃漬調味料充分攪拌，揉成1個8g的球形。
3. 在雞皮內側放上**2**的絞肉包成球形，用棉線收口打結，讓它外觀如番茄般。
4. 將**3**用加了少量紹興酒（分量外）的熱水煮10分鐘。
5. 將紅雞水加熱至80℃，放入**4**後離火，靜置一晚讓它入味。
6. 在容器中放上迷你番茄和枝，盛入狀如番茄的**5**的雞（拆掉棉線）。

雞皮酥福卡夏麵包

Focaccia di ciccioli

「Ciccioli」原是用豬油、豬皮和鴨皮等製作，如脆片般的食品，據說在義大利，人們農作時，常手拿土司和Ciccioli食用。這裡我試著以雞皮製作。一次多做點，不僅可作為簡便的下酒菜，還能變換花樣應用在各種料理中，非常方便實用。

義／辻 大輔（Convivio）

材料：1片份

福卡夏麵包麵團　300g

雞皮酥

- 雞皮　200g
- 迷迭香　5枝
- 橄欖油　適量
- 鹽　適量

小番茄乾

- 小番茄　12個
- 鹽　適量
- 白砂糖　適量
- 橄欖油　適量

◎福卡夏麵包麵團：

中筋麵粉　500g

鹽　10g

白砂糖　15g

橄欖油　50g

生酵母　8g

水　400g

1 製作雞皮酥。雞皮切成一口大小。在有耳鍋裡放入橄欖油，加入雞皮和迷迭香以小火加熱，加熱到雞皮釋出油脂，變得酥脆為止。

2 瀝除油脂，撒鹽。

3 製作小番茄乾。小番茄橫切一半，放在鋪了烤焙紙的烤盤中，撒上白砂糖、鹽和橄欖油。

4 放入110℃的烤箱中約烤20～30分鐘使其乾燥。

5 烤盤上放上經一次發酵　平的福卡夏麵包麵團，上面散放上小番茄乾、雞皮酥和迷迭香，再用210℃的烤箱烤15～20分鐘。

◎福卡夏麵包麵團

1 在鋼盆中混合中筋麵粉、鹽、白砂糖和橄欖油。

2 在別的鋼盆中放入生酵母，加入加熱至人體體溫程度的水融解。再放入**1**的鋼盆中揉搓，放在30℃的地方靜置約1小時讓它一次發酵後使用。

濃湯佐焗烤雞頸肉和麵包

Zuppa di pollo al forno

這道是濃湯中浮著麵包焗烤菜的料理。改良自北義的湯品料理Sopa coada，原來的料理以鴿肉製作。這裡是使用嚼感佳、富鮮味的雞頸肉。

義／辻 大輔（Convivio）

材料：6人份

蔬菜燉雞肉
- 雞頸肉（切大塊） 150g
- 洋蔥（切丁） 1/2個
- 胡蘿蔔（切丁） 1/4條
- 芹菜（切丁） 1根
- 番茄（切丁） 1個
- 月桂葉 2片
- 鹽 適量
- 橄欖油 30g

白醬
- 鮮奶 500g
- 奶油、低筋麵粉 各50g
- 鹽 適量

福卡夏麵包（片→208頁 雞皮酥）* 12片

＊用100℃的烤箱烤乾。

帕達諾起司（粉）適量

濃湯
- 高湯（→82頁） 400g
- 番茄 1/2個
- 羅勒葉 2片
- 帕達諾起司（皮） 1片

1. 製作蔬菜燉雞肉。在平底鍋中倒入橄欖油，拌炒頸肉、洋蔥、胡蘿蔔和芹菜，加鹽。
2. 熟透後加番茄和月桂葉，以中小火慢慢燉煮，熬乾煮汁。
3. 準備白醬（→167頁的雞柳義大利湯餃）。
4. 在淺鋼盤中放上切片的福卡夏麵包，上面薄鋪上白醬。接著再依序疊上福卡夏麵包、蔬菜燉雞肉和白醬。最後撒上帕達諾起司。
5. 用180℃的烤箱約烤20分鐘。
6. 製作濃湯。在高湯中加入其他材料煮沸，調味後過濾。
7. 烤好的焗烤菜分取至鑄鐵鍋中，淋上熱濃湯。

內臟

雞肝慕斯和信州糖煮若鬼核桃

Mousse de foie de volaille et compote de noix

尚未形成外殼的青核桃果實，花工夫去除澀汁，糖煮後和雞肝慕斯組合成這道料理。佐配的核桃凍，是用海藻果凍粉凝固糖煮核桃的糖漿製成。雞肝慕斯是以背脂等油脂，和鮮奶油及波特酒等水分混合，避免材料分離攪拌變細滑即完成。

法／高良康之（銀座L'écrin）

材料：便於製作的分量

雞肝慕斯
- 雞肝　1kg
- 鹽　21g
- 白胡椒　1.2g
- 綜合香料　0.6g
- 豬背脂（2cm塊）　600g
- 白波特酒　150cc
- 蛋黃　9個份
- 鮮奶油（乳脂肪成分47%）　450cc
- 糖煮若鬼核桃　8顆

波特酒醬汁（→68頁）　適量

香草醬汁　適量

若鬼核桃凍　1人份5片

四季豆沙拉＊　適量

◎糖煮若鬼核桃：

※使用還未長出外殼，初夏時未熟的綠色鬼核桃。

鬼核桃（青色果實）

白砂糖　核桃的40%

◎香草醬汁：

菠菜葉　60g

巴西里葉　30g

山蘿蔔葉　15g

龍蒿葉　15g

蒔蘿葉　15g

鹽、水　各適量

◎若鬼核桃凍：

糖煮若鬼核桃的糖漿　70cc

水　30cc

檸檬汁　適量

海藻果凍粉（pearl agar）　相對100cc的液體加3g

＊四季豆用鹽水煮熟，櫻桃蘿蔔（detroit）、紅水菜和野莧菜一起用油醋醬（→179頁）調拌。

1. 製作雞肝慕斯。剔除雞肝的筋和薄膜，用水洗淨。鹽、白胡椒、綜合香料混合備用。
2. 在徹底冰涼的食物調理機中，放入切成2cm塊的豬背脂攪打成膏狀。
3. 在**2**中加入**1**的調味料和清洗好的雞肝攪打。一面攪打，一面分3次加入白波特酒。接著分3次加入蛋黃後，再分3次加入鮮奶油。為避免材料分離，用瞬速按鍵慢慢攪打，使其乳化。
4. 用圓錐形網篩過濾到深鋼盤中，用鋁箔紙覆蓋整體。
5. 在能放入**4**的鋼盤的容器中，倒入沸水隔水加熱**4**，放入設定90℃蒸氣的旋風蒸烤箱加熱40分鐘。
6. 用竹串刺刺看，竹籤上若沒沾黏雞肝醬即可從鋼盤中取出，拿掉鋁箔紙，放在室溫中涼至微溫，放入冷藏庫保存。
7. 攤開保鮮膜，放上**6**的雞肝醬300g抹平。在捲包後成為中心的部位放上縱切一半的糖煮若鬼核桃，8片排成2列，用保鮮膜捲包成筒狀。放入冷藏庫冷藏變硬。
8. 將**7**切成厚3cm，盛入盤中央，再放上鏤切成不同大小的圓形若鬼核桃凍、切成2mm厚的糖煮若鬼核桃片，及四季豆沙拉，再滴上波特酒醬汁和香草醬汁。

◎糖煮若鬼核桃

1. 在核桃兩側切掉約2mm厚，泡水。2天換水1次，浸泡1個月左右去除澀汁。以水變透明為標準。
2. 在鍋裡放入水和核桃，加入核桃總量約10%的白砂糖，以小火慢慢煮3小時。離火，涼至微溫，放入冷藏庫。
3. 待2天後，追加少量白砂糖，再用小火約煮3小時，涼至微溫後再放入冷藏庫中保存。
4. 一面慢慢追加少量白砂糖，一面重複步驟**3**約1個月時間，讓糖度上升。最後相對於核桃，約加入40%的白砂糖。
5. 煮好後，一次少量慢慢裝入保存瓶中，放入冷藏庫保存。

◎香草醬汁

1. 在水中加鹽煮沸，用沸水澆淋菠菜和香草類葉片，過冰水冷卻，徹底擠乾水分。
2. 用食物調理機攪打成糊狀。用過濾器過濾，放入調味罐中放入冷藏庫保存。

◎若鬼核桃凍

1. 在糖煮核桃的糖漿（煮汁）中加水調味，加少量檸檬汁增加酸味。
2. 將**1**取出100cc，加海藻果凍粉3g，放入鍋裡，煮沸一下薄薄倒入淺鋼盤中，直接靜置變硬。
3. 變硬後，用切模鏤切出不同大小的核桃凍。

棉花糖葫蘆肝

雞肝和番茄　棉花糖風味

北京的小吃攤上，售有各式裹著麥芽糖的水果和蔬菜串，這種名為冰糖葫蘆的小吃深受大眾歡迎。原本糖葫蘆是酸甜的水果，但現在種類卻出奇得多。由此我獲得靈感，試著在迷你番茄中填入細滑的膏狀雞肝，裹上飴糖，再裹上棉花糖。

中／田村亮介（麻布長江）

材料：10個份

雞肝　100g

醃漬調味料
- 紹興酒　15cc
- 玫瑰露酒（玫瑰酒）　5cc
- 鹽　1g
- 砂糖　1g

迷你番茄　10個

裹飴糖
- 上白糖　75g
- 海藻糖（trehalose）　75g
- 水　40cc

棉花糖（砂糖）　適量

1. 雞肝剔除血、油脂和筋。接觸膽囊變色的部分也要刮掉備用。
2. 將雞肝放入鋼盆中，用流水浸泡15分鐘後，徹底瀝除水分，用紙巾等擦乾。
3. 將雞肝放入真空袋中，放入醃漬調味料，抽盡空氣，放入冷藏庫中靜置1天備用。
4. 連袋用50℃的熱水加熱30分鐘。
5. 瀝除**4**的雞肝水分，放入果汁機中攪打成糊狀。將雞肝放入擠花袋中放涼。
6. 迷你番茄去蒂，用挖球器挖空裡面，擠入**5**的雞肝填滿。
7. 為了容易裹飴糖，將番茄串刺備用。
8. 在鍋裡放入上白糖、海藻糖和水加熱，用圓杓或湯匙一面不停混合，一面以加熱至160℃。海藻糖能吸收番茄的水分，使飴糖的黏性變佳。
9. 在**7**的番茄上薄薄地裹上**8**，放涼讓飴糖變硬。
10. 用棉花糖機在番茄的周圍裹上棉花糖，拿掉竹竹籤盛盤。

填入雞肝的迷你番茄。上面裹上飴糖，再裹上棉花糖。

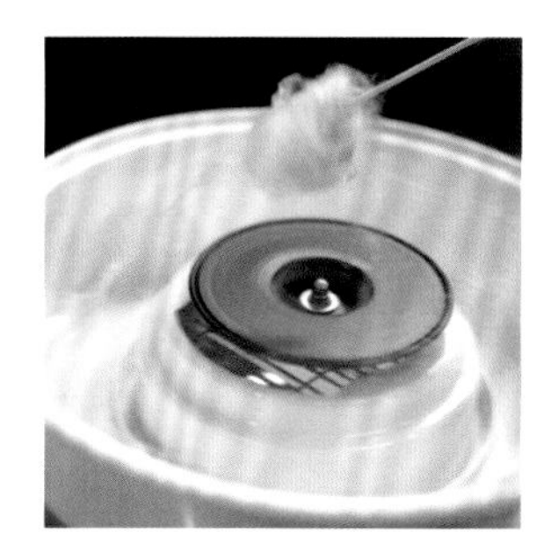

使用家用的棉花糖機。

雞肝起司

帶腥味的雞肝中混入奶油起司，就成為容易食用的肝醬。建議可以搭配土司或蔬菜棒等一起享用。若不接觸空氣冷藏保存，大約可保存1週的時間，不過重點是雞肝要徹底地煮熟。

日／龜田雅彥（Ifuu）

材料：便於製作的分量

雞肝（清理過的） 200g

醃漬液

- 鮮奶 500cc
- 洋蔥（切大塊） 200g
- 大蒜（切薄片） 30g
- 月桂葉（乾） 3片
- 鼠尾草（乾） 1g

沙拉油 適量

奶油起司 300g

奶油（有鹽） 30g

鹽 適量

黑胡椒 適量

1. 雞肝剔除血、筋和血管等。
2. 混合醃漬液的材料，浸泡**1**的雞肝放入冷藏庫醃漬一晚。
3. 隔天放入濾網中瀝除水分。在平底鍋中倒入沙拉油，拌炒雞肝和醃漬液中的洋蔥和大蒜，加鹽調味後徹底炒熟。
4. 將奶油起司和奶油放入蒸鍋中加熱。
5. 在食物調理機中放入**3**攪打成糊狀後過濾，在此階段可冷凍保存。
6. 在**5**中加入**4**的奶油起司和奶油充分混合。最後嚐味道，加適量的鹽和黑胡椒，調整成喜好的味道。
7. 放入密封容器中，為避免接觸空氣，緊貼覆蓋上保鮮膜，放入冷藏庫冷藏變硬。在此狀態下放在冷藏庫約可保存1週的時間。
8. 取適量盛入容器中，撒上黑胡椒，再配上切薄片的法國麵包。

威尼斯風味雞肝

Fegato alla veneziana

這道料理原本是用仔牛肝製作，這裡改用雞肝。雞肝和洋蔥一起炒香，再用白葡萄酒快煮一下。烹調重點是配合義式玉米糕的口感，來調整雞肝的火候。 義／辻 大輔（Convivio）

材料：6人份
雞肝　200g
洋蔥（切薄片） 1個
橄欖油　20g
白葡萄酒　50g
奶油　20g
鹽、胡椒　各適量
義式玉米糕（polenta） 1片（2cm×12cm）
義大利巴西里（切末） 適量
粗磨黑胡椒　適量
野莧菜　少量

◎義式玉米糕：17cm×23cm的長方形1個份
白玉米粉　210g
鮮奶、水　各250g
鹽　8g

1. 雞肝剔除血管和薄膜等，洗淨血塊等，用鮮奶（分量外）浸泡一晚。
2. 在平底鍋中放入橄欖油和洋蔥，以稍弱的中火炒到呈黃褐色為止。
3. 在**2**中放入取出用水洗淨的**1**的雞肝，煮熟後加白葡萄酒讓酒精揮發。加入約能浸泡雞肝的水，以中火稍微煮一下。最後加融化奶油液、鹽和胡椒調味。
4. 義式玉米糕切成細長板狀，放在平底鍋中煎過後盛入容器中，上面放上加熱過的**3**的雞肝，再散放上義大利巴西里和粗磨黑胡椒，再放上野莧菜。

◎義式玉米糕

1. 在鍋裡混合鮮奶、水和鹽開火加熱。快煮沸前加入白玉米粉混合。一面攪拌混合，一面用小火約煮40分鐘。
2. 倒入模型中，冷藏變硬。

缽缽雞雜

麻辣缽內臟串

這道是串刺內臟製成的關東煮風味料理。浸泡清淡鹽味為底的辣味麻辣汁後食用。各種內臟的肉質不同，調整水煮時間讓食材火候適中，能讓顧客享受到食材原有的獨特口感。除內臟以外，或許也可用雞腿肉等來製作。

中／田村亮介（麻布長江）

材料：各4串份
雞肝　200g
雞胗　200g
雞心　200g
百頁＊　150g
馬鈴薯　300g
麻辣汁　適量

◎麻辣汁：
毛湯（→122頁）　1公升
鹽　30g
藤椒油＊＊　30g
辣椒油　100g
白芝麻　10g

＊也稱為乾豆腐。用布夾住豆腐壓製成的加工食品。
＊＊名為藤椒的青山椒果實，用油炸至香味釋入油中而成。

1　清理雞肝。雞胗切半，接著再切半，削除銀皮。雞心剔除附周邊和根部的油脂和薄膜，縱向剖開，用水洗淨，清除裡面的血塊。
2　百頁切成2cm寬。馬鈴薯用挖球器挖圓球。
3　雞肝、雞胗、雞心、百頁和馬鈴薯，分別用竹籤串成串。
4　毛湯中加鹽少量（均分量外），雞肝串以80℃煮10分鐘，雞胗串以80℃煮30分鐘，剖開的小雞心串用80℃各煮5分鐘。百頁、馬鈴薯用80℃煮10分鐘。
5　製作麻辣汁。在鍋裡放入材料混合加熱。煮沸後離火，浸泡各種串。靜置一晚讓麻辣汁入味。食用前加熱一下。

燜燉油封雞胗和山藥零餘子

Fricasée de confit de gésier et MUKAGO

胸肉和雞柳原本就很柔軟，不太需要採油封法烹調，可是雞胗的口感較硬，因富含膠原，加熱後會變得非常柔軟。雞 和腿肉、雞翅一樣，都是適合長時間以低溫油封加熱的部位。用具酸甜味的醬汁調拌後，撒上的粗磨黑胡椒成為重點風味。

法／高良康之（銀座L'écrin）

材料：
油封雞胗　3個份
山藥零餘子（鹽水汆燙）5顆
雞油菌　3朵
鹽　適量
油封用豬油　適量
醬汁　30cc
香煎茭白筍*　1根
細香蔥（切蔥花）適量
粗磨黑胡椒　適量

◎油封雞胗：
雞胗　200g
鹽　2.4g（雞胗的1.2%）
白胡椒　0.4g
豬油　200g

◎醬汁：
日本酒　120cc
三溫糖　50g
紅味噌　40g
紅葡萄酒醋　60cc
巴薩米克醋　30cc
小牛高湯　50cc

卡宴辣椒粉　少量

*茭白筍去皮，放入已倒沙拉油的平底鍋中，以中火全部煎至上色，加鹽調味。橫向切取上面1/3長的部分，將此部分切成易食用的大小。

1　在平底鍋中放入豬油（油封用過的豬油）加熱，放入油封雞胗、山藥零餘子和雞油菌拌炒（加熱），注意勿炒焦，撒少量鹽。
2　在1中加醬汁調拌一下，熄火。
3　在盤中盛入香煎茭白筍，上面放上2。再放上分切的茭白筍，淋上平底鍋殘留的醬汁。最後撒上細香蔥和粗磨黑胡椒。

◎油封雞胗

1　清理好的雞胗（→33頁），用鹽和白胡椒揉搓後醃漬半天。
2　在真空袋中放入豬油和1的雞胗，抽盡空氣，以80℃的熱水加熱18小時。
3　熟透後，為防止滋生雜菌，放入冰水中急速冷卻，涼了之後放入冷藏庫保存。

◎醬汁

1　在鋼盆中放入所有材料，用打蛋器充分混合，讓三溫糖融化，裝入空罐中保存。

鑲餡烤全雞

Pollo Ripieno

這道是在全雞腹中塞入雞腿絞肉再烘烤的料理。內餡製作得柔軟一點，較方便和雞肉一起食用。內餡中還加入和雞肉非常合味的檸檬片。這是我在托斯卡納修業餐廳的人氣料理，不必燉煮，也不必淋醬汁，只要烘烤就很美味。依個人喜好，也可以用橄欖油製作。

義／辻 大輔（Convivio）

材料：4人份
全雞（去內臟） 1隻（1.1kg）
鹽、胡椒、奶油　各適量
內餡
- 雞腿絞肉　100g
- 馬鈴薯（northerh ruby）＊　1個
- 洋蔥　1個
- 鼠尾草葉　6片
- 檸檬（切片） 3片
- 橄欖油、鹽　各適量
- 帕達諾起司（粉） 適量
- 奶油、鹽　各適量

＊皮和肉均為紅色的馬鈴薯。外形稍長，類似紅薯。特色是即使加熱也不會褪色。

1. 在全雞上撒鹽和胡椒揉搓，靜置1小時入味。
2. 製作內餡。將馬鈴薯、洋蔥切成一口大小，用鹽水汆燙，瀝除水分。
3. 在鍋裡倒入橄欖油，放入絞肉和鹽少量加熱，一面混合，一面拌炒讓絞肉熟透。
4. 在鋼盆中放入**3**的絞肉、**2**的馬鈴薯和洋蔥、奶油、帕達諾起司、鹽、鼠尾草葉和檸檬混合，調味。
5. 在全雞的腹中塗奶油，塞入**4**，放入180℃的烤箱烤40分鐘。
6. 在容器中敷入稻草，直接放上烤好的全雞，在客席上分切。

龍蝦蔬菜沙拉和清湯凍

Salade de homard "jardinière" en consommé gelée

這道是龍蝦布丁組合風味纖細的雞清湯凍。因龍蝦是主角，所以切大塊顯示存在感，再撒上香味葉菜和菊花展現重點特色。料理中搭配色彩繽紛的各式蔬菜作為配菜，能享受不同的口感，但仍然具有整體感。

法／高良康之（銀座L'écrin）

材料：4人份

龍蝦布丁
- 龍蝦高湯＊　100cc
- 鮮奶油（乳脂肪成分35%）　60cc
- 鮮奶　30cc
- 蛋　1個
- 蛋黃　1個份
- 鹽、卡宴辣椒粉　各適量

雞清湯（→46頁）　200cc

白葡萄酒醋　3cc

鹽　適量

配菜
- 龍蝦　1尾（450g）
- 櫻桃番茄（縱切半）　4個份
- 姬胡蘿蔔（縱切片）　8片
- 迷你白蘿蔔（縱切片）　8片
- 櫻桃蘿蔔（切片）　8片
- 紅心蘿蔔（切片）　8片
- 野莧菜　12片
- 蘿蔔嬰　12根
- 紅水菜　12片
- 櫻桃蘿蔔（detroit）　8片
- 菊花　適量
- 鹽　適量
- 油醋醬（→179頁）　適量

＊龍蝦頭（已去除沙囊、卵巢（corail））1kg大致切碎，用橄欖油充分拌炒。在其他鍋裡倒入橄欖油，拌炒胡蘿蔔（切片）1條、洋蔥（切片）2個、大蒜（橫切半）1球和芹菜（切片）2根。之後加入前面的龍蝦頭、魚高湯（解說省略）2公升煮沸，撈除浮沫。再加番茄醬2大匙、番茄2個，以微火煮45分鐘，靜靜地過濾，再繼續熬煮，最後調味。

1 製作龍蝦布丁。在鋼盆中放入所有材料，用打蛋器充分混合，用圓錐形網篩過濾到別的容器中。

2 在各玻璃杯中分別倒入50cc，蓋上保鮮膜，用竹籤在數個地方刺洞。

3 放入蒸鍋中約加熱12分鐘。用竹籤刺入取出若無沾黏物，即可從蒸鍋中取出，拿掉保鮮膜，放入冷藏庫冷卻。

4 雞清湯煮沸後，加鹽和白葡萄酒醋調味，放涼後備用。

5 在冰涼的布丁上，各倒入**4**的清湯50cc，再冷藏變硬。

6 準備配菜。剔除龍蝦頭，分開尾巴和螯（直接連著足）。

7 水加鹽煮沸，放入尾巴煮3分鐘、螯（小）煮3分半，螯（大）約煮4分鐘，取出泡冰水涼至微溫。

8 去外殼，大致分切成4人份。

9 準備配菜的蔬菜，調拌鹽和油醋醬。生的根菜類和布丁、清湯的口感不合，所以盛盤的3分鐘前，先撒鹽備用。

10 布丁上放上**8**的龍蝦，再盛入**9**的蔬菜。

雞肉、牛肉、豬肉的營養特色

「為什麼雞肉被認為有益健康？」

雞、牛、豬肉中的主成分蛋白質，都是含有均衡必需氨基酸的良質蛋白質。如果「帶皮」，牛、豬肉（兩者均附油脂）的脂肪量幾乎相同。可是，若從脂肪品質的觀點來看，雞肉所含的脂肪酸，被認為有益健康，其效果介於魚肉和牛、豬肉之間。

脂肪酸分為飽和脂肪酸和不飽和脂肪酸兩種，不飽和脂肪酸含量越多，熔點（脂肪融化溫度）越低。雞肉脂肪的飽和脂肪酸比例低；而不飽和脂肪酸比例高，所以熔點為30～32℃，特點是比豬肉（33～46℃）或牛肉（40～50℃）都要低。正因為如此，雞肉即使變涼，脂肪也很難變白凝固。人體無法自行合成不飽和脂肪酸，需從食物等中攝取「必需」的脂肪酸（多價不飽和脂肪酸）。雞肉中所含的必需脂肪酸的亞麻油酸（n-6系），約是豬肉的1.3倍、牛肉的6～10倍。現今研究已知，亞麻油酸對於降血壓、血糖值、預防動脈硬化等皆有助益。

所有的肉類除含有主成分蛋白質外，還提供維生素、礦物質等，是營養價值高的食品。牛肉的鐵質含量是豬肉、雞肉的2～3倍，有助預防、改善貧血和虛冷症。豬肉的維生素B1含量，是牛肉、雞肉的10倍以上，有助消除疲勞。而雞肉的維生素A含量是牛肉、豬肉的數倍，有益維持皮膚、喉嚨等黏膜的健康。從構成皮膚、黏膜和免疫細胞的蛋白質，以及維生素A的健康效果來考量，雞肉對於預防、改善感冒及皮膚粗糙等狀況有很大的作用。

（佐藤秀美）

	熱量 kcal	蛋白質 g	脂肪 g	鐵 mg	維生素A μg	維生素E mg	維生素K μg
和牛腿肉（帶油）	246	19	18	1.0	-	0.2	6
進口牛腿肉（帶油）	182	21	10	1.0	6	0.5	5
豬腿肉（帶油）	225	20	15	0.5	5	0.3	3
雞胸肉（帶皮）	191	20	12	0.3	32	0.2	35
雞胸肉（去皮）	108	22	2	0.2	8	0.2	14
雞腿肉（帶皮）	200	16	14	0.4	39	0.2	53
雞腿肉（去皮）	116	19	4	0.7	18	0.2	36

	維生素B1 mg	維生素B2 mg	菸鹼酸 mg	維生素B6 mg	維生素B12 mg	葉酸 mg	泛酸(Pantothenic acid) mg	膽固醇 mg
和牛腿肉（帶油）	0.09	0.20	5.6	0.34	1.2	8	1.1	73
進口牛腿肉（帶油）	0.09	0.21	5.4	0.48	1.6	8	0.8	67
豬腿肉（帶油）	0.90	0.19	7.2	0.37	0.3	1	0.9	71
雞胸肉（帶皮）	0.07	0.09	10.6	0.45	0.2	7	2.0	79
雞胸肉（去皮）	0.08	0.10	11.6	0.54	0.2	8	2.3	70
雞腿肉（帶皮）	0.07	0.18	5.0	0.18	0.4	11	1.7	98
雞腿肉（去皮）	0.08	0.22	5.6	0.22	0.4	14	2.1	92

甲肌肽、肌肽的健康效果

「雞肉中富含的甲肌肽和肌肽，究竟是何營養成分？」

近年來經研究證實，「含組氨酸的二肽（imidazole dipeptide）」這種成分具有抗疲勞（恢復精神和防止疲勞，讓人維持不易疲勞的狀態）的作用。以高速不斷在海中洄游的鰹魚（時速60km）和鮪魚（時速80～90km）等洄游魚，以及能持續飛行數千km的候鳥等鳥類肌肉中，都富含這種成分，使得這種能維持運動能力的含組氨酸的二肽深受大眾矚目。

含組氨酸的二肽是指含有咪唑基（imidazole）的雙肽（dipeptide（2個氨基酸結合而成），也就是最近經常能耳聞的肌肽（carnosine）和甲肌肽（anserine）的同類。在動物肌肉中含有許多這種成分，雞肉、鰹魚和鮪魚中的含量尤其豐富。其中，以雞胸肉含有最多的含組氨酸的二肽（參照圖）。

根據勞工健康狀況調查（厚生勞動省）報告指出，日本人平均每三人中，約有一人苦於慢性疲勞。肩頸僵硬、腰痛、頭痛、睏倦等身體上的疲勞，以及精神不濟、情緒焦躁等的精神上的疲勞，使身體產生活性氧，受活性氧的不良影響，造成身體功能和作業效率均降低（疲勞），如今這種疲勞機理（mechanism）已獲得證實。

目前從研究中已確知，含組氨酸的二肽、輔酶Q10（coenzyme Q10）及檸檬酸等成分，具有抗疲勞的效果，研究中發現，其中又以含組氨酸的二肽的抗疲勞效果最為顯著。抗氧化、預防和降低肌肉疲勞及酸痛，提升高強度運動的持續力，具調節免疫作用、提高學習能力、減少憂鬱行為、調節血糖（預防糖尿病）、預防眼精疲勞等功效都受到期待。順帶一提，在俄羅斯，肌肽是合法的預防白內障的眼藥。

含組氨酸的二肽為水溶性，肉經汆燙或水煮後，其中的一部會溶入汆燙的水中或煮汁中。即使採取簡單的煎烤烹調，若過度加熱使肉汁流出，肉裡的含有量也會減少。

肉品採冷凍或冷藏保存，基本上該成分不會減少。在保存對肉品影響的研究中指出，絞肉等肉組織在受破壞的狀態下冷藏（3～5℃）保存時，肉中所含的蛋白質分解酵素的作用明顯增強，所以含組氨酸的二肽也增多。

雞胸肉中除了含組氨酸的二肽以外，富含的牛磺酸（203mg/100g）量與魚類不相上下，這種成分能提高肝功能，有助消除疲勞，所以雞肉對於抗疲勞可說也具有很大的作用。

（佐藤秀美）

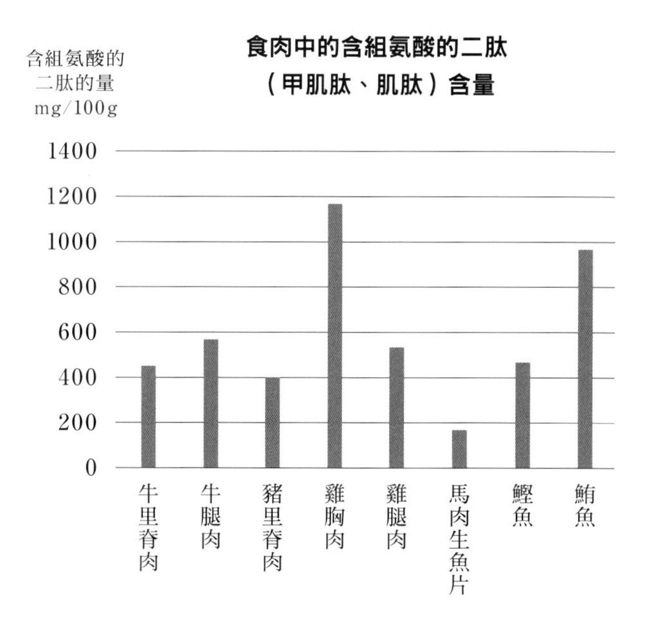

出處：根據日本食品科學工學會誌（2006）53,362-363，及日本食生活學會誌（2000）10（4）,26-35製作

作者介紹（按姓名的50音順）

［日本料理］

龜田雅彥（Kameda・Masahiko）

1971年生於東京。
在東京西麻布的日本料理店「Tsukushi」，隨三角秀先生開始學習日本料理。1995年，三角先生的「飯和汁（Meshitotsuyu）」餐廳開設分店「狸（Tanuki）」期間，當時擔任副主廚的龜田先生從創店到營運全程參與。經歷十年的研修後獨立開店。他希望顧客能享受到親民實惠的日本料理，決定在納入串燒料理，於是到「串若丸」研修串燒。2007年於東京中目黑開設「Ifuu」餐廳。2012年又在「Ifuu」附近開設販售釜炊飯和湯的定食屋「Toiro」。以親民的日本料理為目標的策略奏效，他的餐廳每天都座無虛席。

Ifuu
東京都目黒区上目黒2711　電話03-3715-8662

Toiro
東京都目黒区上目黒2165　電話03-6412-8533

［法國料理］

高良康之（Takara・Yasuyuki）

1967年生於東京。
從東京的高中畢業後，進入「大都會大飯店（Hotel Metropolitan Tokyo Ikebukuro）」（東京池袋），開始學習法國料理。之後赴法，修業2年累積經驗。回國後，陸續擔任「Le Maestro Paul Bocuse Toyko」的副料理長、「南部亭」（東京日比谷）、「Brasserie L' écrin」（東京上野）的料理長。2007年開始擔任「銀座L' écrin」（因Mikimoto大樓重建，故目前休業中）的料理長。2017年新大樓完成將重新開幕，現正積極準備中。在許多料理研習會擔任講師，以解說詳細易懂深受好評。

銀座L'écrin
（目前大樓改建休業中・預定2017年春開幕）／
東京都中央区銀座4-5-5 ミキモトビル

Rrotisserie L'écrin
東京都中央区銀座5-11-1　電話03-5565-0770

Brasserie L'écrin
東京都台東区上野7-11アトレ上野レトロ館1階1020
電話03-5826-5822

［中式料理］
田村亮介（Tamura・Ryousuke）

1977年生於東京。
高中畢業後，進入烹調師專門學校就讀。畢業後，踏上中式料理之路。在廣東名菜「翠香園」（神奈川橫濱中華街）、「華湘」（東京池袋）等餐廳研修，2000年，進入「麻布長江」（東京西麻布）。2005年，如願前來台灣，在四川料理店、素食料理店學習正統的中式料理，鑽研廚藝。2006年回國，在「麻布長江 香福筵」擔任料理長。2009年成為該店的業主兼主廚。本書中發表的多樣化雞肉料理，是以四川料理為基礎，再加上研習時在台灣所學的家庭料理和小吃等變化而成。

麻布長江　香福筵
東京都港区西麻布1-13-14　電話03-3796-7835

［義大利料理］
辻 大輔（Tsuji・Daisuke）

1981年生於京都。
20歲赴義大利，在托斯卡納和米蘭約修業5年的時間。回國後，陸續在「Volo Cosi 」（東京白山）擔任副主廚、「Biodinamico」（東京・澀谷）擔任主廚。2012年，於「Convivio 」（東京新宿）就任主廚。2015年餐廳自新宿遷至北參道。隨著這次搬遷，套餐中以義大利修業時所學的基本義式料理為基礎，還納入現代表現與技法的時尚料理。此外，他積極與日本料理店及異業交流合作等，不斷嘗試擴展自己的料理範圍。

Convivio
東京都澀谷区千駄ヶ谷3-17-12カミムラビル1階
電話03-6434-7907

21×29cm　176 頁
彩色　定價 400 元

名店不藏私！ 暖心鍋物 88 品

一年四季都要吃鍋～暖心也暖胃
收錄 88 道極致美味的火鍋料理，以蔬菜、肉類、海鮮為主角，帶來全新風味，美味秘訣不藏私！鍋料、鍋底、沾醬．辛香料、最後收尾的食材等，對每一樣材料都非常地講究，並且有著獨家的堅持和創意。

19×26cm　240 頁
彩色　定價 400 元

「二菜一湯」幸福餐桌

不管是每日的家常菜、還是招待親友的宴客菜，全都交給這一本！
日本 AMAZON 四顆星推薦★★★★
只要有湯和兩道小菜就足夠，
不再為菜單大傷腦筋！
知名料理研究家 & 大廚親自教導！

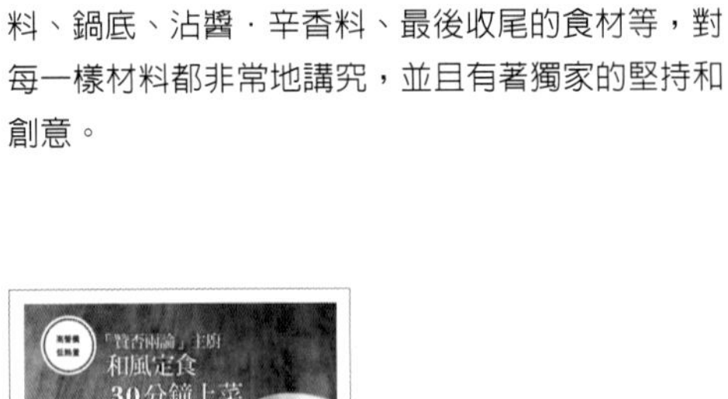

18×26cm　96 頁
彩色　定價 280 元

「贊否兩論」主廚和風定食 30 分鐘上菜

30 分鐘的時間，可以完成兩菜一湯，您相信嗎？
日本 AMAZON 4.5 顆星大推薦！
連不常做料理的人，也會相當心動的主廚手帳！
由日本惠比壽人氣店家『贊否兩論』的笠原將弘主廚親自傳授，溫馨、家常、營養滿分的兩菜一湯，不管是當作基本的和風定食、低熱量的宵夜定食，還有款待宴客的定食，最後目前大人氣的日式單人鍋系列，皆收錄其中。

21×29cm　144 頁
彩色　定價 380 元

國寶大師の日式炸物好吃祕訣

遠離食安風暴，從「油」開始挑選，吃得健康安心又有保障！
日本國寶級料理長大田忠道再次出擊！
從基礎料理到創意食譜不私藏，席捲料理界的炸物魅力大公開！

專題執筆

佐藤秀美 (Sato Hidemi)

學術博士。橫濱國立大學畢業後，在電氣公司從事烹調機器的研究開發工作九年的時間。之後在御茶水女子大學研究所修完碩士、博士課程（食物學）。在多所大學任教的同時，取得營養師的執照。現擔任日本獸醫生命科學大學客座教授。著作有《烹調美味的熱科學》、《營養訣竅的科學》（均柴田書店出版），《以科學了解美味料理 推薦日式健康飲食》（講談社出版）、《健康檢查2週前讓檢查數值變好！』（自由國民社出版）、《烹調的科學～了解美味與健康～》（同文書院出版）、《西洋料理體系第4卷烹調訣竅與科學（合著）（ DIC社出版）等。

TITLE

全世界最好吃 雞料理大全

STAFF

出版 瑞昇文化事業股份有限公司
編者 柴田書店
譯者 沙子芳

總編輯 郭湘齡
責任編輯 莊薇熙
文字編輯 黃美玉 黃思婷
美術編輯 朱哲宏
排版 執筆者設計工作室
製版 昇昇興業股份有限公司
印刷 皇甫彩藝印刷股份有限公司

法律顧問 經兆國際法律事務所 黃沛聲律師

戶名 瑞昇文化事業股份有限公司
劃撥帳號 19598343
地址 新北市中和區景平路464巷2弄1-4號
電話 (02)2945-3191
傳真 (02)2945-3190
網址 www.rising-books.com.tw
Mail resing@ms34.hinet.net

本版日期 2018年11月
定價 680元

ORIGINAL JAPANESE EDITION STAFF

デザイン 中村善郎（yen）
撮影 天方晴子
編集 佐藤順子

國家圖書館出版品預行編目資料

全世界最好吃雞料理大全 /
柴田書店編；沙子芳譯.
-- 初版. -- 新北市：瑞昇文化, 2017.05
232 面；21.4 X 25.7 公分
ISBN 978-986-401-166-7(平裝)

1.肉類食譜 2.雞

427.221 106005312